普通高等教育计算机类专业"十三五"规划教材

C++语言程序设计

熊 婷 邓伦丹 邹小花 高 杰 编著

西安交通大学出版社
XI'AN JIAOTONG UNIVERSITY PRESS

内容提要

本书针对程序设计的初学者,以面向对象的程序设计思想为主线,以通俗易懂的方法和大量的实例,循序渐进地介绍 C++语言基础知识与编程方法。本书主要内容包括 C++语言概述、C++语言编程基础、函数、类与对象、继承与派生、多态与虚函数、模板、C++语言文件的输入输出流、异常处理和图形界面 C++程序设计。本书结构严谨,知识点介绍深入浅出,每个知识点都配有相应实例,每章配有习题。读者通过学习本书,既能掌握理论知识,又能进行编程实践应用。

本书是根据普通本科院校的计算机类教材要求,为达到突出重点、加强实践、学以致用的目的编写而成,主要是为全国大学本科及高职院校有关计算机、软件工程、网络工程、信息管理等专业学生学习"C++程序设计"课程服务,也适合作为广大计算机爱好者学习面向对象程序设计编程语言的参考书。

图书在版编目(CIP)数据

C++语言程序设计/熊婷等编著.—西安:西安交
通大学出版社,2019.12(2022.12)
ISBN 978-7-5693-1453-3

Ⅰ.①C⋯ Ⅱ.①熊⋯ Ⅲ.①C 语言—程序设计
Ⅳ.①TP312.8

中国版本图书馆 CIP 数据核字(2019)第 274210 号

书　　名	C++语言程序设计
编　　著	熊　婷　邓伦丹　邹小花　高　杰
责任编辑	毛　帆
出版发行	西安交通大学出版社
	(西安市兴庆南路 1 号　邮政编码 710048)
网　　址	http://www.xjtupress.com
电　　话	(029)82668357　82667874(市场营销中心)
	(029)82668315(总编办)
传　　真	(029)82668280
印　　刷	西安日报社印务中心
开　　本	787 mm×1092 mm　1/16　印张 19.625　字数 473 千字
版次印次	2020 年 3 月第 1 版　2022 年 12 月第 2 次印刷
书　　号	ISBN 978-7-5693-1453-3
定　　价	56.00 元

订购热线:(029)82668525　(029)82667874
投稿热线:(029)82668818　QQ:354528639
读者信箱:lg_book@163.com

前　言

C++是一门高效实用的程序设计语言,也是近十年来最流行、应用范围最广的一种支持结构化程序设计、面向对象程序编程语言之一,它被广泛应用于众多工程技术领域。C++是一门复杂的编程语言,与C语言兼容,既可以用来编写系统软件,又可以用来编写应用软件。该语言最为突出的特点是实现了面向对象编程的抽象、封装、继承和多态四大特性,正由于这些特性,使得面向对象程序相比传统的结构化程序而言,具有更高的可复用性、可扩展性和可维护性。这也正是C++语言成为开发大型复杂软件的首选编程语言的原因;同时,C++面向对象程序设计语言也是全国高校计算机科学与技术、软件工程等相关专业的专业基础课程之一。

C++既支持面向过程的程序设计,也支持面向对象的程序设计。考虑到计算机科学与技术、软件工程等相关专业的学生,C++面向对象程序设计课程作为一门专业基础课程,一般安排在大一或大二学习,在学习C++面向对象程序设计课程之前,大多数已学习了C语言程序设计课程,但对于刚进入大学的学生,C语言程序设计是他们学习的第一门计算机语言课程。用C语言编程需要较扎实的数学功底和严密的逻辑思维等,而他们并没有很好地掌握C语言知识。C++由C语言发展而来,因此本教材第1~3章,在巩固C语言知识的基础上,对C语言进行功能的扩充,并增加了面向对象的机制。让同学们在编程过程中很好地由面向过程思维向面向对象编程思维转变。因此,本书正是应这种教学需求而编写的。

本书的特点如下:

(1)重点突出,取舍合理。本书重点讲解C++面向对象程序设计,同时还介绍了C++在面向过程方面对C语言的扩充。

(2)通俗易懂,深出浅出。本书力求用通俗易懂的语言、生活中的现象来阐述面向对象的抽象概念,以减少初学者学习C++的困难,深入浅出,便于自学。

(3)例题丰富,实用性强。本书所有程序实例,是从教学的角度考虑,对教学中的重点和难点内容,精心设计,实用性强,力求解决理论与实际应用脱离的矛盾,从而达到学有所用的目的。每章不仅有大量实例,同时每章之后都配有难易程度和综合程序各不相同的习题,便于学生更好理解与掌握C++程序设计方法与技能。

本书共分10章,第1章C++语言概述;第2章C++语言编程基础;第3章函数;第4章类与对象;第5章继承与派生;第6章多态与虚函数;第7章模板;第8章C++语言文件的输入输出流;第9章异常处理;第10章图形界面C++程序设计。

本教材由多年从事"C++语言程序设计"一线教学、具有丰富教学经验和实践经验的教师编写:南昌大学科学技术学院熊婷编写第1、4、5、7章和附录A与B,并进行统稿与定稿;南昌大学科学技术学院邓伦丹编写第2、3章;南昌航天航空大学科技学院邹小花编写第8、9章;江西财经大学现代经济管理学院高杰编写第6章与第10章;另外,张炘、梅毅、王钟庄、邹璇、刘敏、罗少彬、兰长明、周权来、罗丹、李昆仑、张剑、罗婷等老师对本书编写做了大量的辅助工作,并提出了许多宝贵意见。尽管大家在编写这本教材时花费了大量的时间和精力,但由于水平有限,缺点和不当之处在所难免,谨请各位读者批评指出,以便再版时改正。

本书在编写过程中,得到了南昌大学科学技术学院、南昌航天航空大学科技学院、江西财经大学现代经济管理学院各部门领导和出版单位的大力支持,对此我们全体编写人员,对这些单位的领导和有关同志表示衷心感谢!

编者
2019 年 12 月

目　录

第1章　C++语言概述

C++是在C语言的基础上发展起来的,它继承了C语言简洁、高效等特点,同时C++是一种面向对象的程序设计语言,完全支持面向对象的程序设计。

本章主要介绍面向对象的概念和C++语言的特点。通过C++程序实例,分析C++程序在结构上的特点及书写程序应注意的事项。最后具体介绍Microsoft Visual C++ 2010编译系统实现C++的方法与过程。

1.1　面向对象的概念

C++语言是一种面向对象的程序设计语言,在介绍C++语言之前,先具体介绍有关面向对象的概念,有助于对C++语言的理解与掌握。通过对C++语言的学习将会进一步加深对面向对象方法的认识。

1.1.1　面向对象方法的由来

面向对象方法(Object-Oriented Method)是一种把面向对象的思想应用于软件开发过程中,指导开发活动的系统方法,简称OO（Object－Oriented)方法,是建立在"对象"概念基础上的方法学。这种方法的提出是软件研究人员对软件开发在认识上的一次飞跃,是软件开发史上的一个里程碑。

面向对象方法起源于面向对象的编程语言(简称为OOPL)。在面向对象方法出现之前,人们采用的是面向过程的方法。面向过程方法是一种传统的求解问题的方法。该方法将整个待解决问题按其功能划分为若干个相对独立的小问题。每个小问题还可以按其功能划分为若干个相对独立的更小的问题,依此类推,直到将所划分的小问题可以容易地用程序模块实现为止。在面向过程的程序设计中,每个程序模块具有相对独立的功能,由小模块组成大模块,最后组成一个完整的程序。整个程序的功能是通过模块之间相互调用来实现的。

这种面向过程的方法具有很多的弊病,主要表现在:

第一,该方法将数据和数据处理过程分离成为相互独立的实体,当数据结构一旦发生变化时,所有相关的处理过程都要进行相应的修改。因此,程序代码的可重用性较差。

第二,该方法对于图形界面的应用开发比较困难,但图形界面越来越被人们广泛使用。

第三,面向过程的程序设计中,模块之间有较大的依赖性,这对调试程序和修改程序带来一定的难度。

针对面向过程方法存在的弊病,人们提出了面向对象求解方法。面向对象方法是求解问题的一种新方法,它把求解问题中客观存在的事物看作各自不同的对象,这符合人们习惯的思维方式,再把具有相同特性的一些对象归属为一个类,每个类是对该类对象的抽象描述。对象之间可以进行通信,类之间可以有继承关系,函数和运算符可以重载,这样可以提高程序的可重用性,便于软件开发和维护。

总之,面向对象方法是计算机科学发展的要求。随着人们对信息的需求量越来越大,软件开发的规模也越来越大,对软件可靠性和代码的重用性的要求越来越高。这时面向过程的方法使得分析结果不能直接映射待解决的问题,并且分析和设计的不一致给在编程、调试、维护等方面造成不便和困难。在这种情况下,面向对象方法应运而生。由于面向对象方法具有封装、继承和多态等特性,与面向过程方法相比,它较好地克服了在编程、调试和维护等方面的不便和困难,面向对象的继承性又提供了代码的重用率,使得软件开发变得更为容易和方便。

1.1.2 面向对象的基本概念和基本特征

所谓面向对象就是基于对象概念,以对象为中心,以类和继承为构造机制,来认识、理解、刻画客观世界和设计、构建相应的软件系统。用这些新的概念描述面向对象这种新方法。下面具体阐述面向对象的一些基本概念和基本特征。

1.面向对象的基本概念

1)对象

对象是现实世界中客观存在的某种事物。从一本书到一家图书馆,单一整数到整数列庞大的数据库、极其复杂的自动化工厂、航天飞机都可看作对象,它不仅能表示有形的实体,也能表示无形的(抽象的)规则、计划或事件。对象由数据(描述事物的属性)和作用于数据的操作(体现事物的行为)构成一独立整体。从程序设计者来看,对象是一个程序模块;从用户来看,对象为他们提供所希望的行为。

2)类

类是人们对于客观事物的高度抽象。它是对一组有相同数据和相同操作的对象的定义,一个类所包含的方法和数据描述一组对象的共同属性和行为。类是在对象之上的抽象,对象则是类的具体化,是类的实例。类可有其子类,也可有其他类,形成类层次结构。例如,在生活中经常遇到的抽象出来的概念有桌子、漫画书、汽车等。

3)消息

消息是对象之间进行通信的一种规格说明。一般它由三部分组成:接收消息的对象、接收对象要采取的方法及方法需要的参数。

2.面向对象的主要特征

1)封装性

封装是一种信息隐蔽技术,它体现于类的说明,是对象的重要特性。封装使数据和加工该数据的方法(函数)封装为一个整体,以实现独立性很强的模块,使得用户只能见到对象的外特性(对象能接受哪些消息,具有哪些处理能力),而对象的内特性(保存内部状态的私有数据和实现加工能力的算法)对用户是隐蔽的。封装的目的在于把对象的设计者和对象的使用者分开,使用者不必知晓行为实现的细节,只需用设计者提供的消息来访问该对象。

2)继承性

继承性是子类自动共享父类之间数据和方法的机制,它由类的派生功能体现。一个类直接继承其他类的全部描述,同时可修改和扩充。继承具有传递性。继承分为单继承(一个子类只有一父类)和多重继承(一个类有多个父类)。类的对象是各自封闭的,如果没继承性机制,则类对象中数据、方法就会出现大量重复。继承不仅支持系统的可重用性,而且还促进系统的可扩充性。例如,已经描述汽车这个类的属性和行为,由于小轿车是汽车的派生类,它具有汽车类的所有属性和行为,在描述小轿车类时,只需描述小轿车本身的属性和行为,而汽车类的属性和行为不必再重复了,因为小轿车类继承了汽车类。

3)多态性

对象根据所接收的消息而做出动作。同一消息为不同的对象接受时可产生完全不同的行动,这种现象称为多态性。利用多态性用户可发送一个通用的信息,而将所有的实现细节都留给接受消息的对象自行决定,同一消息即可调用不同的方法。例如:Print 消息被发送给一个图或表时调用的打印方法,与将同样的 Print 消息发送给一个文件而调用的打印方法会完全不同。多态性的实现受到继承性的支持,利用类继承的层次关系,把具有通用功能的协议存放在类层次中尽可能高的地方,而将实现这一功能的不同方法置于较低层次,这样,在这些低层次上生成的对象就能给通用消息以不同的响应。在 OOPL 中可通过在派生类中重定义基类函数(定义为重载函数或虚函数)来实现多态性。

综上可知,在面向对象方法中,对象和传递消息分别表现事物及事物间相互联系的概念。类和继承是适应人们一般思维方式的描述范式。方法是允许作用于该类对象上的各种操作。这种对象、类、消息和方法的程序设计范式的基本点在于对象的封装性和类的继承性。通过封装能将对象的定义和对象的实现分开,通过继承能体现类与类之间的关系,以及由此带来的动态连编和实体的多态性,从而构成了面向对象的基本特征。

1.2　C＋＋语言的特点

C＋＋语言是一门优秀的程序设计语言,它比 C 语言更加容易为人们所学习和掌握,并以其独特的语言机制在计算机科学领域中得以广泛的应用。

1.2.1　C＋＋语言的产生

C＋＋语言是在 C 语言的基础上为支持面向对象程序设计而研制的一种编程语言。C 语言是贝尔实验室的 Dennis Ritchie 在 B 语言的基础上开发出来的。设计 C 语言的最初目的是用作 UNIX 操作系统的描述语言。因此,C 语言的产生和发展与 UNIX 操作系统有着十分密切的联系。1972 年,在一台 DEC PDP-11 计算机上实现了最初的 C 语言的严谨设计,使得把用 C 语言编写的程序移植到大多数计算机上成为可能,到 20 世纪 70 年代末,C 语言已经演化为现在所说的“传统 C 语言”。C 语言在各种计算机上的快速推广导致产生了多种 C 语言版本。这些版本虽然类似,但通常是不兼容的。为了明确地定义与机器无关的 C 语言,美国国家标准协会于 1989 年制定了 C 语言的标准(ANSI C)。Kernighan 和 Ritchie 编著的 *The C Programming Language*(1988 年版)介绍了 ANSI C 的全部内容。至此,C 语言以其如下独有的特点风靡了全世界:

①语言简洁、紧凑,使用方便、灵活。C 语言只有 32 个关键字、程序书写形式灵活;

②丰富的运算符和数据类型;

③可以直接访问内存地址,能进行位操作,使其能够胜任开发操作系统的工作;

④生成的目标代码质量高,程序运行效率高;

⑤可移植性好。

C语言盛行的同时,也暴露出了它的局限性,具体表现如下:

(1)数据类型检查机制相对较弱,这使得程序中的一些错误不能在编译阶段被发现。

(2)C语言本身几乎没有支持代码重用的语言结构,因此,一个程序员精心设计的程序很难为其他程序所用。

(3)当程序的规模达到一定程度时,程序员很难控制程序的复杂性。

为了满足管理程序的复杂性的需要,1980年贝尔实验室的Bjame Stroustrup开始对C语言进行改进和扩充。最初的成果称为"带类的C",1983年正式命名为C++。在经历了3次修订后,于1994年制定了ANSI C++标准的草案,以后又经过不断完善成为目前的C++语言。

C++语言包含了整个C语言,而C语言是建立C++语言的基础。C++语言包括了C语言的全部特征和优点,同时又添加了对面向对象编程(OOP)的完全支持。

1.2.2 C++语言的面向对象的程序设计特点

现在C++语言得到了越来越广泛的应用,它除了继承C语言的优点之外,还拥有自己独特的特点,最主要的有以下几方面。

1.支持数据封装和数据隐藏

C语言是面向过程的程序设计语言,数据只被看作是一种静态的结构,它只有等待调用函数来对它进行处理。而C++语言是一种面向对象的程序设计语言,它通过建立用户自定义类型(类)来支持数据封装和数据隐藏,将数据和对该数据进行调用的函数封装在一起作为一个类的定义。另外,封装还提供一种对数据访问严格控制的机制。

对象被说明为具有一个给定类的变量,每个给定类的对象都具有包含这个类所规定的若干成员(数据)和操作(函数)。

2.类中包含私有、公有和保护成员

C++语言类中可定义3种不同访问控制权限的成员,它们分别是:

(1)私有(private)成员,只有在类中说明的函数才能访问该类的私有成员,而在该类外的函数不可以访问私有成员;

(2)公有(public)成员,类外的函数也可以访问公有成员,成为该类的接口;

(3)保护(protected)成员,这种成员只有该类的派生类可以访问。

3.通过发送消息来处理对象

C++语言是通过向对象发送消息来处理对象的,这里的"消息"是指调用函数,每个对象根据所接收到的消息的性质来决定需要采取的行动,以响应这个消息。因此,发送到任何一个对象的所有消息在对象的类中都是需要定义的,即对每个消息给出一个相应的方法。方法是在类中声明的,使用函数的形式定义,通过一种类似函数调用的机制把消息发送到一个对象上。

4.支持继承性

C++语言中允许单继承和多继承。一个类可以根据需要生成派生类,派生类继承了其基类(父类)的所有方法和属性,另外派生类自身还可以定义所需要的不同的不包含在父类中的新属性和方法。

5.支持多态性

通过继承的方式可以构造新类,采用多态性为每个类指定自己的行为。多态性就是对不同对象发出同样的指令时,不同对象会有不同的行为。例如,设计一个学生类,在该类中有一个计算成绩的操作:对于小学生类的对象,计算成绩的操作可表示为语文、数学和英语等课程的成绩计算;而对于大学生类的对象,计算成绩的操作可表示为体育、大学英语等课程的成绩计算。

继承性和多态性的组合,可以轻易地生成一系列虽类似但又不同的新类。由于继承性,一些类有很多相似的特征;由于多态性,一个类又可以有自己独特的属性和行为。

以上概述了 C++语言对面向程序设计中的一些主要的特点,有关 C++语言的这些特点和支持的实现在后面的章节将详细介绍。

1.2.3　C++语言对 C 语言的改进

C++语言虽然保留了 C 语言的风格和特点,但又针对 C 语言的某些不足做了较大的改进。改进后的 C++语言与 C 语言相比,在数据类型方面更加严格,使用更加方便。下面简单扼要地列举一些 C++语言对 C 语言的改进内容,更详细的介绍参见后面的章节。

(1)C++语言中规定所有函数定义时必须指出数据类型,不允许默认数据类型。无返回值的函数使用 void 进行说明,返回值为整型的函数使用 int 进行说明。

(2)C++语言规定函数说明必须使用原型说明,不得用简单说明。

(3)C++语言规定凡是从高类型向低类型转换时都需加强制转换。

(4)C++语言中符号常量建议使用 const 关键字来定义,这种方法可以指出常量类型,使用简单宏定义命令定义符号常量没有类型说明。

(5)C++语言中引进了内联函数,建议使用内联函数取代带参数的宏定义命令,这也是增加了对参数的类型说明。

(6)C++语言允许设置函数参数的默认值,提高了程序运行的效率。

(7)C++语言引进了函数重载和运算符重载的规则,为编程带来了方便。

(8)C++语言引进了引用概念,使用引用作函数的参数和返回值,比使用指针作函数参数和返回值更加方便,并且二者具有相同的特点。这就使得 C++程序中减少了对指针的使用,避免由于指针使用不当造成的麻烦。

(9)C++语言提供了与 C 语言不同的 I/O 流类库,方便了输入/输出操作。

(10)C++语言为方便操作还采取了其他措施。例如,使用运算符 new 和 delete 代替函数进行动态存储分配;增添了行注释符(//),为行注释信息提供了方便;取消了 C 语言中在函数体和分程序中说明语句必须放在执行语句的前边的规定等等。

1.3　C++应用程序的组成

通常,在一个 C++程序中,只包含两类文件:.cpp 文件和.h 文件。其中,.cpp 文件被称作 C++实现文件,其内容是 C++的源代码;.h 文件被称作 C++头文件,其内容主要是 C++的常量定义、类型定义和函数声明。C++实现文件主要保存函数的实现和类的实现。下面先介绍两个简单的 C++程序,通过例题讲解 C++程序基本结构。

1.3.1 C++程序举例

例 1-1 输出一行字符："This is my first C++programme!"。
程序内容如下：

```
#include <iostream>
using namespace std;
int main()
{
    cout<<"This is my first C++ programme!"<<endl;
    return 0;
}
```

该程序在运行后会在屏幕上输出以下的信息：

```
This is my first C++programme!
```

对例 1-1 进行分析：

C++程序的执行总是从 main()中的第一条语句开始,有且只有一个主函数 main()。int main( )是函数 main()的开始,符合 C++的最新标准。在花括号内的部分是函数体,函数体由语句组成,每个语句以分号结束。int 表示这个函数在执行完后返回一个整数值。

在 C++中,输入和输出是使用流来实现的。如果输出消息,可以把该消息放在输出流中;如果要输入消息,则把它放在输入流中。因此,流是源或目的地的一种抽象表示。在程序执行时,每个流都关联着某个设备。关联着源的流就是输入流,关联着目的地的流就是输出流。在 C++中,标准的输出流和输入流称为 cout 和 cin(在默认情况下,它们分别对应计算机显示器和键盘),关于输出流和输入流将在第 8 章详细介绍。

函数体中的第一条语句"cout <<"This is my first C++ programme!"<<endl;"利用插入运算符"<<"把字符串"This is my first C++ programme!"放在输出流中,从而把它输出到屏幕上。endl 表示输出结果后进行换行,相当于 C 语言中的换行符'\n'。

函数体中的第二条语句,也是最后一条语句 return 0;表示结束了该程序,把控制权返回给操作系统,并把值 0 返回给操作系统。

结束句也可以返回其他值来表示程序的不同结束条件,操作系统还可以利用该值来判断程序是否执行成功。一般情况下,0 表示程序正常结束,非 0 值表示程序不正常结束,但是非 0 返回值是否起作用取决于操作系统。

程序的第一行

```
#include <iostream>
```

表示文件头文件语句,头文件包含的代码定义了一组可以在需要时包含在程序源文件中的标准功能。C++标准库中提供的功能存储在头文件,但头文件不仅用于这个目的。我们可创建自己的头文件,包含自己的代码。在这个程序中,名称 cout 在头文件<iostream>中定义。这是一个标准的头文件,它提供了在 C++中使用标准输入和输出功能所需的定义。如果程序不包含下面的代码行：

```
#include <iostream>
```

程序就不会进行编译,因为<iostream>头文件包含了 cout 的定义,没有它,编译器就不知道 cout 是什么。这是一个预处理指令,它的作用是把＜iostream＞头文件的内容插入程序源文件中该指令所在的位置,这是在程序编译之前完成的。

例 1－2　输入两个整数 m,n,用自定义函数 add()求两整数的和。

程序内容如下:

```
# include ＜iostream＞
using namespace std;
int main()
{
    int add(int a,int b);              /＊对自定义函数 add()进行声明＊/
    int m,n,sum;                        /＊说明变量 m,n,sum 为整型＊/
    cout＜＜"please input m,n:";
    cin＞＞m＞＞n;                        /＊从键盘上输入变量 m,n 的值＊/
    sum＝add(m,n);                       /＊调用自定义函数 add()＊/
    cout＜＜"sum＝"＜＜sum＜＜endl;
    return 0;
}
int add(int a,int b)
{
    return a＋b;
}
```

该程序在运行后,输入 m,n 的值分别为 10,20,在屏幕上输出以下的信息为:

```
please input m,n:10 20
sum＝30
```

对例 1－2 进行分析:

该程序由两个函数组成:主函数 main()被调用函数 add()(自定义函数将在第 3 章详细讲解)。函数 add()的作用是求 m,n 两个整数的和,并调用 add()函数将结果返回给主函数。主函数用两个变量 m 和 n 来存储输入的两个值,然后调用 add()函数将变量 m,n 的值传送给形参 a,b,再求两数和,并返回给 sum 输出结果。

在这里特别说明:此例题中,add()函数的定义在 main()函数之后,若无"int add(int a,int b);"这条语句,系统在编译中将无法知道 add 的含义,从而无法进行编译,并按出错处理。为了解决这个问题,在主函数中需要对被调用函数作声明。声明语句为函数的头部加分号。如果 add()函数在 main()函数之前,则不需要进行声明,此时在 main()函数中调用 add()函数时,编译系统能识别 add 是已定义的函数名。

1.3.2　C＋＋程序结构特点

通过上面两个简单的 C＋＋例题,可以归纳出 C＋＋程序基本结构的特点如下。

1.C＋＋程序是由函数组成的

C＋＋程序由包括 main()在内的一个或多个函数组成,函数是构成 C＋＋程序的基本单位。其中名为 main()的函数称为主函数,可以将它放在程序的任何位置。但不论主函数放在程序的什么位置,一个 C++程序总是从 main()函数开始执行,由 main( )函数来调用其他函数。所以任何一个可运行的 C++程序必须有且只能有一个 main()函数。被调用的其他函数可以是系统提供的库函数,也可以是用户自定义的函数。

2.C++函数由函数说明与函数体两部分组成

(1)函数说明。函数说明由函数类型、函数名、函数参数(形参)及其类型组成。例如:

```
int add(int a,int b);
```

表示自定义了一个名为 add 的函数,函数值的类型为 int(整型),该函数有两个形式参数 a,b,其类型均为 int(整型)。

无返回值的函数是 void 类型(无值类型)。main( )函数是一个特殊的函数,可看作是由操作系统调用的一个函数,其返回值是 int 类型。函数参数可以没有,但函数名后面的括号不能省略。

(2)函数体。函数说明下面花括号括起来的部分称为函数体。例如:

```
{
    return a+b;
}
```

如果一个函数内有多对花括号,则最外层的一对花括号为函数体的范围。通常函数体由变量定义和执行语句两部分组成。在某些情况下可以没有变量定义,甚至可以既无变量定义,又无执行语句(空函数)。例如:

```
void output(){}
```

3.C++程序中每一个语句必须以分号结束

分号是每条语句的结束标志,例如:

```
int m,n,sum;
cout<<"please input m,n:";
```

4.C++程序的输入/输出

C++的输入/输出操作是通过输入/输出流 cin 和 cout 来实现的。C++程序默认的标准输入设备是键盘,标准输出设备是显示器。

5.C++程序严格区分字母的大小写

例如:

```
int n,A;                              /*表示定义两个不同的变量 a,A*/
```

6.C++程序注释

在 C++程序的任何位置都可以插入注释信息,以增强程序可读性。注释分行注释和块注释两种。

(1)行注释用"//"字符开始,它表示从此开始到本行结束为注释内容。例如:

```
//说明变量 m,n,sum 为整型
```

块注释用"/ *......* /"把注释内容括起来,其中可以包含一个或多个语句。

例如:

```
sum=add(m,n);                         /*调用自定义函数 add()*/
```

7.编译预处理命令

以"＃"开头的行称为编译预处理命令。

例如：

　　＃include ＜iostream＞　　　　　　　／＊表示本程序包含有头文件 iostream＊／

1.4　C＋＋程序实现

为了使计算机能按照人的意志进行工作,必须根据问题的要求,编写出相应的程序。用高级语言编写的程序称为"源程序"。为了使计算机能执行高级语言源程序,必须先用一种称为"编译程序"的软件,把源程序翻译成二进制形式的"目标程序",然后再将该目标程序与系统的函数库以及其他目标程序连接起来,形成可执行的文件。本书中的例题都是在 Microsoft Visual C＋＋2010 集成环境下开发的。

1.4.1　C＋＋程序的编辑、编译与运行

C＋＋程序和其他高级语言一样,实现 C＋＋程序应有 3 个步骤,分别介绍如下。

1.编辑

编辑是将编写好的 C＋＋语言源程序通过输入设备录入到计算机中,生成磁盘文件加以保存。录入程序可采用两种方法:第一种是使用机器中装有的文本编辑器,将源程序通过选定编辑器录入生成磁盘文件,并加扩展名为.cpp;另一种是选用 C＋＋编译语言源程序,这是常用的方法。例如,Visual C＋＋ 6.0/Visual C＋＋ 2010 等编译系统提供一个全屏幕编辑器,可使用它来编辑 C＋＋语言源程序。

2.编译

C＋＋语言的源程序编辑完成后,存放在磁盘上,运行前必须先经过编译。编译操作是由系统提供的编译器来实现的。编译器的功能是将源代码转换成为目标代码,再将目标代码进行连接,生成可执行文件。

整个编译过程可分为如下 3 个子过程。

(1)预处理过程。程序编译时,先执行程序中的预处理命令,然后再进行正常的编译过程。

(2)编译过程。编译过程主要进行词法分析和语法分析。在分析过程中,发现有不符合词法和语法规则的错误,及时报告用户,将其错误信息显示在屏幕上。在该过程中还要生成一个符号表,用来映射程序中的各种符号及其属性。

(3)连接过程。在编译生成的目标代码中加入某些系统提供的库文件代码,进行必要的地址链接,最后生成能运行的可执行文件。

3.运行

运行可执行文件的方法很多,最常用的方法是选择编译系统的菜单命令或工具栏中的按钮命令来运行可执行文件。

可执行文件被运行后,在屏幕上输出显示其运行结果。

1.4.2 Visual C++ 2010 基本操作

本书中的例题都是在 Microsoft Visual C++ 2010 集成环境下开发的。下面主要介绍
Visual C++2010 运行环境下 C++程序的实现。

1. Visual C++ 2010 操作界面

打开 Microsoft Visual Studio 2010 Express→Microsoft Visual C++ 2010 Express。启
动后,会进入如图 1-1 所示的主窗口。

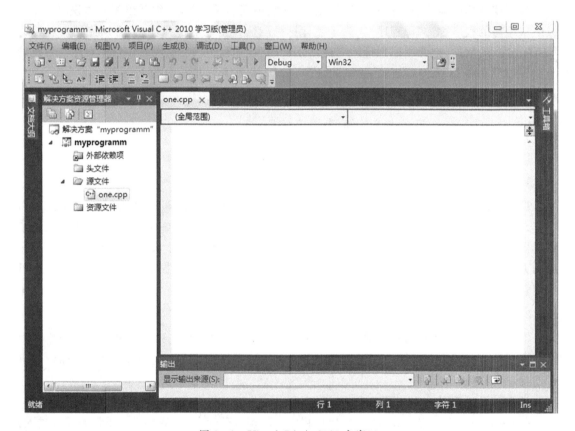

图 1-1 Visual C++ 2010 主窗口

Visual C++ 2010 主窗口,包括标题栏、菜单栏、工具栏、工作区、编辑窗口、输出窗口。

(1)标题栏。Visual C++ 2010 主窗口的第一行就是标题栏。标题栏的左边显示当前文
件的文件名以及版本信息,默认文件名是"起始页"。

(2)菜单栏。标题栏下面依次是菜单栏和工具栏,各菜单的功能如下:

文件(File):用来创建、打开、保存项目文件,也是必须要做的第一步;

编辑(Edit):用来编辑文件;

视图(View):用来查看代码,显示其他窗口,打开/关闭工具栏;

项目(Project):用来添加类、添加新项和设置启动项(注意:该项只有在新建项目或打开
项目时才会出现);

调试(Debug):用来设置项目的各项配置,编译、创建和执行应用程序、调试程序;

工具(Tools):用来对工具栏、菜单以及集成开发环境进行定制;

窗口(Windows):用来新建/拆分窗口和窗口布局;

帮助(Help):给出相关的帮助。

(3)工具栏。工具栏和菜单栏的作用是一样的,只不过工具栏是把菜单栏中经常用到的编辑功能选出来并用图形表示,方便我们操作。Visual C＋＋ 2010 有多个工具栏,常用的有标准工具栏和文本编辑器工具栏。图 1－2 所示的就是一个标准工具栏。

Debug
Win32

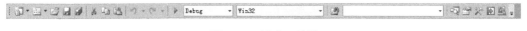

图 1－2　标准工具栏

(4)工作区。界面中的左窗口为“解决方案资源管理器”窗口,如图 1－3 所示。

解决方案资源管理器
解决方案 “one201906” (1 个项目)
one201906
外部依赖项
头文件
源文件
example_one.cpp
资源文件

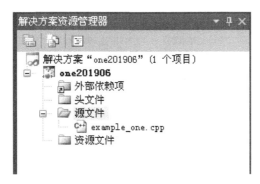

图 1－3　工作区

解决方案资源管理器包含外部依赖项、头文件、源文件和资源文件。

① 展开外部依赖项,可以查看到项目所包含的所有外部依赖项。

② 展开头文件,可查看所有本项目包含的头文件,也可添加、删除头文件。

③ 展开源文件,可查看或编写源文件窗口,也可添加、删除源文件。

④ 展开资源文件,可查看本项目所包含的资源文件,也可添加、删除资源文件。

(5)编辑窗口。位于主界面右侧的大窗口为编辑窗口,如图 1－4 所示。

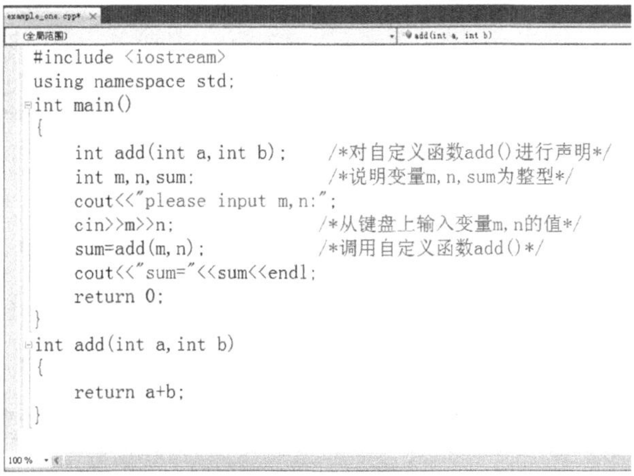

#include <iostream>
using namespace std;
int main()
{
int add(int a,int b);　/*对自定义函数add()进行声明*/
int m,n,sum;　/*说明变量m,n,sum为整型*/
cout<<"please input m,n:";
cin>>m>>n;　/*从键盘上输入变量m,n的值*/
sum=add(m,n);　/*调用自定义函数add()*/
cout<<"sum="<<sum<<endl;
return 0;
}
int add(int a,int b)
{
return a+b;
}
100 %

图 1－4　编辑窗口

该窗口的主要功能是供用户进行源代码的编辑。

源代码编辑可以编辑、修改源代码和文本文件,可以将文件中的关键字、注释代码等不同文字加以不同的颜色,使程序一目了然;还能够自动缩进和对齐;可以在用户键入一个函数名后,自动显示函数相应的参数和变量等。

(6)输出窗口。主界面最下侧的窗口为输出窗口,显示程序运行状态,如图1-5所示。其作用是在编译、链接时显示编译、链接信息。

图1-5　输出窗口

2.Visual C++ 2010 基本的操作流程

Visual C++ 2010 的编辑流程通常包括:新建项目、编写代码和资源文件、编译和调试,直到完成所需要的应用程序。下面结合一个简单的程序进行详细说明。

(1)初次打开 Visual C++ 2010,会出现一个起始页。单击关闭按钮关闭起始页。

(2)进入 Visual C++ 2010 主窗口。

(3)打开文件菜单,选择"新建"级联菜单中的"项目"命令,出现"新建项目"的对话框,如图1-6、图1-7所示。

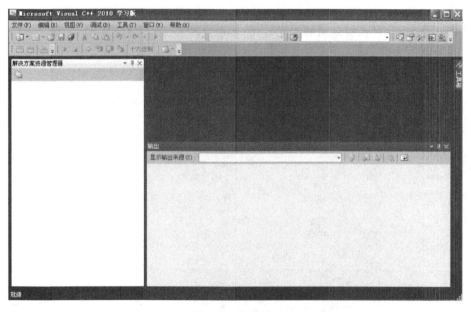

图1-6　主窗口

图 1-7　New 对话框

　　(4)在名称输入框中输入项目名称,也就是所要完成任务的项目名字(例如:proj11);在位置输入框中选择或输入文件所有保存的路径(例如:d:\我的文档\visual studio 2010\Projects),这样就将创建的项目文件保存在对应位置中,任何时候都可以打开编辑;接着选择左面的"Win32 控制台应用程序"选项,单击"确定",进入下一个界面,如图 1-8 所示,再单击"下一步",如图 1-9 所示,此时在附加选项中选中"空项目"复选框。

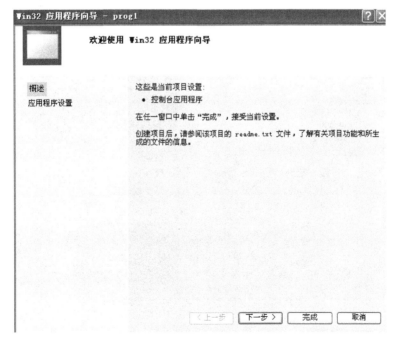

图 1-8　Win32 应用程序向导(1)

图 1-9   Win32 应用程序向导(2)

　　(5)单击"完成"按钮,创建了一个项目,然后在解决方案资源管理器中,如图 1-10 所示,右键单击源文件,在弹出的菜单中单击添加→新建项,弹出窗口如图 1-11 所示,选中" C++文件",在下面的"名称"处输入一个 C++文件名(如图所示命名为 one),最后单击"添加",即可进入编辑状态。编写程序时,进入主函数的程序代码中进行程序编辑,如图 1-12 所示(注意:Visual C++ 2010 创建的项目文件默认文件格式是"cpp")。

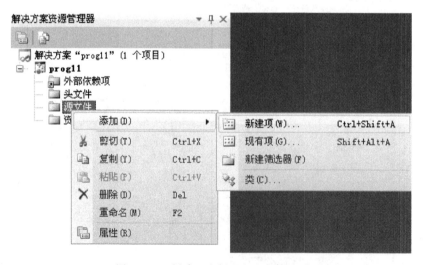

图 1-10   创建一个新 C++文件(1)

图 1-11　创建一个新 C＋＋文件(2)

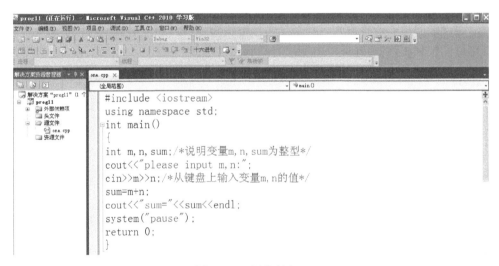

图 1-12　源代码窗口

(6)在程序中编写好程序代码,如图 1-12 所示。单击"运行"按钮运行程序,检查程序编写是否正确以及输出结果是否正确。

(7)如果没有错误,会出现程序运行结果如图 1-13 所示。注意:程序在 Visual C＋＋2010 中运行,这个结果界面会自动闪退。如果想要显示屏幕上的输出结果,可以在源程序中"return 0;"语句前加一条语句"system("pause");"或者可以通过 Ctrl＋F5 运行结果。

图 1-13　运行结果

Visual C++2010 一个完整的编程工作完成,重复上述步骤,可进行新的项目制作。

本 章 小 结

面向对象的程序设计方法将数据和处理数据的过程封装在一起,形成一个有机的整体(即类)。类描述了一组具有相同特性(数据元素)和相同行为(函数)的对象,对象是现实世界实际存在的事物,是类的一个具体实例。面向对象有三个主要特征:封装性、继承性和多态性。

C++是在 C 语言的基础上发展而来的,C++语言包含了整个 C 语言,而 C 语言是建立 C++语言的基础。C++语言包括了 C 语言的全部特征和优点,同时又添加了对面向对象编程(OOP)的完全支持。C++语言虽然保留了 C 语言的风格和特点,但又针对 C 语言的某些不足做了较大的改进,例如在数据类型方面更加严格,使用更加方便等等。

在一个 C++程序中,只包含两类文件:.cpp 文件和.h 文件。C++实现文件主要保存函数的实现和类的实现。

C++程序应有 3 个步骤,分别为编辑、编译、运行。编辑是将编写好的 C++语言源程序通过输入设备录入到计算机中,生成整盘文件加以保存。编译操作是由系统提供的编译器来实现的。编译器的功能是将源代码转换成为目标代码,再将目标代码进行连接,生成可执行文件。可执行文件被运行后,在屏幕上输出显示其运行结果。

习 题

一、选择题

1.下列关于面向对象概念的描述中,错误的是( )。

A.面向对象方法比面向过程方法更加先进

B.面向对象方法中使用了一些面向过程方法中没有的概念

C.面向对象方法替代了结构化程序设计方法

D.面向对象程序设计方法要使用面向对象的程序设计语言

2.C++语言属于( )。

A.自然语言　　　　　B.机器语言　　　　　C.面向对象语言　　　　　D.汇编语言

3.下列各种高级语言中,不是面向对象的程序设计语言是( )。

A.C++　　　　　B.Java　　　　　C.VB　　　　　D.C

4.C++对 C 语言做了很多改进,从面向过程变成为面向对象的主要原因是( )。

A.增加了一些新的运算符　　　　　B.允许函数重载,并允许设置缺省参数

C.规定函数说明符必须用原型　　　　　D.引进了类和对象的概念

5.下列关于类的描述中,错误的是( )。

A.类就是 C 语言中的结构类型　　　　　B.类是创建对象的模板

C.类是抽象数据类型的实现　　　　　D.类是具有共同行为的若干对象的统一描述体

6.所谓数据封装就是将一组数据和与这组数据有关操作组装在一起,形成一个实体,这实体也就是( )。

A.类　　　　　B.对象　　　　　C.函数体　　　　　D.数据块

7.下列关于对象的描述中,错误的是(　　　)。

A.对象是类的一个实例　　　　　　　　B.对象是属性和行为的封装体

C.对象就是 C 语言中的结构变量　　　　D.对象是现实世界中客观存在的某种实体

8.编写 C＋＋程序一般需经过的几个步骤依次是(　　　)。

A.编辑、调试、编译、连接　　　　　　　B.编辑、编译、连接、运行

C.编译、调试、编辑、连接　　　　　　　D.编译、编辑、连接、运行

9.下列关于 C＋＋程序中使用提取符和插入符的输入/输出语句的描述中,错误的是(　　　)。

A.提取符是对右移运算符(＞＞)重载得到的

B.插入符是对左移运算符(＜＜)重载得到的

C.提取符和插入符都是双目运算符,它们要求有两个操作数

D.提取符和插入符在输入/输出语句中不可以连用

10.下面选项中不属于面向对象程序设计特征的是(　　　)。

A.继承性　　　　　　B.多态性　　　　　　C.相似性　　　　　　D.封装性

二、填空题

1.＿＿＿＿＿＿＿＿＿＿主要内容有:自顶向下,逐步求精;＿＿＿＿＿＿＿将现实世界中的客观事物描述成具有属性和＿＿＿＿＿＿＿＿,抽象出共同属性和行为,形成＿＿＿＿＿＿。

2.C＋＋程序开发通常要经过 3 个阶段,包括:＿＿＿＿＿＿、＿＿＿＿＿＿、＿＿＿＿＿＿。首先是＿＿＿＿＿＿＿,任务是＿＿＿＿＿＿＿,C＋＋源程序文件通常带有＿＿＿＿＿＿＿扩展名。接着,使用编译器对源程序进行编译,将源程序翻译为机器语言代码(目标代码),过程分为词法分析、语法分析、代码生成 3 个步骤。

3.对象与对象之间通过＿＿＿＿＿＿进行相互通信。

4.C＋＋中使用＿＿＿＿＿＿作为标准输入流对象,通常代表键盘,与提取操作符＞＞连用;使用＿＿＿＿＿＿＿作为标准输出流对象,通常代表显示设备,与＜＜ 连用。

5.＿＿＿＿＿＿＿是具有相同属性和行为的一组对象的抽象;任何一个对象都是某个类的一个＿＿＿＿＿＿＿。

三、程序阅读题

1.

```cpp
# include <iostream>
using namespace std;
int  main()
{  int max(int,int);
   int x,y,z;
   x=10;
   y=20;
   z=max(x,y);
   cout<<"max("<<x<<','<<y<<")="<<z<<endl;
   return 0;    }
int max(int a,int b)
{
```

```
        return a>b? a:b;
    }
```

2.

```
    #include <iostream>
    using namespace std;
        int main()
        {
            int x,y;
            cout<<"please input x,y: ";
            cin>>x>>y;
            cout<<"x="<<x<<endl;
            cout<<"y="<<y<<endl;
            cout<<"x+y="<<x+y<<endl;
            cout<<"x*y="<<x*y<<endl;
            return 0;
        }
```

假定,输入数据如下:

　　Enter x y:10　20✓

第2章　C++语言编程基础

想要写出一个C++的程序,首先要先会写出正确的C++语句。程序是由数据结构和算法组成的,数据类型、数据的类型转换以及数据的运算,都是有关数据的基础知识。本章将主要介绍C++语言的词法和控制语句,具体内容包括关键字、标识符、常量、变量、运算符、表达式和顺序、选择、循环三种基本控制结构语句,这些内容是C++语言编程的基础。

2.1　C++数据类型概览

在程序设计语言中,数据的分类称为"数据类型(datatype)"。C++程序中所有的数据都属于特定的类型,数据的表示方式、取值范围、对数据可以使用的操作以及数据的存储空间大小都由数据所属的类型决定。

C++语言遵循"先声明、后使用"的原则,即在使用一个数据之前必须先声明它属于哪种类型。这样,编译系统在编译C++源代码生成目标代码时,就能知道需要分配多大的存储空间以及如何引用这个数据。

C++语言提供的数据类型有:

(1)简单类型:包括整数(integral)类型、浮点(float point)类型和枚举(enumeration)类型。

(2)地址类型:包括指针(pointer)类型和引用(reference)类型。

(3)结构化类型:包括数组(array)类型、结构体(structure)类型、联合体(union)类型和类(class)类型。

(4)空(void)类型:这种类型只有空类型一种。

其中,枚举、指针、引用、数组、结构体、联合体和类这几种类型称为"组合(ccrnipound)类型"。组合类型的意思是这些类型必须依赖于某种其他数据类型(underlyingtype),并在其上附加一些限定而形成新的类型,其中数据类型可以是任何类型。

图2-1所示是C++数据类型的分布图。

在图2-1所示的整数类型中,例如:

　　　　[signed]|[unsigned] char

这表明,类型char有两个可选的修饰符:signed 和 unsigned,这两个只能二选一。其中,signed代表"有符号",表明数据可以是正数,也可以是负数;而 unsigned 则代表"无符号",表明数据只能是非负数。这样计算下来,C++的整数类型一共有10种。其中,bool 和 wchar_t 类型是无符号的,其他的有符号整数类型有4种,无符号整数类型有4种。

值得一提的是,由于经常使用有符号整数,因此C++规定,不带符号修饰符的整数类型被默认认为是 signed 类型。

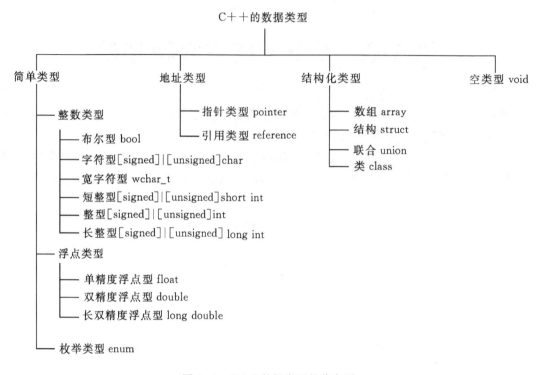

图 2-1　C++数据类型的分布图

空类型 void 是一种非常特殊的类型。这是一种不能定义该类型常量和变量的未完成(incomplete)类型。这种类型只能出现在函数的参数列表和返回值类型中,分别意味着函数没有参数以及没有返回值,但这并不意味着 void 类型没有太大用途。void 类型最有用的地方是可以和指针类型复合在一起形成一种称为"无类型指针类型"。

例如 void *,这种类型又称为"万能指针类型",意思是该类型的指针变量可以指向任何类型(除了void)的对象,而不需要做任何特殊的处理。

2.2　关键字、标识符、常量和变量

组成C++程序的最小单位是单词,C++程序中有以下几种单词:关键字、标识符、常量、变量、运算符和分界符。单词之间的空格、制表符、回车换行符号统称为空白,程序中的注释也当作空白看待。空白用于分隔单词,除此功能之外空白将被忽略(不作为单词),所以一个空格与连续三个空格的作用是相同的。

2.2.1　关键字

关键字是 C++预先声明的单词,它们在程序中有专门意义和作用。表 2-1 列出的是C++中的关键字。

这些关键字都是 C++的保留字,用户不能使用这些关键字作为程序中的标识符。关于这些关键字的意义和用法,将在后续内容中逐步介绍。

表 2－1　C＋＋语言的关键字

asm	auto	bool	break	case	catch	char
class	const	const_cast	continue	default	delete	do
double	dynamic_cast	else	enum	explicit	export	extern
false	float	for	friend	goto	if	inline
int	long	mutable	namespace	new	operator	private
protected	public	register	reinterpret_cast	return	short	signed
sizcof	static	static_cast	struct	switch	template	this
throw	true	try	typedef	typeid	typename	union
unsigned	using	virtual	void	volatile	wchar_t	while

2.2.2　标识符

标识符是程序员定义的单词,它命名程序中的一些元素,如函数名、变量名、类名、对象名等。C＋＋标识符由大写字母(A～Z)、小写字母(a～z)、数字(0～9)以及下划线(_)组合而成的,但是所有的标识符都不能以数字开头,并且标识符不能是 C＋＋的关键字。

例如以下都是合法的 C＋＋标识符:

print　　　anObject　　　sema4　　　_send2Fax

表 2－2 所示是一些非法标识符及错误原因。

表 2－2　非法标识符及错误原因

非法标识符	错误原因
32bytes	以数字开头
an Object	包含空格
million $	包含无效符号"$"
nine－five	包含 C＋＋运算符"－"
double	double 是 C＋＋关键字

命名一个标识符时,最好能够遵循一些约定,以使程序更容易阅读:

①取一个有意义的名字。例如,在命名一个用于计数的标识符时,名字 counter 显然好于只把它简单地命名为 x。

②如果标识符由多个英文单词组成,那么最好选择一种方式使每一个单词都能被清晰地解读出来。一种推荐的方式就是大写每一个单词的首字母,如 SendToFax 等;另一种推荐方式是使用下划线分隔每一个单词,如 send_to_fax 等。

③使用标识符时要注意 C＋＋是大小写敏感的语言,例如 name 和 Name 是不一样的。

2.2.3　常量

C＋＋语言中的数据可分为常量和变量两大类。在程序的执行过程中,值不能被改变的量称为常量(constant)。在程序执行过程中,值可以改变的量称为变量(variable)。本节将介绍有关常量的内容,2.2.4节将介绍有关变量的内容。

在程序中经常使用两类常量:字面常量(literal constant)和命名常量(named constant)。

1.字面常量

如果要在程序中计算圆的面积,假设r代表圆的半径,那么可以使用表达式"r * r * 3.14"来计算面积。其中,3.14这个字面值就是所谓的字面常量。

在C++程序中,字面常量也必须属于某种类型,这是由编译器自动指定的。一般来说,没有小数点以及不是用科学计数法表示的数字被当作整型常量,否则就被当作浮点型常量;用单引号括起来的一个字符是字符型常量;用双引号括起来的字符序列是字符串常量;以及只有true和false两个值的布尔型常量。

(1)整型常量有以下3种不同的表示方式:

①十进制整数。由正负符号"±"加若干个0~9的数字组成,但是数字部分不能以0开头,整数前面的正号"+"可以省略,如1234,−567等。在一个整型常量后面加上一个字母L或l,表示长整型常量,如89L,1001等。

②八进制整数。以数字0开头,再加上若干个0~7的数字组成,如020表示八进制数的20,它相当于十进制数16。

③十六进制整数。以0X或0x开头,再加上若干个0~9的数字及A~F的字母(大小写均可)组成,如0x20表示十六进制数的20,它相当于十进制数32。

(2)浮点型常量有以下2种不同的表示方式:

①小数形式。如1.23,−4.56等。C++编译系统把这种形式表示的浮点数一律按照双精度(double)浮点数处理。如果在数字之后加上字母F或f,则表示此数为单精度(float)浮点数,如12.34f,−7.89f等。

②指数形式。即使用科学计数法方式表示的浮点数,如12.34可以表示为0.1234e2,−0.789可以表示为−789E−3,其中字母E或e表示其后的数是以10为底的幂,并且该数字只能是整数。

(3)字符型常量有以下2种不同的表示方式:

①普通字符常量。用单引号括起来的一个字符是字符型常量,如'a','A','9','&'都是合法的字符常量。注意:字符常量只能是一个字符,且字符常量区分大小写字母,单引号(')是定界符,不属于字符常量的一部分。

②转义字符常量。除了普通字符常量以外,还有一些字符是不可显示字符,也无法通过键盘输入,如换行、制表符、回车等。C++提供一种称为转义序列的表示方式来表示这些字符,就是以"\"开头的字符序列。表2-3列出了C++中定义的转义字符及其含义。

转义字符虽然包含多个字符,但是只代表了一个字符常量,在内存中以ASCII码的形式存储,占一个字节。

字符串常量没有对应的C++标准内建类型,C++用几种变通的方式来表示字符串类型。这几种方式分别是字符指针、字符数组和C++标准库中预定义的string类型。

表 2-3　转义字符及其含义

转义字符常量形式	含　义	ASCII 码
\a	响铃	7
\n	换行	10
\t	水平制表符	9
\v	垂直制表符	11
\f	换页	12
\b	退格	8
\r	回车	13
\\	反斜杠字符"\"	92
\'	单引号字符	39
\"	双引号字符	34
\0	空字符	0
\ddd	1~3 位八进制数所代表的字符	
\xhh	1~2 位十六进制数所代表的字符	

2.命名常量

字面常量使用起来较方便,但有明显的缺点:首先,如果在多处使用了相同的字面常量,而后来又要对这个常量进行修改时就会显得非常麻烦,会增加源代码的维护开销;其次,字面常量常常没有明确的类型信息,它们的类型采用编译器的约定。

为了解决上述问题,C++提供了一种灵活的命名常量方式来描述常量。定义常量使用常类型说明符 const,具体定义格式如下:

　　　　const ＜类型说明符＞ ＜常量名＞＝＜常量值＞;

或者

　　　　＜类型说明符＞const ＜常量名＞＝＜常量值＞;

例如以下是一个命名常量定义:

　　　　const float PI＝3.14;

这里,给字面值 3.14 取了一个名字 PI,使用关键字 const 修饰了这个名字后,它的值不能被修改,是一个只读量,这非常符合常量的原始含义。

使用命名常量有以下一些优点:

(1)含义清楚。字面常量往往是一堆"神仙数字(magic number)",很难理解其含义,而命名常量的名字就可以非常清楚地说明该常量的用途,使代码便于理解。

(2)一处修改,全程有效。

因此强烈建议在程序中使用命名常量。

还有一种表示常量的方式是使用继承自 C 语言的使用宏定义实现的符号常量。例如:

　　　　#define PI 3.14

这种方式是 C 语言中常用的方式,但同样存在着类型信息缺失的问题。所以,表示常量的最佳方式仍是使用命名常量。

2.2.4 变量

程序中用到的数据都会被存储在内存单元中,而这些内存单元都能用唯一的地址来标识。可是通过地址来访问内存单元是很麻烦的,所以,在C++语言中为了能够方便地访问内存单元,会用一个标识符来命名内存单元,即为内存单元取一个容易记住的名字。这样在访问那个内存单元时,可以用它的名字,而不是用它的唯一地址。在为内存单元命名的同时,还需要指定数据的类型,以便编译器能确定该数据将占据多大空间。

由于内存单元里的数据在程序运行时是被频繁读取和修改的,是可变的(常量例外),因此这个内存单元被称为"变量",而在程序中命名一个变量(同时分配存储空间)及指定类型的过程就是"变量定义(definition)"。在C++语言中,变量在使用之前必须要先进行定义,即"先定义,后使用"。变量定义的语法是:

<数据类型> <变量名1>[,<变量名2>,…,<变量名n>];

下面是变量定义的例子:

```
int counter,num,sum;

char ch;

double delta;
```

一旦定义了一个变量,这个变量在运行时就会在内存中占据一定大小的空间。例如,定义变量 counter 的值等于100,那么它在内存中的存储情况如图2-2所示。

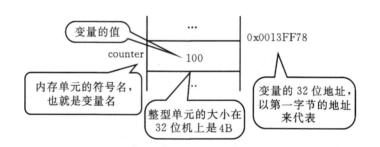

图2-2 变量在内存中的存储情况

一旦定义了某种类型的变量,那么就只能在该变量中存入指定类型的数据。往整型变量中存入一个浮点数是不合法的,也是没有意义的。

因为变量要占据内存,所以可以说一个变量就是一个"简单对象"。

除了可以用const关键字来修饰变量使之成为常量外,还可以使用另一个关键字volatile对变量进行修饰。

使用volatile关键字来修饰很容易发生变化的变量,以警告编译器:这是一个可能被外部程序改变的变量,请在编译时小心处理,如不做内存读取优化等。

定义一个volatile变量的语法如下:

```
volatile <数据类型> <变量名>;
```

例如:

```
volatile int clock;
```

2.2.5　变量的初始化

变量一经定义,就成为内存中的一种存在,可以存储数据。然而,其中的内容却是未知的。直接使用这些值(未知的变量)参与运算将会导致不可预知的结果。例如,有如下定义:

```
int i,j;
j=i*5;
```

那么,i*5 的值等于多少呢?有人可能认为编译器会帮助程序员来完成变量的初始化,如将 i 置为 0。但是,在很多情况下编译器并不会代劳,这使得变量 i 的值是未知的,所以 i 参与的计算就没有任何意义。因此,在使用变量前,显式地将其初始化是非常必要的做法。

变量初始化是指在定义变量时对它赋予一个初值。例如:

```
int i=1,j=i;
char ch='a';
```

以上初始化方式是将赋值号"＝"右边的值复制到左边的变量中,因此称为"复制初始化(copy-initialization)"。此外,C＋＋还支持另外一种初始化方式,其语法如下所示:

```
int i(1),j(i);
char ch('a');
```

这种方式称为"直接初始化(direct-initialization)",其效果与复制初始化完全一样。

2.3　简单数据类型

C＋＋有 3 种简单数据类型:整数类型、浮点类型和枚举类型。其中,前二者称为"内建类型(built-in type)",或者"数值类型(numeric type)",又或者是"基本类型(fundamental type)";而枚举类型是一种"用户自定义(user-defined)类型"。

2.3.1　整数类型

一般来说没有小数点的数就是属于整数类型的数。例如下面的数都属于整数类型:

15　　 －123　　 0177　　 0x1A

根据前面讲过的内容,我们可以知道,15 和 －123 是十进制整数,0177 是八进制整数,0x1A 是十六进制整数。

C＋＋中常用的整数类型共有 10 种。这 10 种整型中,除字符型的存储大小精确地定义为 1 字节(8 个二进制位)外,其他类型的长度根据 C＋＋实现的环境不同而不同,但是这些长度都有如下的规定:

①无符号整型与其对应的有符号整型的长度是一样的;

②bool 类型的长度只要能容纳 true 和 false 两个值(注意:不是两个字符串)就行;

③以有符号整型为例,各种整型的长度有如下关系:char＜short≤int≤long。

在本书所使用的 Microsoft Visual C＋＋2010 环境下,int 的长度为 4 字节;short 的长度是 int 的一半,即 2 字节;long 和 int 的长度是一样的,即 4 字节;wchar_t 的长度是 2 字节。

长度的不同意味着表达范围的不同。因此,当不确定运算结果的大小时,尽量选择用长的数据类型来存储它们。一个明显的例子就是:在求一个整数的阶乘时,其结果可能超过了整数的表达范围,因此最好用浮点类型来存储结果。但是,这样将会损失精度。

在所有整数类型中,有两种类型需要特别注意,就是字符类型和布尔(bool)类型。

1.字符类型

字符型 char 是一种特别的整数类型,因为字符数据在内存中的存储方式与整数完全一样。但在大多数情况下,并不用它来表示整数,而是取它的本意:表示字符(character)。

字符型数据在计算机中使用 ASCII 码来存储。ASCII 码(American Standard Code for Information Interchange,美国信息交换标准代码)是一种国际标准,用一个字节来代表一个字符的代码,因此,有符号字符的表示范围是 $-128 \sim 127$,无符号字符的表示范围是 $0 \sim 255$。

由于字符数据的存储值 ASCII 码是个整数,因此在很多情况下会把字符数据当作整型数据来参与运算,或者用字符型数据来表示比 short 更短的整数。例如,'A'的 ASCII 码是 65,'B'的 ASCII 码是 66,因此表达式'A'<'B'是指两个字符的 ASCII 码值进行关系运算;又如,'A'+1,即是用字符'A'的 ASCII 码值 65 进行加 1 的算术运算,结果是 66,也是字符数据'B'。

由于几乎所有的程序设计语言都依托于英语,因此它们的字符集也是基于英语的,这给处理其他语言,如汉语或日语等带来了困难。例如,ASCII 字符集是基于 8 位二进制编码的,因此只能表示英文字母、数字以及其他符号共 256 个字符,可是最常用到的汉字就有 6700 多个,8 位二进制编码显然无法适应这样的要求。因此,在颁布的国际标准 Unicode 码中,使用 16 位编码来表示汉字,那么,一个汉字字符的编码就要占据两个字节的宽度。为了适应标准,C++引入了宽字符集(wide character set)的概念,并用标准类型 wchar_t 来存储宽字符,试图用语言的内部机制解决问题。不过,wchar_t 类型的使用颇为困难,因此建议读者慎用。一个替代的解决方案是将一个汉字当作一个 C++字符串使用,这样做就没有使用 C++的内部解决方案,而是将问题交给编译系统所在的操作系统来解决。但是,如果操作系统没有多语言支持,那么输出的汉字或汉字字符串就会是一堆看不懂的奇怪符号。

字符串(string)是在程序中用到的使用任意个字符按顺序组成的串,这些字符可以是任意的字符,包括汉字等。C++的字符串常量都是用双引号括起来的。例如:

"C++程序设计语言" "This is a string" "A" ""

C++中表示字符串可以沿用 C 语言的方法,使用字符数组来存储字符,并在字符串的末尾添加一个 ASCII 码为 0 的字符(该字符写作'\0')来作为结尾标志,因此,所有字符串的存储长度都比它实际包含的字符数多 1。在这个意义上,"A"与'A'是不一样的,不仅仅是因为用到的引号不同,更重要的区别在于,字符'A'仅仅包含了一个字符,而字符串"A"除了包含一个字符'A'外,还包含了一个结尾字符'\0'。比较特殊的字符串是"",称它为"空串",虽然没有包含任何的有效字符,其长度为 0,但是它的存储长度却为 1,因为它包含了一个结尾字符'\0'。

另一种表示字符串的方法是使用标准 C++预定义的字符串类型 string。其中包括了很多字符串操作,如赋值、比较和连接等。要使用 string 类型,应该在程序头部加上头文件:

```
#include<string>
using namespace std;
```

2.布尔(bool)类型

布尔(bool)类型也叫逻辑类型是一种特殊的内建整数类型。之所以将其归入整数类型,是因为它采用与整数相同的存储方式。不过,bool 类型的表达范围非常有限,只能取 false 和

true 两个值。这是两个 C++的关键字,而且是两个字面常量,并不是字符串。下面定义了两个 bool 变量:

```
bool isEmpty;
bool isEOF(false);                //isEOF 被初始化为 false
```

应该注意,虽然这里把 bool 类型归为整数类型,但这并不等于可以把它当作整数使用。bool 类型主要用来表达一种逻辑真或假的状态,在这一点上,它的含义和用途与整数是完全不同的。

在 C 语言中,采用整数来表达逻辑真或假的状态:0 表示假,非 0 表示真。所有的 C 语言关系表达式和逻辑表达式,以及使用逻辑表达式的语句,如 if,while,do...while,for 都会使用整数表示真假。C++对此做出了更合理的修改:凡是会产生逻辑值的地方都产生 bool 类型的结果。

遗憾的是,C 语言和有些 C++编译系统并不支持 bool 类型。它们表达逻辑值仍然采取了使用整数 0 表示逻辑假,而用非 0 表示逻辑真的方式。这种做法有时会把我们搞糊涂,有时还会产生副作用。所以,虽然 C++沿用了这种方式,但建议读者最好还是用 bool 型来表达逻辑值。

2.3.2　浮点类型

浮点数指的是小数点位置可以浮动的数,用来表示数学意义上的实数。在 C++中,除了小数点,整数部分和小数部分在特定情况下可以省略的,但不能两者都省略。例如:

3.14159　　　　−123.45　　　　0.957　　　　2.　　　　.025　　　　−.5

C++的标准浮点类型有 3 种:float,double,long double。3 种浮点数占据的内存大小依赖于机器类型和编译系统,并且与整型的表达方式不一样,因此,不能直接将整数通过位复制的形式复制到浮点数中,否则会得到一个无法识别的浮点数。

3 种浮点数的表示范围都大过 long 数据。而对于那些很大或者很小的浮点数,一般都会用到科学计数法的指数形式,例如:

3.0E−10　　　0.5E8　　　−7.6e20

它们分别表示了 $3.0×10^{-10}$、$0.5×10^{8}$ 和 $−7.6×10^{20}$。可以看到,字母 E 或 e 前面的数表示底数,而其后的数表示 10 的幂次。

需要注意,由于所有的计算机都是用二进制的方式来存储数据的,因此这影响了浮点数的表示精度,浮点数的存储值和实际值有很微小的差别,如 1.0,它的存储值也许会是 0.9999998。在一般情况下,这个差别不会对应用造成影响,但是在某些要求计算精度比较高的情况下,不能忽略累计的误差。累计误差非常容易在整数和浮点数的混合运算中产生,尤其是浮点值向整数变量赋值的情况下。忽略这种误差可能导致不正确的结果。

2.3.3　枚举类型

如果在设计的程序里想表达一些状态,例如,交通灯的红、绿、黄 3 种状态,可以为每一种颜色进行编码,如用 0,1,2 这 3 个整数来表示这 3 种状态。但在程序中频繁出现以数字表示的颜色,会让其他程序员甚至编程者自己分不清哪一个数字对应哪一种颜色,从而使代码变得难以理解。为了让程序更容易理解,可以的一种方法是使用♯define 预处理指令来定义 3

个宏：

```
#define RED 0
#define GREEN 1
#define YELLOW 2
```

这是一种常用的 C 语言风格的做法。宏虽然弥补了字面常量的某些缺陷，但宏的缺陷也是很明显的，那就是没有类型信息。C++建议了另外一种替代方式，就是用常量定义来代替宏：

```
const int RED=0;
const int GREEN=1;
const int YELLOW=2;
```

虽然这种方式比宏更佳，但仍存在一个明显的缺陷，就是 3 个值之间没有明确的联系。从应用的角度来讲，它们应该属于某个系统的分量。为此，C++提供了一种更好的解决方案，就是使用枚举（enumeration）类型。例如，交通灯的 3 种状态可以定义为如下枚举类型：

```
enum TrafficLight {RED,GREEN,YELLOW};
```

其中，TrafficLight 是这种类型的名字，如同 char，int 一样。定义同时规定了 TrafficLight 类型的取值范围，就是只能取{ }中限定的 3 个值之一。标识符 RED，GREEN，YELLOW 被称为"枚举常量"，它们不是字符串，也不是整型常量。

在 C 语言中，标识符 TrafficLight 称为"枚举标志名（enumeration tag name）"，不是一种类型名，它必须和关键字 enum 一起构成唯一的枚举类型名：enum TrafficLight。而 C++对此做了简化，即枚举标志名就是类型名，这显得更加自然。

枚举类型是一种有序类型，也就是说，列举的枚举常量是有大小之分的。上面例子中的各常量的大小顺序：RED<GREEN<YELLOW。

枚举类型的形式化定义语法如下：

```
enum <枚举类型名> {<枚举常量标识符列表>}
```

其中，枚举常量标识符列表是一系列用逗号隔开的枚举常量。

枚举类型不等同于整型，但二者之间又有千丝万缕的联系。可以像 C 语言的做法那样，让每个枚举常量对应一个整数值：

```
enum TrafficLight {RED=2,GREEN,YELLOW=8};
```

其中，GREEN 的值是在前一个值的基础上加 1，即它等于 3。但这么做就回到了 C 语言的老路上，并且没有太大的实际意义，因为可以用 const 来定义常量。

枚举变量和常量不能参与混合运算，它们必须通过类型强制转换才可以通过编译。例如：

```
TrafficLight t1,t2;
t1=RED;                    //正确,赋值
t2=t1+1;                   //错误
t2=TrafficLight(t1+1);     //正确,现在 t2 的值等于 RED 的下一个值,也就是 GREEN
```

2.4 地址数据类型

前面的章节已经提到过，除了使用变量名字访问一个内存单元外，还可以直接使用其地址

来访问。这涉及了 C++的地址类型。C++的地址数据类型有两种:指针和引用,二者有相似的行为,但它们却是两种完全不同的类型。

2.4.1　指针类型

指针是 C++从 C 语言继承过来的一种非常有特色的数据类型,也是一种非常灵活和方便的机制。指针提供了一种较为直接的地址操作手段,正确使用的话可以使程序简洁、紧凑、高效,但不正确的使用将可能引出另外一些问题,如越界访问等。因此,在学习的时候要充分理解指针的含义,才能真正掌握。下面来仔细讨论指针的相关问题。

1.指针的声明

指针就是一个地址,是存放其他变量地址的变量,因而要遵循一般变量的命名规则,也必须"先定义,后使用"。

为了说明指针的含义,首先来看变量在内存中的存储情况。假设有变量定义:

  int counter＝100;

那么变量 counter 在内存中一种可能的存储情况如图 2-3 所示。

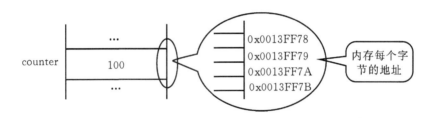

图 2-3　变量 counter 在 32 位机上的内存映像

从图 2-3 中可以看到,变量 counter 占了 4 字节,每个字节都有一个地址,而其首字节的地址就是变量 counter 的地址。虽然从字面上看,地址是一个 unsigned int 常量,但是,在程序中不能直接使用这个地址常量,因为程序每次运行时变量 counter 都会重新申请内存空间,而这些内存空间都不能保证在同一地址。不过,无论变量何时申请的内存空间,它的地址总是可以获取的,并且可以使用一个指针变量来保存它,例如下面的语句:

  int ＊p;

  p＝&counter;

在声明语句"int ＊p;"中,运算符 ＊ 指明了变量 p 不是一个普通的整型变量,而是一个指针变量。赋值语句 "p＝&counter;" 也不是普通的值复制,而是通过取地址运算符 & 将counter 变量的内存地址存储到变量 p 中。如图 2-4 所示,指针变量 p 里面的内容就是变量counter 的内存地址 0x0013FF78,经过这样的赋值,指针 p 就指向了变量 counter。

从图 2-4 还可以知道,指针变量 p 也是一个存储在内存中的变量,也有自己的地址(这里是 0x0013FF80)。

在 32 位计算机中,一个地址的大小是 32 位,这和一个 int 类型变量所占内存的大小一样。但是,这不能说明二者可以互相赋值,因为二者属于完全不同的类型,有完全不同的含义。

定义指针变量的一般形式为:

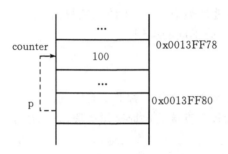

图 2-4　指针和变量的存储关系

<数据类型> *<指针变量名>；

其中，数据类型可以是任意合法的类型，包括指针类型本身。下面都是合法的定义：

        float * pointer_f;

        char * pointer_c;

请注意，指针变量名是 pointer_f 和 pointer_c，而不是 * pointer_f 和 * pointer_c，因为"*"并不是指针变量名的一部分，在定义变量时变量名之前加上"*"是为了表示该变量是指针变量。

如果要同时定义多个指针变量，那么一定要在每个指针变量名前加上 * 号，例如：

        int * pointer_1, * pointer_2, point;

其中，变量 pointer_1 和 pointer_2 都是指针变量，而 point 是一个整型变量。一个好的建议是将指针变量和非指针变量分开声明，以免发生理解上的错误。

一个指针变量的类型可以看作由两部分组成：首先，它是一个指针；其次，该指针变量指向了一个特定数据类型的变量。

因此，可以这样来解释前面定义的指针变量 p，p 是一个指针变量，它指向了一个 int 整型变量 counter，counter 占据了 4 个字节的内存单元，并且由于类型声明的限制，这 4 个字节中的每个字节都是这个 int 型整数的一部分，不应该再有其他的解释。

下面再就类型做进一步讨论。由于数据类型的限制作用，因此从类型的角度看，虽然所有的指针都是地址，都有相同的大小，但只要是数据类型不同，就不能互相赋值。因此，下面的赋值语句是非法的：

        int * ip=&counter;

        double * fp;

        fp=ip;

从技术的角度上看，fp 的确可以存入 ip 的内容。也就是说，fp 也指向了变量 counter 所在的内存。但是，非常重要的一点，由于 fp 的数据类型是 double，因此它"认为"自己指向了一个 double 型浮点变量。这样一来，通过指针 fp 的角度来观察 counter 变量占据的内存，它就被重新解释了。也就是说，从地址 0x0013FF78 开始的连续 8 个字节被当作一个 double 类型数，而原来的 counter 变量只占据了 4 个字节，多出来的 4 个字节属于谁呢？答案不得而知。因此，这是一个非常严重的安全隐患：当强行往 fp 指向的内存中存入一个 double 类型数时，除了 counter 变量已有的 4 个字节外，还要延伸占据不知道属于哪个数据的 4 个字节存储单元，这可能导致灾难性的结果。所以，不同类型的指针之间的赋值是不应该进行的。例外情况也是有的,这发生在子类对象的地址赋值给父类指针的场合,这里暂时不做讨论。

2.指针的使用

假设有以下定义语句:

```
int counter;
int * p;
```

为了使用指针,首先必须让指针指向某个内存地址,这可以通过语句"p=&counter;"实现,其中"&"是取地址运算符,表示将变量 counter 的内存地址赋给指针变量 p。

通过指针访问它指向的内存单元,称为间接访问,可以使用表达式"* p"。例如:

```
* p=100;
```

上述赋值语句的作用是:把值 100 存入指针变量 p 指向的存储单元(也就是 counter 变量)内。它与语句:"counter=100;"是等效的。在这一点上,可以认为表达式 * p 和 counter 是等价的,具有相同的效果。也就是说,表达式 * p 的结果是个左值,可以出现在赋值号的左右两边。

容易让人混淆的是表达式 p 和 * p。在图 2-4 中,表达式 p 表示指针变量本身,它的值是 0x0013FF78,它的地址是 0x0013FF80;而表示式 * p 表示了指针 p 指向的存储单元,也就是 counter,它的值是 100,它的地址是 0x0013FF78,也就是 p 的值。

使用指针时需注意:指针变量在使用前必须初始化。未初始化的指针不指向任何单元,此时使用指针可能会引起灾难性的结果。

有两种方式可以初始化指针:一是在声明指针时赋初值,二是在代码中使用赋值语句进行赋值。第一种方式是常用的做法,例如:

```
int * p=&counter;
```

如果当前还不能确定指针的指向,那么就使用语句:"int * p=NULL;"来初始化 p 指针。预定义标识符 NULL 是 0 值的符号化定义,在上述语句中表示"空"。

而一个使用指针的好习惯,是在使用它之前,先检测它是否为"空"。

3.指针的运算

两个类型相同的指针变量可以互相赋值,这使得它们指向了同一个内存单元。例如下列语句:

```
int counter,t;
int * p=&counter, * q=&t;
q=p;
```

执行后,指针 p 和 q 都指向了变量 counter 的内存单元。注意:一旦 q 指向了 counter,那么它将不再指向 t。

除此之外,两个指针可以用关系运算符比较大小。需要注意的是,这种比较仅仅比较指针变量储存的两个地址哪个在前哪个在后,或者是否相等,而不是比较它们指向的内存单元中的内容。具体一点,就是 p>q 和 * p> * q 这两种比较是不同的,前者是地址比较,后者是指向的内容比较。

一个指针变量还可以进行算术运算,即加上或减去一个整数形成一个新的地址。例如,假设指针变量 p 已正确初始化,则表达式"p+2"的意思是指从指针 p 指向的内存单元向后数第

2 个单元的地址。需要特别说明的是,这里的单元不是以字节为单位,而是以指针 p 的数据类型大小为单位的。例如 p 的数据类型为 int,则一个单元的大小为 4 字节。因此,如果 p=0x0013FF78,那么 p+2 完成的实际运算是:p+2 * 4=0x0013FF78+8=0x0013FF80,而不是0x0013FF78+2=0x0013FF7A。

需要特别注意,指针的算术运算虽然可以得到一个新地址,然而这个新地址是否指向一个有效的内存单元是不能保证的。因此,进行这样的运算需要特别小心,以免错误的结果给程序带来灾难性的后果。

2.4.2 引用类型

引用是 C++引入的一种新的复合类型,这是 C++对 C 的一个重要扩充,它的行为类似于指针,但本质上不同。在很多场合,引用可以代替指针,并且效率更高。

1.引用的定义

简单来说,引用就是一个变量的"别名(alias)"。这意味着,一个变量会有多个名字。引用声明的定义形式为:

<数据类型> &<变量名 2>=<变量名 1>;

注意:在这里"&"符号是引用声明符,并不代表地址。

经过了这样的声明后,变量名 2 就是变量名 1 的别名,变量名 1 和变量名 2 都代表了同一变量。例如:

    int a=1,b=2;

    int &ra=a;

表示 a 和 ra 是同一个整型变量的两个不同的名字,它们拥有相同的值,如图 2-5 所示。

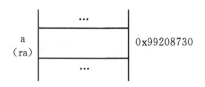

图 2-5 变量及其引用

也可以在同一个声明语句中定义多个引用。例如:

    int a=1,b=2;

    int &ra=a,&rb=b;

每一个引用变量前都必须加上 & 符号,否则就变成了一个普通变量定义。

需要注意,在声明变量 ra 是变量 a 的引用后,表示变量 ra 始终与其代表的变量 a 相联系,不能再作为其他变量的引用(别名)。

下面的用法不对:

    int a=1,b=2;

    int &ra=a;

    int &ra=b;   //企图使 ra 又变成 b 的引用(别名)是不行的

2.引用的使用

一旦定义了引用,被引用变量和其引用就可以互相替换,且效果相同。例如:

　　a＝b;

　　ra＝b;

这两个赋值语句的效果是完全等价的。这里的 ra＝b 并非是使 ra 再成为 b 的引用,而是将 b 的值赋给 ra,也就是直接赋给 a。

就这一点来说,可以看出指针和引用的不同:指针和它指向的内存单元是两个不同的内存单元,通过指针可以间接访问它指向的内存单元;而引用和被引用单元是相同的,是直接访问。

在程序中,引用出现的次数不会很多。更多的情形是作为函数的参数和函数的返回值,它们具有不同的含义。

使用引用时要注意以下事项:

①不存在 void & 类型的引用,但 void * 类型却是合法的。

②不能创建引用数组。定义 int &arr[10] 是错误的,但 int * arr[10] 却是正确的。

2.4.3　地址类型的使用

本节通过一个例子来看指针和引用的使用情况。

例 2-1　阅读以下程序,得出运行结果,掌握地址类型的使用。

程序如下:

```
//ex2-1.cpp
#include<iostream>
using namespace std;
int main()
{
    int a= 1;
    int * p= &a;
    int &ra= a;
    cout<<"原始的 a= "<< a<< endl;
    *p= a+4;
    cout<< "*p= a+4 后,a= "<<a<< endl;
    ra= *p-2;
    cout<< "ra= *p-2 后,a= "<<a<< endl;
    return 0;
}
```

程序的运行结果为:

```
原始的 a= 1
*p= a+4 后,a= 5
ra= *p-2 后,a= 3
```

程序分析:变量 a 的值开始为 1,p 是指向它的指针变量,ra 是它的引用。当执行"*p＝a+4;"时,表示将 a+4 的值赋给指针 p 指向的内存空间,即 a 的值变为 5;当执行"ra＝

＊p－2;"时,由于 ra 等价于 a,因此当计算 ＊p－2 值为 3 并赋值给 ra 后,a 的值也为 3。

2.5 结构化数据类型

结构化数据类型包括数组、结构体、联合体和类类型 4 种。由于联合体已经很少在 C++程序中使用,因此在本书中不再对联合体进行讲解,而类类型涉及面向对象技术,因此本章也不做介绍,其内容将在后续章节中详细讲述。

2.5.1 数 组

如果程序要用到 100 个类型相同的变量,可以定义 100 个这种类型的变量,并将它们命名为 var0,var1,var2,…,var99,但在真正使用它们时,会遇到一些问题。例如,要对这些变量进行赋值,则需要 100 条赋值语句,这使得程序代码变得很笨拙,还容易出错。最好的解决办法就是将这些变量组织在一个统一的数据结构中,这种数据结构就是"数组(array)"。概括地说,数组就是有序数据的集合。

数组一般分为一维数组和多维数组。本节将只讨论一维数组、二维数组的用法,以及数组与指针、引用的关系。

1.一维数组

定义一维数组的一般格式为:

    ＜数据类型＞ ＜一维数组名＞[＜整型常量表达式＞];

声明一个数组时要考虑两个问题:一是数组的长度;二是数组的数据类型,也就是每个数组元素的类型。理论上,数组的数据类型可以是任意合法的数据类型,包括数组类型本身。

例如:

    int array[100];

它表示创建了一个名为 array 的一维数组,它的长度是 100 个单元(而不是 100 个字节),每个单元的类型是 int。需要注意,array 是整个数组的名字,数组中所有整型单元的名字依次是 array[0],array[1],…,array[99],分别引用的是 array 数组的第 0 个,第 1 个,……,第 99 个元素。这里,方括号[]是数组元素的标志,括在其中的整型表达式是数组元素的索引值,其值从 0 开始,称为"下标"或"索引(index)"。array 数组在内存中的存储情况如图 2－6 所示。

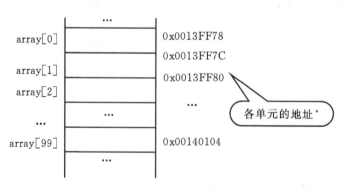

图 2－6 一维数组在内存中的存储情况

与 C 语言一样,C++也不支持变长数组,并且下标表达式必须是整型值。这使得数组的使用失去了一些灵活性。不过,可以通过一个封装了数组操作的类类型来弥补这一缺陷。

另一个问题是,C++只把数组当作一个内存块,因此 C++编译器和运行时库都不检查数组元素的下标是否越界。例如 array[100]数组中,如果引用数组元素时的下标小于 0 或者大于 99,C++编译器都不会报错,但这可能会导致程序运行出错,因此,在编写代码时需仔细检查。

2.二维数组

具有两个下标的数组称为二维数组,它可以用来处理像矩阵这样的二维结构。定义二维数组的一般格式为:

<数据类型> <二维数组名>[<整型常量表达式 1>][<整型常量表达式 2>];

其中,数据类型可以是任意合法的数据类型,二维数组名是用户自定义的标识符,整型常量表达式 1 是数组第一维的长度(也称为行数),整型常量表达式 2 是数组第二维的长度(也称为列数)。

例如,下面定义了一个 3 行 4 列的二维数组:

int arr[3][4];

这个二维数组在内存中将占据 $3 \times 4 = 12$ 个整型单元,这些单元是按照"以行为主"的方式进行存储的,即先储存第一行的 4 个元素,接下来是第二行,直至最后一行。

这种存储方式,实际上是一种将二维数组一维化的方法,因此二维数组也被看作是一种特殊的一维数组,这个一维数组的每个数组元素又是一个一维数组。

例如,在上面的定义中,arr 可以被看作是一个长度为 3 的一维数组,它的 3 个元素为:arr[0]、arr[1]、arr[2],而这 3 个元素的每一个又是一个长度为 4 的一维数组,arr[0]、arr[1]、arr[2]是这 3 个一维数组的名字,如图 2-7 所示。

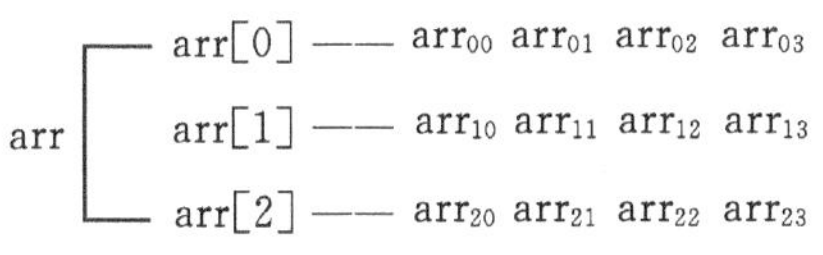

$$
arr \begin{cases} arr[0] —— arr_{00}\ arr_{01}\ arr_{02}\ arr_{03} \\ arr[1] —— arr_{10}\ arr_{11}\ arr_{12}\ arr_{13} \\ arr[2] —— arr_{20}\ arr_{21}\ arr_{22}\ arr_{23} \end{cases}
$$

图 2-7　将二维数组看作一维数据的形式

因此,上面定义的二维数组也可以理解为定义了 3 个一维数组,即

int arr[0][4],arr[1][4],arr[2][4];

其中,arr[0]、arr[1]、arr[2]是这 3 个一维数组的名字。这种处理方法是在数组初始化和用指针操作数组时的非常方法。

与一维数组相似,引用二维数组元素时也必须保证数组的两个下标都不可越界。

3.数组的初始化

在程序中定义的局部数组是不会自动初始化的,因此需要手动对它进行初始化工作。

对一维数组和二维数组的初始化语句格式如下:

<数据类型> <一维数组名>[<长度>]={<值列表>};

<数据类型> <二维数组名>[<长度>][<长度>]={{<值列表 1>},{<值列

表2>},…};

或者

　　　　<数据类型> <二维数组名>[<长度>][<长度>]={<值列表>};

其中,一维数组的长度和二维数组的第一维长度可以省略。这种情况下,省略的一维长度由值列表中值的个数或值列表的个数决定。如果值的个数或列表个数不足,则剩下的元素全部被置为0。例如:

```
int a[3]={1,2,3};
int b[]={1,2,3};                //b 的长度为 3
int c[4]={1,2,3};              //c 的长度为 4,数组元素 c[3]的值为 0
int d[][2]={{1,2},{3,4}};      //d 的第一维长度为 2
int e[][2]={1,2,3,4,5};        //e 的第一维长度为 3,e[2][1]的值为 0
```

4.一维字符数组

一维字符数组往往用来表示字符串。不过,数组最后一个有效字符的后面必须是 0 字符(注意,不是字符'0',而是 ASCII 码值为 0 的字符)。这样的字符串称为 ASCII 字符串。例如:

```
char name[]={´K´,´e´,´n´,´\0´};
```

其实,在 C++中更好的表示字符串的方法是定义一个 string 类型的变量,例如:

```
string name="Ken";
```

string 类型是一种类类型,被 ANSI C++运行库支持。

要在程序中使用 string 类型,应该在程序的前面包含头文件 string:

```
#include<string>
```

5.数组和指针

和 C 语言一样,在 C++中,数组的名字也是一个指针常量。因此,可以有下面的语句:

```
int array[10];
int *pi;
pi=array;           //array 本身被当作一个指针
pi[0]=1;            //等价于 array[0]=1;
*(pi+1)=2;          //等价于 array[1]=2;
*pi+2=3;            //错误,*pi+2 表达式不能放在赋值号的左边
```

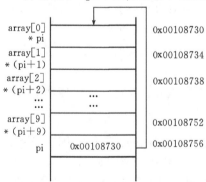

图 2-8　数组和指针的关系

指针 pi 也可以指向数组的其他元素,例如:

```
pi=&array[7];
```

注意,虽然数组名是一个指针常量,但是数组元素不是指针,因此要赋值给指针 pi 的话,需要使用 & 符号取地址。

一旦一个指针指向了数组的某个元素,那么指针和数组名就可以互换使用。不过,需要注意,数组名是个常量,只能出现在赋值号的右边。

如果把数组当作一个整体,并且用一个指针指向,那么指针的定义应是:

```
int (*pa)[10];
```

指针定义中的括号使 * 先与 pa 结合,因此 pa 首先是个指针,其次,它指向了一个 int[10] 类型的单元,这是一个长度为 10 的整型一维数组,可以称这种指针为"数组指针"。如果要使 pa 指向之前所定义的数组 array,可以使用如下赋值语句:

```
pa=&array;              //注意 & 的存在
```

接下来,再来看下面这个定义:

```
int *pb[10];
```

由于[]的优先级比 * 高,所以 pb 首先是个数组,它每个元素的类型都是 int * 类型,也就是指向整型的指针,因此称这种数组为"指针数组"。所以,赋值语句"pb=array;"是错误的,而语句"pb[0]=&array[0];"是正确的。

指向多维数组的指针非常复杂,这里就不做讨论了。

6.数组和引用

可以定义数组的引用,例如:

```
int a[10];
int (&ra)[10]=a;        //注意括号的存在
ra[0]=1;                //直接访问数组的首元素
```

但是下面的引用定义是错误的,因为不能定义引用的数组。

```
int &ra[10]=a;
```

2.5.2　结构体

数组是相同类型数据的集合,但是在处理任务时只有数组还是不够的。如果要把不同类型的数据组合成一个有机的整体,以方便用户使用的话,那就会用到结构体类型。下面通过一个人事记录的例子来说明结构体的用法。

假设一条人事记录包含工号、姓名、性别、出生年份和工作部门等信息,显然这些信息并不具有相同的类型,因此想要把它们看作一个整体,就要把它们封装在一个结构体里。

1.结构体的声明格式

声明一个结构体类型的一般形式如下:

```
struct <结构体类型名>
{
    <类型说明符> <成员变量名>;
    …
```

```
        };
```

其中,结构体成员变量的类型可以是任意的合法类型,包括另外一种结构体类型。

例如,要声明人事记录结构体类型,可以使用下列代码:

```
    struct Employee
    {
        int ID;                //工号
        string name;           //姓名
        char gender;           //性别
        short yob;             //出生年份
        int deptID;            //工作部门号
    };
```

其中 ID、name 等变量就是结构体的成员变量。

声明好结构体类型后,此时并无具体数据,系统也不会为之分配内存单元,只有定义了此结构体类型的变量,并在其中存放具体数据后,才能在程序中使用。定义结构体类型变量的方法有以下 3 种。

(1)声明结构体类型后再定义变量。

使用已定义了的结构体类型,就可以直接定义结构体变量。例如:

Employeeemp;

定义了结构体变量后,就可以使用成员选择运算符"."访问其成员了:

```
    emp.ID=20190101;
    emp.gender=´M´;
```

也可以定义结构体类型的数组,例如:

```
    Employee emps[100];
```

这条语句定义了一个 Employee 类型的数组,数组的长度是 100,每个数组元素都是一个Employee类型的结构体变量。

(2)声明结构体类型的同时定义变量。

这种形式的定义格式为:

```
    struct <结构体类型名>
    {
        <类型名> <成员变量名>;
        …
    }<变量名列表>;
```

例如:

```
    struct Employee                //声明结构体类型
    {
        int ID;
        string name;
        char gender;
        short yob;
```

```
    int deptID;
}emp1,emp2;                    //定义两个结构体类型变量 emp1,emp2
```
(3)直接定义结构体类型变量。

定义格式为：
```
struct                         //没有结构体类型名
{
    <类型名> <成员变量名>;
    …
}<变量名列表>;
```

这种方式使用较少。一般情况下,提倡先定义结构体类型再定义变量的第(1)种方法。当程序比较简单,结构体类型只在本源文件中使用的情况下,也可以使用第(2)种方法。

2.结构体变量的初始化

和其他类型变量一样,结构体变量也可以在定义的时候进行初始化,例如：
```
Employee emp3＝{20190102,"张山",'M',1990,10};    //Employee 是前面已经定
                                                 //义的结构体类型
```
注意,大括号{}内的值列表中值的顺序必须与结构体类型中成员变量定义的顺序一样,且类型也一样。

3.指向结构体的指针

可以定义指向结构体变量的指针,例如：
```
Employee emp;                  //Employee 是前面已经定义的结构体类型
Employee * pEm＝&emp;          //指针和结构体变量之间的关系如图 2－9 所示
```

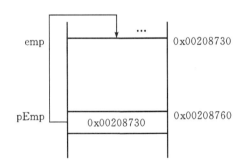

图 2-9　指针和结构体变量的关系

这时,将可以通过指针来访问 emp 的成员变量,例如：
```
( * pEmp).ID＝20190101;
```
注意, * pEmp 外面的括号必不可少,如果没有括号,语句的意义就完全不同了：
```
* pEmp.ID＝20190101;
```
因为运算符"."的优先级比运算符" * "的高,所以赋值号左边的表达式首先解析到的是 pEmp.ID,那意味着 pEmp 是个结构体变量(这已经是个错误),现在要访问它的成员变量 ID,

而这个成员变量因为"＊"的作用被解释成为一个指针,这和语句的本意已经完全不同了。

由于,语句"(＊pEmp).ID＝20190101;"里赋值号左边的表达式比较复杂,所以 C++提供了一个更简洁的表达方式,使用专用于指针的结构体变量成员选择运算符"－＞",因此,语句可以改写为下面的格式:

```
pEmp－＞ID＝20190101;
```

注意,运算符"－＞"左边必须是一个结构体指针变量,右边则必须是该结构体类型的成员变量。

4.指向结构体的引用

可以定义指向结构体变量的引用,例如:

```
Employee &remp＝emp;
```

这时,remp 成为 emp 的别名,二者等价。

2.5.3 用 typedef 定义类型的别名

对于一些复杂的类型,在它们的定义中有较多的修饰符,这会给使用带来不便,为了简化用法,在 C++中可以用 typedef 运算符为那些已有类型声明一个别名,其格式如下:

```
typedef ＜已有类型名称＞ ＜别名＞;
```

例如:

```
typedef int INTEGER;            //指定用标识符 INTEGER 代表 int 类型
typedef float REAL;             //指定用标识符 REAL 代表 float 类型
```

以下两行等价:

```
int i,j; float a,b;
INTEGER i,j; REAL a,b;
```

再例如:

```
typedef int INT;
typedef double (＊DBLARRPTR)[10];   //指定一个指针类型 DBLARRPTR,指向一个
                                    //长度为 10 的 double 型一维数组
typedef int &INTREF;                //指定了 int 类型的引用类型 INTREF
INT anInt;
DBLARRPTR dblArr;                   //dblArr 是一个数组
INTREF ra＝anInt;                   //ra 成为 anInt 的别名
```

注意:用 typedef 定义的类型名只是已有类型的别名,并不是创建一种新的类型。

2.6 运算符和表达式

C++提供了非常丰富的运算符。在程序中,使用运算符来连接运算对象,从而构成完成一定运算功能的表达式。下面是 C++全部的运算符:

(1)算术运算符:＋(加)、－(减)、＊(乘)、/(除)、%(整除求余)、++(自增)、－－(自减);

(2)关系运算符:＞(大于)、＞＝(大于等于)、＝＝(等于)、＜(小于)、＜＝(小于等于)、!＝(不等于);

(3)逻辑运算符:!（逻辑非）、&&（逻辑与）、||（逻辑或）;

(4)位运算符:~（按位取反）、&（按位与）、|（按位或）、^（按位异或）;

(5)移位运算符:<<（按位左移）、>>（按位右移）;

(6)赋值运算符:=、+=、-=、*=、/=、%=、<<=、>>=、|=、&=、^=;

(7)条件运算符:? =;

(8)求字节运算符:sizeof;

(9)指针运算符:*、&;

(10)成员运算符:.、->（指向成员的运算符）;

(11)下标运算符:[];

(12)函数调用运算符:();

(13)强制类型转换运算符:（类型）;

(14)逗号运算符:,;

(15)自由存储运算符:new,delete;

(16)求类型标识运算符:typeid;

(17)抛出异常运算符:throw。

本节将先介绍一些常用的运算符及其表达式,然后再介绍一些特殊的运算符及其表达式。

2.6.1　常用的运算符和表达式

运算符用于连接操作数,形成表达式,用以完成相应的运算。运算符根据可连接操作数的数量,可以分为一元（单目）运算符、二元（双目）运算符和三元（三目）运算符。这里简要介绍一些常用的运算符以及由它们构成的表达式。

1.赋值运算符和赋值表达式

形如:

　　　　<变量>=<表达式>

的表达式称为赋值表达式。这里的"="号称为赋值运算符,是二元运算符,读作:将表达式的值赋给变量。

表达式中的变量又称为左值(lvalue),是指能出现在赋值预算符左边的值。注意,左值必须是值能够被修改的变量,而常量及表达式因其不能被修改,因此不能作为左值,这类值也被称为右值(rvalue)。右值可以是常量、变量、表达式。

下面是赋值表达式的例子:

```
i=0                //常量值 0 赋给变量 i
a=b                //变量 b 的值赋给变量 a
x=3*y              //表达式 3*y 的值赋给变量 x
```

2.算术运算符和算术表达式

算术表达式是使用算术运算符连接操作数组成的。下面列出的都是算术运算符:

　　　　+、-、*、/、%、++、--

其中,++和--是一元运算符,其余的都是二元运算符。

下面是算术表达式的例子:

a+b

x/0.5

15%4

i++

注意：参与运算的操作数的类型会直接影响表达式结果的类型。

(1)参与运算的操作数类型相同。

这种情况下，表达式结果的类型就是操作数的类型。例如：

5/2　　　//结果为2。因为5和2都是整型，所以运算结果也是整型，即要对商进行
　　　　　//取整操作

1/2　　　//结果为0。因为1和2都是整型，所以对商进行取整操作后结果为0

(2)参与运算的操作数类型不同。

这种情况下，要求参与运算的操作数类型必须相容。表达式结果的类型与操作数中表示范围最大的那个数的类型相同。例如：

5/2.0　　//结果为2.5。因为5是整型，2.0是浮点型，所以运算结果是浮点型

'A'+1　　//结果为66。因为字符型数据参与算术运算时，会使用其ASCII码值进
　　　　　//行计算，而ASCII码值为整型，所以运算结果是整型

这里的操作数类型相容是指，一种类型的操作数可以自动地转换为另一种类型，编译系统并不会报任何的错误或警告。一般来说，长度小的类型相容于长度大的类型。例如，所有短的整型相容于长的整型，所有整型相容于浮点型。

3.关系运算符与关系表达式

关系表达式是使用关系运算符连接操作数组成的。下面列出的都是关系运算符：

　　　　>、>=、==、<、<=、!=

所有关系运算符都是二元运算符，其运算结果是一个逻辑值，称为"布尔值"，在C++中用bool类型来表示。bool类型的取值范围只有两个值：true和false，它们分别代表了逻辑真和逻辑假。

C++程序也可以像C程序一样，用一个整型值来代替bool值：整数0值代表逻辑假，而所有非0整数都代表逻辑真，包括非0负数，但这不是一种好的风格。擅用bool类型是编写C++程序的一种良好表现。

下面是关系表达式的例子：

ch1<ch2

a!=b

x>=y

进行关系运算，需要注意以下三个问题：

(1)赋值号"="和等号"=="的使用。初学者往往会在需要==的地方误写成=，因为那是数学意义上的等号。但这将带来不正确的结果，而这种错误属于逻辑错误，编译系统无法检测出来，所以非常难以排错。例如，有表达式：ch1='A'和ch2='B'，如果误将ch1==ch2写成了ch1=ch2。前者是关系表达式，将产生一个逻辑值，值为false，也就是0；而后者是赋值表达式，将产生一个char类型的值，也就是'B'(其ASCII码为66)。由于C++会把任何非0整数都当作是true，因此这将导致程序运行的结果与预想的结果不同，从而产生错误。所以，一

定要正确的使用"="和"=="。

（2）浮点数的比较。由于浮点数在存储上的精度误差,因此可能会使==和！=不能进行精确比较。解决的方式是求两个浮点数差值的绝对值是否小于一个给定的很小的数,例如：x==y最好写成 fabs(x−y)<1E−6。fabs()是求绝对值的数学函数,为了在程序中使用数学函数,应该在程序头部引入包含该函数的头文件,例如：

```
#include<cmath>
```

（3）不能使用数学上"a<b<c"的形式表示 3 个数的大小关系,只能将其分解为"a<b 并且 b<c"的形式。表示"并且"这种关系将使用下面讲到的逻辑运算符。其实,a<b<c 这种表达式在语法上是正确的,不过它被解释为(a<b)<c,就是将 a<b 的结果(无论是 true 还是false)与 c 比较,但这与原意不符。例如,假设 a=3,b=2,c=1,那么表达式 a<b<c 在数学意义上是不成立的,即结果为 false;但该表达式在 C++中,将先计算 a<b 的结果为 false(即为0),因而 false 小于 1 成立,因此表达式的结果为 true,这显然与实际情况不符。

4.逻辑运算符与逻辑表达式

逻辑表达式是使用逻辑运算符连接操作数组成的。C++中有 3 个逻辑运算符：

　　！、&&、||

其中,&& 和||是二元运算符,！是一元运算符,它们的运算规则见表 2−4。

表 2−4　逻辑运算规则

a	b	！a	a&&b	a||b
false	false	true	false	false
false	true	true	false	true
true	false	false	false	true
true	true	false	true	true

逻辑表达式中的操作数可以是逻辑型的常量、变量以及结果为逻辑值的表达式,包括关系表达式和逻辑表达式,例如：

```
! true
a<b&&b<c          //逻辑与运算符 && 表示并且,因此该表达式表示了数学上
                  //"a<b<c"的含义
x&&y||! z
```

5.条件运算符与条件表达式

由条件运算符"？:"构成的条件表达式形如：

　　<关系表达式>？<表达式 1>:<表达式 2>

条件运算符是 C++中唯一的一个三元运算符。

条件表达式的运算过程是：首先判断关系表达式的结果,如果值为 true,那么整个条件表达式的值为表达式 1 的值;否则,为表达式 2 的值。

例如：

```
int a=1,b=2,c;
```

　　　　c＝a＞b? a:b;

　　因为表达式 a＞b 的结果为 false,因此返回变量 b 的值作为整个条件表达式的结果,进而将 b 的值赋给变量 c,所以整个赋值表达式的值也是 b。

　　使用条件表达式可以替换简单的双分支结构语句,因此可以有效地简化源代码。

　　6.逗号运算符与逗号表达式

　　逗号","除了作为分隔符外,还可以作为运算符。使用逗号运算符组成的逗号表达式形如:

　　　　＜表达式 1＞,＜表达式 2＞,…,＜表达式 n＞

　　执行时,各个表达式按先后顺序依次计算,而整个逗号表达式的值为最后的表达式 n 的值。例如:

　　　　int a,b＝2,c＝4;
　　　　a＝b＊3,c－2;

首先计算表达式 b＊3 的值,得到结果 6,然后再计算表达式 c－2 的值,得到结果 2,整个逗号表达式的结果即为 2,最后再将 2 赋给变量 a。

　　逗号运算符一般出现在只能用到一个表达式,但又需要完成若干不同运算的场合,如在循环语句的循环控制部分。

　　7.复合赋值运算符与复合赋值表达式

　　在众多的赋值运算符中,除了"＝"外,其他的都是复合赋值运算符,它们的形式为"运算符＝",组成的复合赋值表达式形如:

　　　　＜变量名＞ ＜运算符＞＝＜表达式＞

其等价于:

　　　　＜变量名＞＝＜变量名＞ ＜运算符＞ ＜表达式＞

其中的运算符必须是二元运算符,例如:

　　　　int a＝0,b＝1,c＝2;
　　　　a＋＝2;　　　　　　//等价于a＝a＋2;
　　　　b＊＝c－5;　　　　 //等价于b＝b＊(c－5);
　　　　(a＋b)＋＝2;　　　 //错误,运算符左边必须是变量,不能是表达式或常量

　　8.混合运算表达式

　　例如,表达式"a＋b＞c＆＆d"就是混合运算表达式。这里的混合既可以指表达式中有不同类型的运算符,也可以指表达式中有不同类型的操作数。

　　表达式中的运算符有优先级和结合性的区分,这些特性都会对表达式的值造成影响。下面通过一个例子来说明运算符的结合性。

　　设有赋值表达式:a＝b＝c,很多初学者可能会这样认为,表达式中 b 被 c 赋值,a 被 b 赋值。其实不然,因为赋值运算符的结合性都是从右往左,所以这个表达式等价于:a＝(b＝c)。也就是说,首先执行表达式 b＝c,使 b 拥有与 c 一样的值,同时表达式 b＝c 也拥有与 c 一样的值,然后再将这个值赋给 a。也就是说,变量 a 是被赋予了表达式(b＝c)的值,而不是变量 b 的值。最后,整个表达式的值等于 c 的值。

　　在混合运算中,如果操作数的类型不同,那么就会引起数据类型转换。常见的类型转换有

自动转换和强制转换两种。自动转换是指,表示范围小的数的类型会自动地转换成为表示范围更大的数的类型。但是,如果想将表示范围大的数的类型转换为表示范围更小的数的类型,就必须使用强制转换。例如:

```
int a=65;
char ch='a';
a=ch;           //自动转换
ch=(char)a;     //强制转换
```

2.6.2 几种特殊的运算符

除了上面介绍的使用符号表示的常用运算符外,C++还提供了几种特殊的运算符,它们是使用文字表达的,所以看起来非常像函数,因此使用时应加以区分。

1.sizeof 运算符

基于可移植的考虑,C++提供了一种用于获得数据类型或变量在内存中所占字节数的运算符:sizeof,其语法如下:

```
sizeof(<数据类型名>)或 sizeof(<变量名>)
```

在不同的编译系统或不同的硬件平台上,同一个 sizeof 运算符表达式可能会得到不同的结果,所以要注意不同编程环境中数据类型定义的长度。

2.new 和 delete 运算符

C++提供了运算符 new 和 delete 来完成动态存储分配和释放存储空间的工作。

动态存储分配运算符 new 有以下的使用特点:

(1)运算符 new 的参数是待分配单元的数目,它会自动计算要分配类型的大小,而不需给出要分配的存储区大小(字节数),这可以避免分配错误存储单元大小。

(2)运算符 new 会自动返回正确的指针类型,不必对返回指针进行类型转换。

(3)运算符 new 会将分配的存储空间进行初始化。

运算符 new 的使用形式为:

```
<指针变量名>=new <指针数据类型名>;
```

或者

```
<指针变量名>=new <指针数据类型名>(<整型表达式>);
```

或者

```
<指针变量名>=new <指针数据类型名>[<整型表达式>];
```

其中,指针数据类型是指针变量指向的类型。

例如:

```
double *p;
p=new double;
```

以上语句表示分配一个 double 类型的存储单元,并返回这个单元的地址给指针变量 p,如图 2-10 所示。

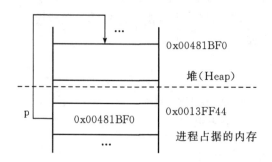

图2-10 用new运算符分配内存

new 运算符还有一个可选的参数,这个参数又有两种使用形式:

(1)指针数据类型表达式参数在圆括号()内。这种情况表示用括号内参数表达式的值来初始化指针变量所指向的内存单元。例如:

    p＝new double(1.0);

语句执行后,指针 p 指向的内存单元的初始值就是 1.0。

(2)整型表达式参数在方括号[]内。这种情况表示要分配一个数组,表达式的值是数组的长度。例如:

    p＝new double[10];

语句执行后,p 将指向一个长度为 10 的 double 类型数组的第一个元素。注意,这里的长度参数是以存储单元为单位的,而不是以字节为单位的。

当内存分配失败,运算符 new 将返回一个空指针。

释放存储空间运算符 delete 用来释放运算符 new 所分配的存储空间,并将其交还给内存堆栈。它的使用形式为:

    delete ＜指针变量＞;

或者

    delete[] ＜指针变量＞;

其中,指针变量保存着运算符 new 所分配的内存首地址。

第一种格式用于释放指针变量指向的单个存储单元,第二种格式用于释放指针变量指向的数组,也就是说,用 new[]分配的内存单元应该用 delete[]释放。

3.类型转换运算符

类型转换(type conversion)是指将一种类型的值转换为另一种类型的值。前面已经介绍过了,C++中有两种形式的类型转换:隐式(自动)类型转换和显式(强制)类型转换。

(1)隐式(自动)类型转换。

以下几种情况下,将会发生隐式(自动)类型转换:

①混合运算:级别低的类型向级别高的类型转换。

②将表达式的值赋给变量:表达式的值向变量类型的值转换。

③函数实参向函数形参传值:实参的值向形参的值进行转换。

④函数返回结果:函数返回的值向函数返回类型的值进行转换。

注意,隐式(自动)类型转换是在编译时发生的,因此不需要运算符的参与。不过,类型相容原则要在隐式(自动)类型转换中起作用。如果类型不相容,编译时将会产生一个错误或警告。

(2)显式(强制)类型转换。

显式(强制)类型转换有两种风格格式:

①C 语言风格:(＜类型名＞)＜表达式＞。

②C++风格:＜类型名＞(＜表达式＞)。此时,类型名就是一个类型转换运算符。不过,它必须是个简单类型,复杂类型可以用 typedef 进行简化。

例如:

```
int a＝1;
double b＝2;
a＝(int)b;
a＝int(b);
```

2.7　C++语言的基本语句

C++语言中的语句与 C 语言中的语句基本一样,没有改进和补充。C++程序中最小的独立单位是语句,语句又是由前面所介绍的基本要素(常量、变量、运算符、表达式等)组成的,一条语句结束时,都要以英文的分号";"结尾。

2.7.1　C++语句概述

C++的语句一般可以分为以下 4 类。

1. 声明语句

声明语句用来实现对变量(以及其他对象)的定义。例如:

```
int a,b;
```

2. 执行语句

执行语句是用来通知计算机完成一定的操作。包括以下几种:

(1)控制语句,是用来实现程序的流程控制。C++有 9 种控制语句:if...else、for、while、do...while、continue、break、switch、goto、return。

(2)函数和对象流调用语句,由一次调用加一个分号构成。例如:

```
fabs(-1);
cout<<i<<endl;
```

(3)表达式语句,由一个表达式加一个分号构成。例如:

```
++i;
x>y;
```

3. 空语句

只有一个分号的语句就是空语句,它什么也不做。例如:

```
;
```

4. 复合语句

使用{}把若干条语句括起来成为复合语句。例如：

```
{
    int i=0;
    i++;
    cout<<i;
}
```

执行语句中的控制语句，实现了程序的流程控制。在 C++中，共有三种流程结构，分别是顺序结构、选择结构、循环结构，而每种结构又有对应的实现语句。下面将分别介绍三种结构的实现语句。

2.7.2 顺序语句

这是最简单的一种控制语句，语句按照书写顺序从上到下顺序执行。即先执行第 1 条语句，再执行第 2 条语句，再执行第 3 条语句……直到最后一条语句。

例2-2 编程实现，从键盘输入一个三位整数 num，将其个、十、百位倒序生成一个数字输出，例如，输入 123，则输出 321。

程序如下：

```
//ex2-2.cpp
#include< iostream>
using namespace std;
int main()
{
    int num;
    int ge,shi,bai;
    cout<<"请输入一个三位整数:"<<endl;
    cin>>num;
    ge=num%10;                       //求出个位
    shi=num/10%10;                   //求出十位
    bai=num/100;                     //求出百位
    cout<<ge*100+shi*10+bai<<endl;
    return 0;
}
```

当输入一个三位整数:123

运行结果如图 2-11 所示。

2.7.3 选择语句

选择语句(又称为分支结构)用于判断给定的条件，根据判断的结果来控制程序的流程。

选择语句包括 if 语句和 switch 语句，它们用来解决实际应用中按不同情况进行不同处理的问题。例如，缴纳个人所得税时，应按不同的收入缴纳不同数额的税金。

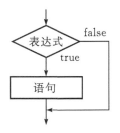

图 2 - 11　例 2 - 2 运行结果

1.if 语句

if 语句共有三种格式,分别如下:

格式一:

```
if(<表达式>)
{
    <语句>;
}
```

这是最简单的 if 语句,也称为 if 单分支结构。执行时,先判断 if 后表达式的值是否为 true,是则执行{}内的语句,否则跳过{}内的语句,执行 if 语句后面的语句。执行流程如图 2-12所示。

图 2 - 12　if 单分支流程图

例 2 - 3　编程实现,将用户输入的 24 小时制时间转换为 12 小时制。

程序如下:

```
//ex2 - 3.cpp
# include<iostream>
using namespace std;
int main()
{
    int hour;              //用户输入的时间
    char noon='A';         //上、下午标记(A.M.表示上午,P.M.表示下午)
    cout<<"请输入 24 小时制的小时值:";
    cin>>hour;
    if(hour>12)
    {
```

```
        hour=hour-12;
        noon='P';
    }
    cout<<"转换成 12 小时制的小时值:"<<hour<<noon<<".M.\n";
    return 0;
}
```

当输入 24 小时制的小时值:15

运行结果如图 2-13 所示。

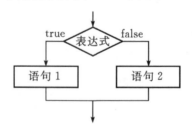

图 2-13　例 2-3 运行结果

格式二:

```
    if(<表达式>)
    {
        <语句 1>;
    }
    else
    {
        <语句 2>;
    }
```

这是 if 语句的基本格式,也称为 if...else 双分支结构。执行时,先判断 if 后表达式的值是否为 true,是则执行其下{}内的语句 1,否则执行 else 下{}内的语句 2,保证两个分支下的语句,必有且仅有一个会被执行。执行流程如图 2-14 所示。

图 2-14　if...else 双分支流程图

例 2-4　编程实现,任意输入两个整数后,按照从小到大的顺序进行输出。

程序如下:

```
//ex2-4.cpp
#include<iostream>
```

```
using namespace std;
int main()
{
    int a,b;                        //用户输入的两个整数
    cout<<"请输入 a,b 的值:";
    cin>>a>>b;
    if(a<=b)                        //比较两个整数的大小
        cout<<a<<" "<<b<<endl;
    else
        cout<<b<<" "<<a<<endl;
    return 0;
}
```

当对 a,b 的值输入为:2 1

运行结果如图 2-15 所示。

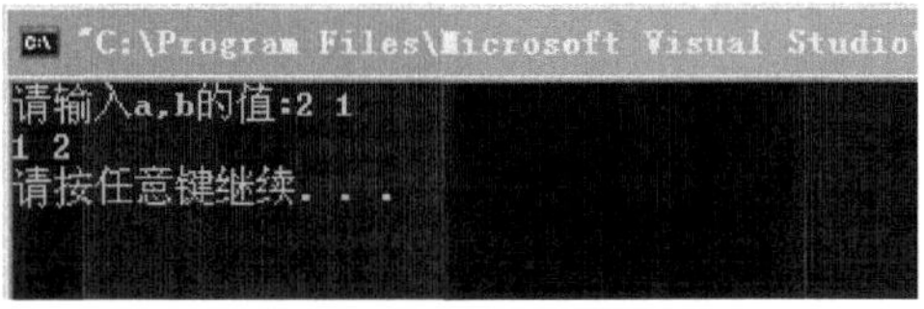

图 2-15　例 2-4 运行结果

格式三:

```
if(<表达式 1>)
{
    <语句 1>;
}
else if(<表达式 2>)
{
    <语句 2>;
}
……
else if(<表达式 n>)
{
    <语句 n>;
}
else
{
    <语句 n+1>;
}
```

这是使用 if...else if...else 语句实现的判断多个条件,并进行不同处理的格式,也称为 if...else if...else 多分支结构。执行时,先判断 if 后表达式 1 的值是否为 true,是则执行语句 1,否则继续判断表达式 2 是否为 true,是则执行语句 2,否则继续判断后面的表达式,依此类推。如果所有的表达式都为 false,则执行最后 else 后的语句 n+1。执行流程如图 2-16 所示。

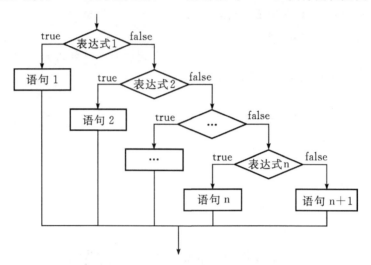

图 2-16　if...else if...else 多分支流程图

例 2-5　体质指数(BMI)由 19 世纪中期比利时的通才凯特勒最先提出,是目前国际上常用的衡量成人胖瘦程度以及是否健康的一个标准,如表 2-5 所示。

表 2-5　BMI 指数

胖瘦程度	中国标准
偏瘦	<18.5
正常	18.5～23.9
偏胖	24～27.9
肥胖	28～39.9
极重度肥胖	≥40.0

它的计算方法如下:

$$体质指数(BMI)=体重(kg) \div 身高(m)的二次方$$

如果一个成年人的体重是 62 kg,身高为 1.67 m,那么体质指数(BMI)为 62/(1.67 * 1.67)=22.23,属于正常范围。

请编程实现,输入体重和身高后,输出胖瘦程度信息。

程序如下:

```
//ex2-5.cpp
#include<iostream>
using namespace std;
```

```
int main() {
    float height,weight,bmi;
    cout<<"身高(米):";
    cin>>height;
    cout<<"体重(公斤):";
    cin>>weight;
    bmi=weight/(height * height);
    if(bmi<18.5)
        cout<<"偏瘦"<<endl;
    else if(bmi<24)
        cout<<"正常"<<endl;
    else if(bmi<28)
        cout<<"偏胖"<<endl;
    else if(bmi<40)
        cout<<"肥胖"<<endl;
    else
        cout<<"极重度肥胖"<<endl;
    return 0;
}
```

当输入身高:1.67,体重:62

运行结果如图 2-17 所示。

图 2-17　例 2-5 运行结果

2. switch 语句

通过上面的学习,我们知道了用 if 语句处理多个分支时需使用 if...else if 结构,但是当分支条件越多,if...else if 语句层就越多,这将使得程序代码变长而且也难于理解。因此,C++提供了一个专门用于处理多分支结构的 switch 语句,又称开关语句。

switch 语句的格式如下:

switch(<表达式>)

{

　　case <常量表达式 1>:<语句 1>;break;

　　case <常量表达式 2>:<语句 2>;break;

　　...

　　case <常量表达式 n>:<语句 n>;break;

```
        default:<语句 n+1>;break;
    }
```

语句执行时,先计算 switch 后()内表达式的值,当表达式的值与某一个 case 子句中的常量表达式相匹配时,就执行此 case 子句中的内嵌语句,并顺序执行之后的所有语句,直到遇到 break 语句为止;若所有的 case 子句中常量表达式的值都不能与 switch 表达式的值相匹配,就执行 default 子句的内嵌语句。

注意:switch 后面括号内的表达式,可以是整型、字符型、布尔型。每一个 case 表达式的值必须互不相同,否则就会出现互相矛盾的现象。各个 case 和 default 的出现次序不影响执行结果;case 子句中的内嵌语句可以是多个执行语句,且不必用{}括起来。

例 2-6 假设某大学规定,课程期末考试成绩大于或等于 90 分成绩等级为"A",大于或等于 70 分小于 90 分等级为"B",大于或等于 60 分小于 70 分等级为"C",60 分以下等级为"D"。请编程实现,输入一个分数,输出它的成绩等级。

程序如下:

```
//ex2-6.cpp
#include<iostream>
using namespace std;

int main()
{
    int score;
    char bank;
    cout<<"请输入分数:";
    cin>>score;
    switch(score/10)                    //score、10 是整型,score/10 也是整型
    {
        case 10:
        case 9:   bank='A';break;
        case 8:
        case 7:   bank='B';break;
        case 6:   bank='C';break;
        case 5:
        case 4:
        case 3:
        case 2:
        case 1:
        case 0:   bank='D'; break;
        default:  bank=32; break;       //一个空格赋值给 bank
    }
    cout<<bank<<endl;
```

```
        return 0;
    }
```
当输入分数:85

运行结果如图 2-18 所示。

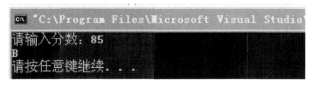

图 2-18 例 2-6 运行结果

2.7.4 循环语句

在现实生活中,经常会出现将同一件事情重复做很多次地情况,同样的,在程序中也可能出现重复多次地执行一条或若干条语句的情况。为了解决这个问题,C++中提供了一种叫作循环语句的特殊语句,它可以实现将一段代码重复执行,例如循环打印 1000 名学生的考试成绩。

循环语句分为 for 循环语句、while 循环语句和 do...while 循环语句 3 种,下面分别进行介绍。

1. for 循环语句

for 语句通常适用于明确知道循环次数的情况,其语法格式如下:
```
    for(<表达式 1>;<表达式 2>;<表达式 3>)
    {
        <循环体语句>;
    }
```
说明:表达式 1 只在循环开始前执行一次,实现循环迭代变量的初始化工作。表达式 2 是一个布尔类型表达式,作为循环条件出现,每次执行循环体语句之前先进行表达式值的判断。表达式 3 通常是循环迭代变量值的变化表达式,在每次循环体语句执行完毕时执行。

for 循环语句的执行过程:计算表达式 2 的值,进行循环条件判断,如果为 true,则执行循环体语句。循环体执行完毕后,执行表达式 3 进行迭代变量值的变化。执行完表达式 3 后,再次执行表达式 2,进行循环条件判断。如此反复执行,直到表达式 2 值为 false,停止循环并退出 for 语句,继续执行 for 语句之后的其他语句。执行流程如图 2-19 所示。

例 2-7 编程实现,使用 for 循环语句求 1+2+3+…+100 的和。

程序如下:
```
//ex2-7.cpp
#include<iostream>
using namespace std;
int main()
{
```

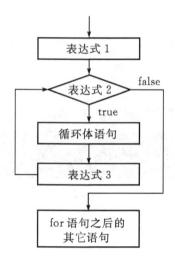

图 2-19 for 循环语句流程图

```
    int i,sum=0;
    for(i=1;i<=100;i++)
        sum+=i;
    cout<<"1+2+3+...+100="<<sum<<endl;
    return 0;
}
```

运行结果如图 2-20 所示。

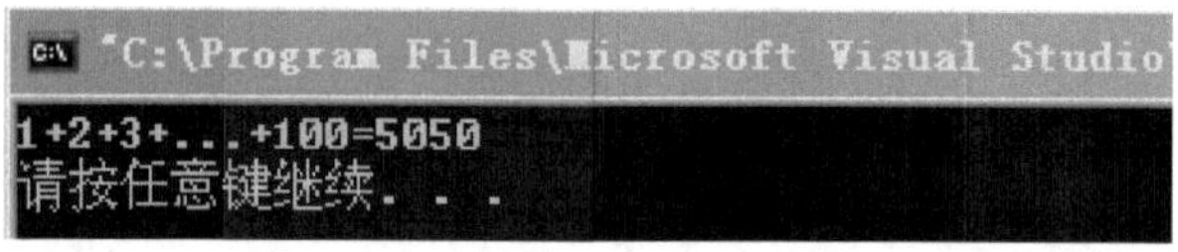

"C:\Program Files\Microsoft Visual Studio
1+2+3+...+100=5050
请按任意键继续. . .

图 2-20 例 2-7 运行结果

2. while 循环语句

while 语句通常用于重复执行次数不确定的循环,其语法格式如下:

```
    while(<循环条件表达式>)
    {
        <循环体语句>;
    }
```

说明:循环条件表达式是一个布尔表达式,当其值为 true 时,执行循环体语句,否则,结束循环并退出 while 语句,执行 while 语句之后的其他语句。执行流程如图 2-21 所示。

例 2-8 编程实现,使用 while 循环语句求 1+2+3+⋯+100 的和。

程序如下:

```
    //ex2-8.cpp
    #include<iostream>
```

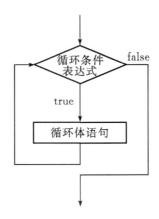

图 2-21　while 循环语句流程图

```
using namespace std;
int main()
{
    int i=1,sum=0;
    while(i<=100)
    {
        sum+=i;
        i++;
    }
    cout<<"1+2+3+…+100="<<sum<<endl;
    return 0;
}
```

运行结果和例 2-7 运行结果相同。

3. do...while 循环语句

do...while 语句与 while 语句的区别在于第一次循环时,while 语句是先判断循环条件,再循环,如果条件为假,则循环体不会被执行;而 do...while 语句则是先执行循环体后再判断循环条件,也就是说,最坏情况下 do...while 循环至少也会执行一次循环体。do...while 语句的语法格式如下:

```
do
{
    <循环体语句>;
} while(<循环条件表达式>);
```

执行流程如图 2-22 所示。

例 2-9　编程实现,使用 do...while 循环语句求 1+2+3+…+100 的和。

程序如下:

```
//ex2-9.cpp
```

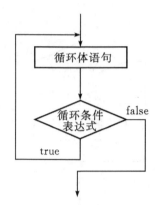

图 2-22   do...while 循环语句流程图

```
#include<iostream>
using namespace std;
int main()
{
    int i=1,sum=0;
    do
    {
        sum+=i;
        i++;
    }while(i<=100);
    cout<<"1+2+3+...+100="<<sum<<endl;
    return 0;
}
```

运行结果和例 2-7 运行结果相同。

2.7.5 跳转语句

通过跳转语句可以实现程序流程的跳转。例如,当从一批数据中查找一个与给定值相等的数据时,最简单的方法是从前向后使每一个数据依次与给定值进行比较,若不相等则继续向下比较,若相等则表明查找成功,应终止比较过程,此时就需要使用跳转语句。

C++中的跳转语句主要有 break 语句和 continue 语句,下面分别介绍。

1. break 语句

break 语句可以用在循环语句或 switch 语句的内部,用来结束循环结构或 switch 结构。下面通过示例来说明 break 语句的使用方法。

例 2-10   阅读以下程序,得出运行结果,熟悉 break 语句的应用。

```
#include<iostream>
using namespace std;
int main()
{
```

```
    int i = 0;
    while(i<10){                        //i<10 时执行 while 循环
        i++;                            //i 自增 1
        if(i==5){                       //如果 i 等于 5,则退出循环
            break;
        }
        cout<<i<<endl;                  //输出 i 值
    }
    cout<<"循环结束!"<<endl;
    return 0;
}
```

程序的运行结果为:

```
1
2
3
4
循环结束!
```

2. continue 语句

continue 语句只能用在循环语句内部,用来跳过本次循环,继续执行下一次循环。

在 while 和 do...while 循环结构中使用 continue 语句,表示将跳转到循环条件处继续执行;而在 for 循环结构中使用 continue 语句,表示将跳转到迭代语句(即表达式 3)处继续执行。下面通过示例来说明 continue 语句的使用方法。

例 2 - 11　阅读以下程序,得出运行结果,熟悉 continue 语句的应用。

```
#include<iostream>
using namespace std;
int main()
{
    int i=0;
    while(i<4){
        i++;
        if(i==2){               //i 等于 2 时,执行 continue 语句
            continue;           //跳过本次循环,直接执行下一次循环
        }
        cout<<i<<endl;          //当执行 continue 语句后,这行代码将执行不到
    }
    cout<<"循环结束!"<<endl;
}
```

程序的运行结果为:

```
1
```

3

4

循环结束!

本 章 小 结

本章主要介绍了学习 C++所需的基础知识。首先介绍了 C++的基本语法、数据类型、常量、变量的定义以及一些常见运算符和表达式的使用,然后介绍了顺序语句、选择语句和循环语句的概念和使用。通过本章的学习,读者能够掌握 C++程序的基本语法、格式以及变量和运算符的使用,能够掌握几种流程控制语句的使用方法等知识。

习 题

一、选择题

1.下列变量名中,非法的是( )。

A.A25　　　　　　B.My_car　　　　　C.My－str　　　　　D.abc

2.下列常量中,十六进制 int 型常量是( )。

A.0x5f　　　　　　B.x2a　　　　　　C.046　　　　　　　D.7a

3.长双精度浮点型常量的后缀是( )。

A.U　　　　　　　B.F　　　　　　　C.L　　　　　　　D.无

4.下列运算符中,不能用于浮点数操作的是( )。

A.++　　　　　　B.+　　　　　　　C.*=　　　　　　　D.&(双目)

5.下列运算符中,优先级最高的是( )。

A.*(双目)　　　　B.||　　　　　　　C.>>　　　　　　　D.%=

6.已知:int b(5),下列表达式中,正确的是( )。

A.b="a"　　　　　B.++(b 1)　　　　C.b%2.5　　　　　D.b=3,b+1,b+2

7.下列关于类型转换的描述中,错误的是( )。

A.类型转换运算符是(<类型>)

B.类型转换运算符是单目运算符

C.类型转换运算符通常用于保值转换中

D.类型转换运算符作用于表达式左边

8.下列表达式中,其值为 0 的是( )。

A.5/10　　　　　　B.! 0　　　　　　C.2>4? 0:1　　　　D.2&&2||0

9.下列关于数组维数的描述中,错误的是( )。

A.定义数组时必须将每维的大小都明确指出

B.二维数组是指该数组的维数为 2

C.数组的维数可以使用常量表达式

D.数组元素个数等于该数组的各维大小的乘积

10.下列关于初始值表的描述中,错误的是( )。

A.数组可以使用初始值表进行初始化

B.初始值表是用一对花括号括起的若干个数据项组成的

C.初始值表中数据项的个数必须与该数组的元素个数相等

D.使用初始值表给数组初始化时,没有被初始化的元素都具有默认值

11.已知:int ab[ ][3] = {{1, 5, 6}, {3}, {0,2}};数组元素 ab[1][1]的值为(　　)。

A.0　　　　　　　B.1　　　　　　　C.2　　　　　　　D.3

12.已知:"char s[ ]="abcd";",输出显示字符'c'的表达式是(　　)。

A.s　　　　　　　B.s+2　　　　　　C.s[2]　　　　　　D.s[3]

13.下列程序段执行后,j值是(　　)。

```
for(int i(0), j(0); i<10; i++)
    if(i)  j++;
```

A.0　　　　　　　B.9　　　　　　　C.10　　　　　　　D.无限

14.下列 while 循环语句的循环次数是(　　)。

```
while(int i(0))  i--;
```

A.0　　　　　　　B.1　　　　　　　C.2　　　　　　　D.无限

15.下列关于开关语句的描述中,错误的是(　　)。

A.开关语句中,case 子句的个数是不受限制的

B.开关语句中,case 子句的语句序列中一定要有 break 语句

C.开关语句中,default 子句可以省略

D.开关语句中,右花括号具有退出开关语句的功能

二、填空题

1.C++语言中,基本数据类型主要包含有整型、＿＿＿＿＿＿＿、＿＿＿＿＿＿＿、空值型和＿＿＿＿＿＿＿。

2.浮点型常量可分为单精度、＿＿＿＿＿＿和＿＿＿＿＿＿＿浮点型常量。

3.已知:double dd[ ][3]={{1.2, 2.4, 3.6}, {4.8, 5.2}, {6.4}};这里 dd 是一个＿＿＿＿＿维数组的数组名,该数组共有＿＿＿＿＿＿个元素,每个元素的类型是＿＿＿＿＿。数组元素 dd[0][0]的值是＿＿＿＿＿＿,dd[1][1]的值是＿＿＿＿＿＿,数组元素 dd[2][2]的值是＿＿＿＿＿＿。

4.表达式语句是一个表达式后边加上＿＿＿＿＿＿组成的。空语句是＿＿＿＿＿＿＿。

5.循环语句的共同特点是都应具有＿＿＿＿＿＿和＿＿＿＿＿＿＿。

三、程序阅读题

1.

```
#include<iostream>
using namespace std;
int main()
{
    const int A=10;
    const char CH='k';
    const double D=12.3;
    cout<<"A="<<A<<endl;
```

```
        cout<<"CH+2="<<char(CH+2)<<endl;
        cout<<"D-5.8="<<D-5.8<<endl;
        return 0;
    }
```

2.

```
    #include<iostream>
    using namespace std;
    int  main()
    {
        int a=10;
        char b='m';
        cout<<"a="<<a<<','<<"b="<<b<<endl;
        {
            int a=5;
            b='n';
            cout<<"a="<<a<<','<<"b="<<b<<endl;
        }
        cout<<"a="<<a<<','<<"b="<<b<<endl;
        return 0;
    }
```

3.

```
    #include<iostream>
    using namespace std;
    int  main()
    {
        int a(10);
        while(--a)
        {
            if(a==5)  break;
            if(a%2==0&&a%3==0)  continue;
            cout<<a<<endl;
        }
        return 0;
    }
```

4.

```
    #include<iostream>
    using namespace std;
    int  main()
```

```
    {
        int b(20);
        for(int i=9;i>=0;i--)
        {
            switch(i)
            {
                case 1:
                case 4:
                case 7: b++;break;
                case 2:
                case 5:
                case 8: break;
                case 3:
                case 6:
                case 9: b+=2;
            }
        }
        cout<<b<<endl;
        return 0;
    }
```

四、编程题

1.已知:int x=10;编程求下列代数式的值。

$$f(x)=3x^3+2x^2+5x+2$$

2.华氏温度转换成摄氏温度的计算公式如下:

$$C=(F-32)*5/9$$

其中,C 表示摄氏温度,F 表示华氏温度。从键盘上输入一摄氏温度,编程输出对应的华氏温度。

3.求 100 之内的自然数中奇数之和。

4.求下列分数序列前 15 项之和。

$$2/1,3/2,5/3,8/5,13/8,\cdots$$

5.按下列公式,求 e 的近似值。

$$e=1+1/1!\ +1/2!\ +1/3!\ +\cdots+1/n!$$

6.求两个整数的最大公约数和最小公倍数。

第3章 函 数

用来解决实际问题的程序都比前两章介绍的实例程序要大得多,经验表明,要开发和维护大程序,最好的办法是从更容易管理的小块和小组件开始,这种方法称为"分而治之,各个击破"。而模块化的方式可以帮助设计、实现、操作和维护大程序。

C++中的模块称为函数(function)和类(class)。在面向过程的结构化程序设计中,C++程序一般是将程序员编写的自定义函数与C++标准库中提供的库函数组合而成的。而在面向对象编程时,C++程序则是由程序员编写的自定义类与各种类库中提供的类组合而成的。本章主要介绍函数,第4章开始将详细介绍类。函数在程序设计中,对于代码重用和提高程序的可靠性是十分重要的,它也便于程序的分工合作和修改维护,从而可以提高程序的开发效率。

本章主要介绍函数的定义格式和规范、函数的参数与返回值、函数的调用方法、变量的使用方式、函数的重载与递归调用、内联函数等内容。

3.1 函 数 定 义

函数是完成固定功能的一个程序段,它带有一个入口和一个出口。所谓的入口,就是函数所带的各个参数,可通过这个入口,把函数的参数值代入函数内部,供计算机处理;所谓出口,就是指函数的返回值,在计算机处理之后,由出口带回给调用它的程序。

C++的函数分库函数(标准函数)和用户自定义函数。本章主要叙述用户自定义函数。在需要某种功能的函数时,首先应查看现有的函数库中是否提供了类似的函数。不要编写函数库中已有的函数,因为这不仅是重复劳动,而且自己编写的函数在各个质量属性方面一般都不如对应的库函数中函数。库函数的函数都是经过严格测试和实践检验的。

3.1.1 函数定义的格式

一个函数由函数首部和函数体两部分组成,函数首部也称函数头部,由函数类型、函数名、形式参数表组成。在标准C++中,函数定义的语法格式为:

    ［＜函数类型＞］＜函数名＞(［＜形式参数表＞])
    {
        ＜函数体＞
    }

下面对函数定义的语法格式与应用说明如下:

1.函数名

函数名必须是一个有效的C++标识符——以字母或下划线开头、后接字母或数字或下划线的字符序列,但不允许使用C++的保留字作为函数名。应该根据函数所完成的功能为函数起一个有意义的名字,如例3-1的程序ex3-1中定义的函数取名为max(),其作用就是为了求出两个参数中的最大值。通常我们在写到函数名字时,会在后面加上一对圆括号,这是为了将函数名字与其他变量或类型的名字区别开来。

2.函数类型

函数的类型是指函数返回值的类型,可以是基本数据类型,也可以是复合数据类型,但不允许是数组类型或函数类型。如例 3 - 1 中 max()函数的类型是 float 类型。

如果一个函数没有返回值,就应该将它的返回类型指定为 void。void 也是 C++提供的一种基本数据类型,表示"空值",它不能作为操作数参与任何运算。在 C++语言中,"函数没有返回值"的正确说法应该是"函数的返回值为空值类型"。

声明函数时,函数的类型可以省略,但要注意的是,此时函数的类型是整数类型 int 而不是空值类型 void。但是为提高程序的可读性,防止函数类型错误,应尽量显式指明所有函数的类型。

3.形式参数

形式参数表是用逗号分隔的变量说明列表,这些变量称为函数的形式参数,有时也简称为形参。形式参数用于接收从函数调用程序传给这个函数的数据,实现从函数调用程序到被调用函数的数据传递。如果一个函数不需要从调用程序接收数据,则该函数的参数表可以为空。即使函数的参数表为空,括住参数表的左、右括号也不可省略。

4.函数体

函数体是用花括号"{ }"括住的语句序列,分为说明部分和语句部分,用于描述这个函数所要执行的操作。虽然 C++语言并没有严格规定说明部分与语句部分的次序,甚至可以两者混合使用,但还是应该养成好的习惯,即先列出变量说明部分,再写出语句部分。

函数体允许为空,即只有一对花括号。空函数体主要用在在分解复杂问题时,首先设计高层次对应的函数,其他还需要进一步分解的子问题则为它命名一个合适的函数名,函数体暂时为空。下一步分解子问题时,再完善这些空函数。这样开发出来的程序具有结构清晰、可读性好、容易扩充等特点。

例 3 - 1　一个使用函数的简单例子。该程序求出用户输入的三个数中的最大值。

程序如下:

```cpp
//ex3 - 1.cpp
#include<iostream>
using namespace std;
//定义求两个数的最大值函数
float max(float x,float y)
{
    float z;
    if(x>=y)
        z=x;
    else
        z=y;
    return z;
```

```
    }
int main()
{
    float i,j,k;                    //用户输入的三个数
    float temp;                     //临时变量
    //用户输入三个数
    cout<<"请输入 3 个数:";
    cin>>i>>j>>k;
    //找出最大数存放在 temp 中
    temp=max(i,j);
    temp=max(temp,k);
    //输出找到的最大数
    cout<<"最大数是:"<<temp<<endl;
    return 0;
}
```

程序运行结果为:

请输入 3 个数:10 20 30

最大数是:30

5.return 语句

如果一个函数要返回一个值,就必须在函数体的语句部分有一条 return 语句。return 语句有两个作用:一是导致控制立即从当前函数退出并返回到函数调用程序中的下一条语句;二是当函数有返回值时向函数调用程序返回一个值。

第二种情况下,return 后必须接一个表达式表示返回的具体值,且表达式结果的类型应该和函数声明的类型匹配,如在例 3-1 中,函数 max()中 return 后的表达式 z 的类型为 float,与函数声明第一行 float max(…)指定的函数类型相同。如果二者类型不一致,则 return 后的值会按照自动类型转换规则,转换为函数类型。

如果函数的返回值是空值类型 void,这时 return 后可不带有表达式。

函数体中也可以没有 return 语句,这时函数在执行完最后一条语句后会将控制返回给函数调用程序,这时函数无返回值。

6.函数原型

函数原型也称函数声明。在 C++中,遵循"先定义,后使用"原则,对变量和函数都一样。在调用函数前,若某个函数没有定义,即定义的函数在调用函数的后面,那么该函数在使用之前要预先声明。这种声明在 C++中称函数原型,函数原型给出了函数名、函数类型以及形式参数表。

注意:函数原型与该函数首部定义时必须一致,否则会引起编译错误。

函数原型的语法格式:

<函数类型> <函数名>([<形式参数表>]);

函数原型的形式与函数定义时的头部类似。不过函数声明可以省略形式参数表中的形参

名,即仅给出参数类型、个数次序即可。可理解为,函数原型是函数首部后加分号构成。

实际上,函数原型声明有两种形式:

(1)直接使用函数定义的头部,并在后面加上一个分号。

(2)在函数原型声明中,省略参数列表中的形参变量名,仅给出函数类型、函数名、参数个数及次序。

注意:在 C++中,在使用任何函数之前,必须确保它已有原型声明。函数原型声明通常放在程序文件的头部,以使得该文件中所有函数都能调用它们。

7.主函数

在组成一个程序的若干函数中,必须有且只有一个主函数 main(),即一个应用程序中只能有一个主函数。执行程序时,系统首先寻找主函数,并且从主函数开始执行,其他函数只能通过主函数或被主函数调用的函数进行调用。

(1)main()函数的形式。

在 C++11 中(C++11 标准由国际标准化组织(ISO)和国际电工委员会(IEC)旗下的 C++标准委员会(ISO/IEC JTC1/SC22/WG21)于 2011 年 8 月 12 日公布,并于 2011 年 9 月出版),只有以下两种定义格式是正确的:

语法格式 1:
```
int main()                          //无参数形式
{
    …
    return 0;
}
```

语法格式 2:
```
int main(int argc,char * argv[])    //有参数形式
{
    …
    return 0;
}
```

int 指明了 main()函数的返回类型,函数名后面的圆括号一般包含传递给函数的信息。

在老的 C++版本中,主函数还有多种形式,但推荐使用语法格式 1。

(2)main()函数的返回值 。

C++ 11 标准中 main()函数的返回值类型是 int 型的,main()函数体中语句"return 0;"的含义是将 0 返回给操作系统,表示程序正常退出。

3.1.2 函数定义的规范

定义函数时应注意以下事项。

1.形参的设置

设置形式参数表时,一般遵循下面原则:

(1)形参处的左圆括号总是和函数名在同一行,函数名和左圆括号间没有空格,圆括号与

参数间没有空格,所有形参应尽可能对齐。

(2)尽量不要使用类型和数目不确定的参数列表。参数个数尽量控制在 5 个以内,若参数太多,可以将这些参数封装为一个对象并采用地址传递或引用传递方式。

(3)参数命名要恰当,顺序要合理。

(4)不论是函数的原型还是定义,都要明确写出每个参数的类型和名字,不要只写参数的类型而省略参数名字。

(5)若参数是指针,且仅做输入用,则应在类型前加 const,以防止该指针指向的内存单元在函数体内无意中被修改。

2.函数体

设计函数体时,一般遵循下面原则:

(1)函数体的左花括号总在最后一个参数同一行的末尾处或下一行开头处,函数体的右花括号总是单独位于函数最后一行。

(2)编写的函数功能尽量简单,即一个函数仅完成一件功能,不要设计多用途的函数。这可以使得函数功能明确化,增加程序可读性,方便维护、测试。

(3)在函数体的"入口处",要对参数的有效性进行检查。既检查输入参数的有效性,也检查通过其他途径(非参数,如全局变量、数据文件等)进入函数体内的变量的有效性。

(4)避免函数中不必要语句,防止程序中的垃圾代码,防止把没有关联的语句放到一个函数中。

(5)函数的返回值要清楚、明了,让使用者不容易忽视错误情况。除非必要,最好不要把与函数返回值类型不同的变量,以自动转换方式或强制转换方式作为返回值返回。

(6)在 C++中,尽量避免函数使用 static 局部变量,这会使得函数不易理解也不利测试和维护。

(7)在函数体的"出口处",对 return 语句的正确性和效率进行检查。

(8)请不要在内层程序块中定义会遮蔽外层程序块中的同名标识符,在函数体内也不要定义与形参名相同的局部变量,这样可能会影响程序的可理解性。

3.函数声明

(1)函数声明和实现处的所有形参名称必须保持一致。

(2)函数声明处通常增加注释用于描述函数功能。注释一般位于声明之前,描述函数功能及用法。注释只是为了增加函数的可读性,而不是描述函数如何实现。

我们在使用函数时,应尽量遵循以上规范。

3.2 函 数 调 用

当定义了一个函数之后,就可以在程序中直接调用这个函数了。

3.2.1 函数调用格式

在 C++语言中,函数调用被当作一个表达式,由函数名和函数调用运算符()组成,后面再加一个分号";",就成为一条表达式语句。函数调用的一般形式为:

<＜函数名＞（＜实际参数表＞）

例 3 - 2　函数的调用。程序 ex3 - 2 的功能是,重复处理用户的选择,调用用无参数的函数、返回值为空值类型的函数。

程序如下:

```
//ex3-2.cpp
#include<iostream>
using namespace std;
//由用户在菜单中选择
int select()
{
    int sel;                        //用户输入的选择
    cout<<"1.打开"<<endl;
    cout<<"2.保存"<<endl;
    cout<<"3.另存为"<<endl;
    cout<<"4.关闭"<<endl;
    cout<<"0.退出"<<endl;
    cout<<"请输入其中一个的数字(0-4):";
    cin>>sel;
    return sel;
}
//对用户的选择分别处理
void handle(int choice)
{
    switch(choice){
        case 0:
        break;
    case 1:
        cout<<"您选择了打开文件"<<endl;
        break;
    case 2:
        cout<<"您选择了保存文件"<<endl;
        break;
    case 3:
        cout<<"您选择了另存为文件"<<endl;
        break;
    case 4:
        cout<<"您选择了关闭文件"<<endl;
        break;
    default:
```

```
            cout<<"您的选项不存在"<<endl;
            break;
        }
        return;
    }
    int main()
    {
        int choice=1;                    //用户输入的选择
        //反复处理用户的选择
        while(choice! =0){
            choice=select();
            handle(choice);
        }
        cout<<"谢谢您的选择!"<<endl;
        return 0;
    }
```

程序运行的结果为:

    1.打开

    2.保存

    3.另存为

    4.关闭

    0.退出

    请输入其中一个的数字(0—4):3

    您选择了另存为文件

    1.打开

    2.保存

    3.另存为

    4.关闭

    0.退出

    请输入其中一个的数字(0—4):4

    您选择了关闭文件

    1.打开

    2.保存

    3.另存为

    4.关闭

    0.退出

    请输入其中一个的数字(0—4):0

    谢谢您的选择!

  程序分析:程序中定义了两个自定义函数,一个为 int select()函数,功能为由用户在菜单

中选择操作;第二个为 void handle(int choice)函数,功能为对用户的选择分别处理;在主函数
main()中,调用自定义函数语句为:

```
choice＝select();
handle(choice);
```

即根据用户输入的数字,利用 select()函数选择进行何种操作,再把函数返回值赋值给变量
choice,然后通过 handle()函数输入相应的操作说明。

3.2.2　函数调用的用法

　　在调用函数表达式的函数调用运算符()内的表达式列表,称为实际参数简称实参,是函数
调用时实际使用的参数。在函数调用时,需要将实际参数的值传送给对应位置的形式参数,因
而要求实际参数与形式参数必须一一对应:实参个数必须和形式参数的个数相同,并且实际参
数的位置、类型必须和对应的形式参数相匹配。

　　如果函数的形式参数表为空,则实际参数表也应为空,但函数调用运算符()仍然不能省
略。如在例 3－2 的程序 ex3－2 中,main()函数调用 handle()函数时不能省略空括号。

　　函数调用作为一个表达式,其类型是函数返回值的类型。如果函数返回值不是空值类型
void,则函数调用表达式的结果就是函数体中 return 语句所返回的值;否则当函数返回值为空
值类型时,函数调用表达式是一个无值表达式,不可作为子表达式参与各种运算。

　　如例 3－2 的程序 ex3－2 中,主函数 main()中的函数调用 select(),因为 select 函数有返
回值,所以可作为一个子表达式用在赋值语句中;而函数调用 handle(choice),因为 handle 函
数无返回值,因此只能直接作为函数调用语句,而不能作为子表达式用在其他表达式中。

3.2.3　函数调用的参数传递

1.参数传递方式

　　调用函数与被调用函数之间交换信息的方式主要是通过参数传递与返回值。为适应不同
的应用环境,C＋＋语言提供了两种参数传递方式:按值传递和按引用传递。按值传递只允许
调用函数向被调用函数单向传递值,而按引用传递则允许值在两个函数之间双向传递。

　　这两种参数传递方式在其他程序设计语言中也经常使用,正确掌握这些概念对于程序设
计是非常重要的。

2.按值传递

　　按值传递参数的方式简称传值。如果以传值方式调用一个函数,则实际参数的值传递给
形式参数时,形式参数得到的是实际参数的一个备份。当在函数中改变形式参数的值时,改变
的只是这个备份中的值,而实际参数的值并不受到影响。如果想在被调用函数中改变实际参
数的值,就应该使用按引用传递参数的方式。

例 3－3　按值传递参数方式的实例。

程序如下:

```
//ex3－3.cpp
#include<iostream>
using namespace std;
```

```
//求一个整数的平方
int square(int x)
{
    x=x*x;
    return x;
}
int main()
{
    int i,j;
    i=8;
    j=square(i);
    cout<<"i="<<i<<endl;
    cout<<"j="<<j<<endl;
    return 0;
}
```

程序运行的结果为：

    i=8
    j=64

程序分析：当实际参数 i 的值传递给形式参数 x 后，尽管在函数 square()中改变了 x 的值，但并未影响调用函数 main()中实际参数 i 的值，所以 i 的值仍然为 8。

按值传递的好处是被调用函数在执行时对调用函数没有副作用，即被调用函数体的执行不会修改调用函数体中的数据，是一种非常"安全"的参数传递方式。按值传递减少了函数与函数之间的数据依赖，提高了函数的独立性。对于使用按值传递的函数，其对外的接口仅依赖于传递的参数与返回值，而实际参数是不受影响的。函数的按值传递方式是一种便于掌握的用法，也便于程序的调试，如果程序出现错误，比较容易确定错误的位置并改正它。

3.按引用传递

C++中引入引用类型的主要作用是提供按引用传递函数参数的方式。

我们先来看一个例子。

例 3-4 分析程序运行结果。

程序如下：

```
//ex3-4.cpp
#include<iostream>
using namespace std;
//交换两个形式参数
void swap(int x,int y)
{
    int temp;
    temp=x;
    x=y;
```

```
        y=temp;
        return;
    }
    int main()
    {
        int i ,j;
        cout<<"请输入两个整数 i 和 j:";
        cin>>i>>j;
        cout<<"调用 swap 函数之前:i="<<i<<",j="<<j<<endl;
        swap(i,j);
        cout<<"调用 swap 函数之后:i="<<i<<",j="<<j<<endl;
        return 0;
    }
```

运行结果如图 3-1 所示。

图 3-1　例 3-4 运行结果

　　程序分格:程序中的函数 swap()实现了交换两个形式参数,但实际参数并不会因为形式参数的交换而交换,这是因为函数 swap()使用的按值传递无法改变实际参数的值。

　　为了能够通过形式参数的交换实现实际参数的交换,可以将函数 swap()改为按引用传递参数的方式,例 3-5 实现了程序的修改,这时函数的形式参数类型已经改为了引用类型。

例 3-5　使用按引用传递参数的方式,实现交换两个实参值的交换。

程序如下:

```
//ex3-5.cpp
#include<iostream>
usingnamespace std;
//交换两个整数
void swap(int& x, int& y)
{
    int temp;
    //这里访问与修改的 x 和 y 都是实际参数本身,而不是实际参数的副本
    temp=x;
    x=y;
    y=temp;
}
```

```
int main()
{
    int i ,j;
    cout<<"请输入两个整数 i 和 j:";
    cin>>i>>j;
    cout<<"调用 swap 函数之前:i="<<i<<",j="<<j<<endl;
    swap(i,j);
    cout<<"调用 swap 函数之后:i="<<i<<",j="<<j<<endl;
    return 0;
}
```

运行结果如图 3-2 所示。

图 3-2 例 3-5 运行结果

程序分析:程序中自定义 void swap(int& x, int& y)函数,采用按引用传递参数的方式时,是将实际参数本身传递给形式参数,而不是实际参数的一个副本,所以函数体中形式参数的名字是实际参数的别名,对形式参数的修改即是对实际参数的修改。

大家应认真理解按值传递和按引用传递这两种不同参数传递方式在使用形式、实际执行情况、以及执行效果等几方面的区别,以便在实际应用当中能够正确、灵活地运用它们。

4.缺省参数

C++语言允许在函数原型或函数定义中为形式参数指定缺省值。如果在函数调用时指定了形式参数所对应的实际参数,则形式参数使用实际参数的值;如果未指定相应的实际参数,则形式参数使用缺省值。

对形式参数可指定任意的初始化表达式作为缺省值,具有缺省值的形式参数称为缺省参数。当函数有多个形式参数时,缺省参数必须从右向左定义,并且在一个缺省参数的右边不能还有未指定缺省值的参数。例如下面的函数原型:

    int func(int i=8, char c, int j=45)

这样的缺省参数定义是不合法的,因为在缺省参数 i 的右边有未指定缺省值的参数 c。

定义函数的缺省参数时,既可在函数原型中给出,也可在函数定义中给出,但必须是在任何以缺省参数方式调用该函数之前,而且在同一程序中不允许重复给出缺省参数。

这种做法为某一些应用提供了方便。如果需要多次调用一个函数,并且要多次给这个函数传递同样的参数值时,应考虑用缺省参数。

3.3　变量的使用方式

C++中,一个变量除了有数据类型外,还有下面 3 种属性:

(1)作用域,指程序中可使用该变量的区域。

(2)存储期,指变量在内存的存储期限。

(3)存储类别,允许使用 auto、register、static 和 extern 四种存储类别。

该 3 种属性相互联系,程序员只能声明变量的存储类别,通过存储类别可确定变量的作用域和存储期。

3.3.1　作用域与生存期

1.作用域

作用域是指在变量被创建之后,变量的名字能被引用的地方。在 C++语言中,作用域是对变量而言的。一个变量的作用域是程序中的一块区域,用于确定该变量的可见性。当变量在一块区域可见时,就允许在此区域内使用该变量。

"块"是函数中用花括号"{"和"}"括住的一块区域,一个外层块内允许包含另外一个内层块。函数体就是函数中最大的块。

在一个块内声明的变量具有块作用域,它从变量被声明的地方开始,到块结束的右花括号"}"处结束。如果变量在块内的嵌套块之前说明,则该变量的作用域包括了这个嵌套块。

函数的形式参数具有块作用域,它们起于函数体开始的第一个左花括号"{",结束于标志函数体结束的最后一个右花括号"}"。

例如,下面定义的函数 func():

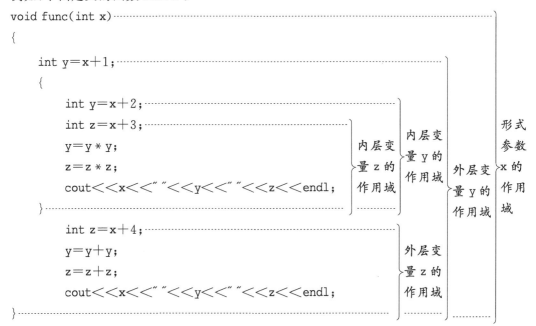

其中,形式参数 x 的作用域是整个函数体,在整个函数体中都可以使用 x 这个变量。虽然

在外层块中"int y＝x＋1;"声明了变量 y,但紧接着的内层块中又用"int y＝x＋2;"声明了同名变量 y,因而在内层块中出现的 y 都是指内层块中声明的 y,对 y 的赋值不会影响到外层的 y。在内层块中,由于声明了同名变量 y 而将外层 y 的作用域屏蔽了。在内层块结束后,内层块中声明的变量 z 作用域结束,回到外层块中又有声明语句"int z＝x＋4;",因此外层块中变量 z 作用域是从外层块的变量 z 声明语句一直到外层块结束的位置。

从这个例子可以看出,C++语言的声明语句可放在程序中的任何位置,但不主张到处随意放置。此外,在内层块中 y 的声明屏蔽了外层的同名变量,破坏了变量作用域与可见性的一致性。为提高程序的可读性,在内层块中应避免声明与外层变量同名的变量。

在函数原型中声明的形式参数仅仅具有函数原型作用域,该作用域仅仅在函数原型声明语句中。如:

```
float max(float x, float y);
y＝0;
```

是错误的,因为第二条语句中变量 y 没有定义,是不可用的。

在程序中利用变量的作用域,可以防止一个函数中的变量被其他函数意外的改变。

2.生存期

变量的生存期是指在程序运行过程中变量实际占用内存或寄存器的时间。变量的生存期是由声明变量时选择的存储类别决定的,存储类别也是同时影响着编译程序为变量分配内存的方式以及为变量设置的初始值。

C++的变量存储类别有四种:自动变量、寄存器变量、静态变量和外部变量,在 3.3.3 节中将详细说明。

注意,在变量的作用域中变量必然存在,而在变量的生存期间,由于变量的作用域关系,变量不一定有效,因为有的变量可能会被隐藏而不能被使用。

3.3.2 局部变量和全局变量

变量既可在文件作用域中声明,也可在函数体内、块作用域中声明。根据变量声明的位置不同,变量有局部变量与全局变量两种,它们的作用域范围并不一样。

1.局部变量

在函数内或语句块内声明的变量称为局部变量。局部变量在定义它们的函数或语句块中才可见并允许修改,在其他函数中或离开当前语句块后都不能访问或修改该变量。

在一个块语句{}中(函数体也是块语句)定义的变量是该块语句的局部变量,只在该块语句中有效。不同块语句中可以定义同名的局部变量,它们在内存中占用不同的存储空间,代表不同的对象,互不干扰。

函数的形式参数也是局部变量,也只能在本函数中可见和被访问,其他函数不能调用。

可以在一个外层块语句内包含的内层块语句中再定义新的变量,这些变量只在内层块语句中有效,出了这个块语句,在外层块语句的其他位置,这些变量无效。如果在内层块语句中定义了和外层块语句中同名的局部变量,则这是两个相互对立的变量,在内层块语句内,内层局部变量会屏蔽外层同名的局部变量。

局部变量的作用域在本块语句中,从声明该变量的地方开始,到块语句结束"}"处为止。

局部变量是当程序的控制流程进入定义该变量的块语句时被创建的变量,其生存期从此时开始,直到程序控制流程离开该块语句为止。

2.全局变量

在函数定义外声明的变量称为全局变量。全局变量不属于任何函数,从被定义开始,在整个程序文件范围内都有效,可以被不同函数共同使用,因此全局变量具有文件作用域。当程序开始执行时,全部的全局变量都被创建,在整个程序运行期间都存在。

3.局部变量与全局变量的讨论

正确理解全局变量与局部变量的概念是十分重要的。虽然使用全局变量有时会带来很多方便,但是不正确的使用全局变量是危险的。例如,一个函数可能会在无意中把一个在其他函数中初始化过的变量又重新改写为另一个值,而原来的函数却不知道。全局变量增加了函数之间的联系,降低了函数的独立性,导致函数不容易理解且难以重复使用。当一个大型程序由几十甚至数百个函数组成时,出现这种错误的可能性会增大,而这种错误的隐蔽性却很深,给程序的调试造成很大困难。较好的解决办法是程序中的每一个变量对于必须访问它的函数来说都是局部的。

使用全局变量也是实现函数之间通信的一种方法,但是它并不安全。另一种函数之间的通信方式,是前面学习过的参数传递和返回值,这种方式更加安全。因此,如果要使用全局变量,应认真考虑是否可采用参数传递与返回值来代替。

例 3 - 6　局部变量与全局变量的使用。

程序如下:

```
//ex3 - 6.cpp
#include<iostream>
using namespace std;
int age;                              //声明一个全局变量
//用户输入年龄函数
void getAge()
{
    cout<<"请输入你的年龄:";
    cin>>age;                         //给全局变量 age 输入值
}
//显示年龄函数
void showAge(int age)
{
    cout<<"你的年龄是:"<<age<<endl;   //输出形式参数局部变量 age 的值
    return;
}
//主函数调用其他函数
int main()
{
```

```
        int age;                        //声明局部变量 age
        getAge();
        age=::age;                      //将全局变量 age 的值赋给局部变量 age
        showAge(age);
        return 0;
    }
```

当程序运行时输入年龄为 20 时,运行结果为:

请输入你的年龄:20

你的年龄是:20

程序分析:本例声明了三个名为 age 的变量,其中一个全局变量,一个是 showAge 函数的形式参数,第三个是 main 函数的局部变量,它们实质上是完全不相干的变量。当一个块语句内声明的局部变量屏蔽了同名的全局变量时,可以用作用域运算符":⁣:"来访问被屏蔽的全局变量,例如 main 函数内的语句"age=::age;",就表示将全局变量 age 的值赋给 main 函数的局部变量 age,但这种用法增加了理解程序的难度。因此,为了提高程序的可读性,要避免在内层语句块中声明与外层语句块同名的变量,也包括避免声明和全局变量同名的局部变量。

3.3.3 变量的存储类别

1.存储区

一个 C++程序可以使用的存储空间分为三个部分,如图 3-3 所示。程序中处理的数据分别存放在静态存储区和动态存储区中。

图 3-3 C++程序的存储空间

静态存储区用于存放全局变量。程序在开始执行前就为全局变量分配存储空间,程序执行完毕即释放这些空间。所谓静态是指在程序执行过程中它们占据固定的存储单元,而不是在程序运行期间根据需要进行动态地分配。

动态存储区用于存放局部变量、函数的形式参数、函数调用时的现场和返回值等。这些数据在函数调用开始时被分配动态存储空间,函数执行结束时释放这些空间。在程序执行过程中,这种分配与释放是动态的。如果一个程序两次调用同一个函数,分配给该函数中局部变量的内存地址可能是不同的。

在 C++中变量除了有数据类型的属性之外,还有存储类别的属性。存储类别指的是数据在内存中存储的方法。存储方法分为静态存储和动态存储两大类,具体包含 4 种:自动的(auto)、寄存器的(register)、静态的(static)和外部的(extern)。根据变量的存储类别,可以知道变量的作用域和存储期。

auto 和 register 只能修饰局部变量,而 static 和 extern 既可修饰局部变量也可修饰全局变量。如果在变量声明中未指定存储类别,则局部变量缺省存储类别为 auto,全局变量缺省存储类型为 extern。

2.自动(auto)变量

auto 只可修饰局部变量,并且未指定存储类别时局部变量都是自动变量,所以保留字 auto 较少使用。例如:

```
auto int i ;
```

与

```
int i;
```

是等价的声明。自动变量被分配在动态存储区中。

自动变量的生存期是从它们被声明的地方开始,经过其作用域的结束处时,其生存期结束。

如果声明自动变量时没有进行初始化,则它们的初始值是随机的;如果声明时指定了初始化表达式,则每次程序执行经过这些声明语句时都将对初始化表达式求值并赋给变量。因此,在使用每一个变量之前必须对变量进行初始化。

3.寄存器(register)变量

register 用于指示编译程序在可能的情况下,将这个变量放在寄存器中使用,以提高访问与修改该变量的时间效率。因为寄存器的读写速度比内存快,所以寄存器变量常用于循环变量以及数组下标等频繁使用的变量。

寄存器变量的生存期和自动变量的生存期是一样的。

由于当前的 C++编译程序都具备代码优化功能,可自动判断哪些变量可以尽量长时间的保存在寄存器中,以优化程序的执行速度,所以通常比较少使用 register 保留字,甚至是不必要的。因此,读者对它有一定了解即可。

4.静态(static)变量

静态变量既可以是局部变量,也可以是全局变量。但无论是哪一种情况,静态变量都具有全局寿命,即其寿命从程序启动开始,直到程序运行结束。注意生存期与作用域是有关区别的:尽管静态变量具有全局寿命,但在其作用域外同样是不允许被访问的。

如果在声明静态变量时未指定初始化表达式,则其缺省初始值为 0。静态全局变量的初始化工作在程序开始执行 main()函数之前完成,静态局部变量的初始化是在程序运行中第一次经过它的声明时完成。无论是哪种情况,初始化工作都只做一次。

例 3-7 静态变量的使用。

程序如下:

```
//ex3-7.cpp
# include<iostream>
using namespace std;
void grow()
{
    static int age=18;                //声明一个静态变量
    age=age+1;
```

```
        cout<<"我的年龄是:"<<age<<endl;
        return;
    }
    int main()
    {
        for(int i =1;i<=3;i++)
            grow();
        return 0;
    }
```

程序运行结果为:

```
    我的年龄是:19
    我的年龄是:20
    我的年龄是:21
```

程序分析:在自定义 void grow()函数中,通过 static int age＝18;语句定义一个静态变量并进行赋初值。在主函数 main()中,

```
    for(int i =1;i<=3;i++)
        grow();
```

三次调用自定义函数 grow(),第一次调用后 age 的结果为 19;第二次调用 age 的初值为第一次调用的结果 19,再通过 age＝age＋1;因此第二次调用后 age 的结果为 20,第三次依此分析得到结果。

想一想,如果去掉 age 变量声明前的 static 保留字,程序运行结果又是什么呢?

5.外部(extern)变量

外部变量(即全局变量)是在函数的外部定义的,它的作用域为从变量定义处开始,到本程序文件的末尾。如果外部变量不在文件的开头定义,其有效的作用范围只限于定义处到文件的末尾。如果在定义点之前的函数想引用该外部变量,则应该在引用之前用关键字 extern 对该变量进行外部变量声明,表示该变量是一个已经定义的外部变量。有了此声明,就可以从声明处起合法地使用该外部变量,这样就扩展了其作用区域。

外部变量编译时分配在静态存储区。

例 3－8 外部变量的使用。

程序如下:

```
//ex3－8.cpp
//用 extern 声明外部变量,扩展程序文件中变量的作用域
# include<iostream>
using namespace std;
int max(int x,int y)
{
    int z;
    z＝x>y? x:y;
    return z;
```

```
}
int main()
{
    extern int a,b;
    cout<<max(a,b)<<endl;
    return 0;
}
int a=13,b=7;
```

程序运行结果为：

13

程序分析：在本程序文件的最后 1 行定义了外部变量 a,b,但由于外部变量定义的位置在 main()函数之后,因此本来在 main()函数中不能引用外部变量 a,b。现在我们在 main()函数中用 extern 对 a 和 b 进行了外部变量声明,这样就可以从声明处起合法地使用外部变量 a 和 b。

6.存储类别、生存期和作用域的关系

下面通过表 3-1,对于变量的存储类别、生存期和作用域之间的关系做一个小结。

表 3-1　存储类别、生存期和作用域的关系

变　量	局部变量（函数内、形式参数、块语句）			全局变量（函数外）	
存储类型	auto	register	static 局部	static 全局	extern
存储方式	动态			静态	
存储区	动态区	寄存区		静态存储区	
生存期	函数调用开始至结束			程序整个运行期间	
作用域	定义变量的函数或复合语句内			本实现文件	其他文件
赋初值	每次函数调用时			编译时赋初值,只赋一次	
未赋初值	不确定			自动赋初值 0 或空字符	
语法格式	前缀	［auto］	register	static	static 或 const	［extern］
	声明	数据类型变量名表或数组名［］				
注　意	局部变量：auto 指示符标示。 静态局部变量：只被初始化一次,多线程中需加锁保护。 全局静态变量：只要文件不互相包含,在两个不同的文件中是可以定义完全相同的两个静态变量的,它们是两个完全不同的变量。 全局变量：若在两个文件中都定义了相同名字的全局变量,连接出错：变量重定义				

3.4　内部函数与外部函数

在 C++中,除了主函数以外,其他函数可以相互调用,但是,可以指定函数只能被本文件

调用,而不能被其他文件调用。根据函数能否被其他文件调用,可以将函数分为内部函数和外部函数。

3.4.1　内部函数

如果一个函数只能被本文件中其他的函数调用,则该函数为内部函数。在定义时,函数名和函数类型前面加 static 保留字。其一般形式为:

　　　　static 类型标识符 函数名(形式参数表)

例如:

　　　　static int max(int a,int b)

和上一节提到的静态局部变量类似,内部函数也称为静态函数,仅局限于在本文件当中使用。如果在另一个文件中,出现同名的内部函数,因为各自属于不同的文件,而且不能跨越文件调用,所以彼此互不干扰,并不发生联系与冲突。因此,可以在不同的文件中,使用相同的函数名,而不会发生混淆。一般情况下,会把只能由同一文件使用的函数和外部变量放在一起,在它们前面用 static 加以局部化,从而将其限制在本文件中使用。

3.4.2　外部函数

如果一个函数需要被其他文件内的函数调用,可以用 extern 加以说明,这样该函数就可以跨越文件调用了。

例如:

　　　　extern int max(int a,int b)

在 C++中,如果函数没有特别说明,则都默认为是外部函数,也就是说除了用 static 特别声明的内部函数以外,其他都是外部函数,都可以跨文件使用。

在调用外部函数的文件中,对被调用的函数要用 extern 加以说明。

为了使函数可以跨文件使用,还需要使用在前面 3.1.1 节介绍过的函数原型。函数原型可以拓展函数的使用空间,使之在文件之间使用。在要使用外部函数的文件中声明该函数的函数原型后,函数原型会通知编辑系统:该函数在本文件中稍后定义,或在另一文件中定义。

利用函数原型扩展函数的作用域应用最多的是♯include 命令。我们在前面的例子中曾多次使用过该命令,经常用到这样的一个文件包含命令:♯include＜iostream＞,其中 iostream 是一个"头文件",其中包含调用输入输出流时所需的所有信息。还有一个常用的头文件是 cmath,这是一个包含了所有数学函数原型和其他有关信息的头文件,用户要用到该文件中的函数原型,只要用♯include＜cmath＞命令把它包含在用户文件中就可以了。

3.5　函数重载与递归函数

函数重载是 C 语言中没有的,是 C++语言中增添的函数特性,它是面向对象程序设计中多态性的一种表现形式;如果一个函数在其函数体内直接或间接地调用自己,该函数就称为"递归函数",递归是解决复杂问题的十分有效的方法。

3.5.1　函数重载

在一个程序文件中,如果用同一个函数名定义了多个函数的实现,并且每种实现都对应了一个函数体,这就叫做函数重载。这组重载函数的函数名字相同,但形式参数是不同的(参数的不同包括了参数类型、参数个数以及参数顺序上的不同),并且与函数的返回类型无关,这是重载的条件,如不遵循则无法实现重载。函数重载在面向对象的编程中尤其重要。

函数重载要求编译器能够唯一确定调用一个重载函数时应执行哪个函数体。确定调用的重载函数体,要求从函数参数的类型、个数和顺序上来区分。

例 3-9　函数重载应用实例。

程序如下:

```cpp
//ex3-9.cpp
//通过函数重载实现求若干个数中的最大值(分别考虑参数不同类型和不同个数的
//情况)。
#include<iostream>
using namespace std;
//函数声明
int max(int a,int b);
double max(double a,double b);
int max(int a,int b,int c);
double max(double a,double b,double c);
int main()
{
    cout<<max(5,8)<<endl;
    cout<<max(5.1,4.2)<<endl;
    cout<<max(5,-10,2)<<endl;
    cout<<max(5.1,-10.6,8.2)<<endl;
    return 0;
}
//定义求两个整数中最大值的函数
int max(int a,int b)
{
    if(a>b)
        return a;
    else
        return b;
}
//定义求两个浮点数中最大值的函数
double max(double a,double b)
{
```

```
    if(a>b)
        return a;
    else
        return b;
}
//定义求三个整数中最大值的函数
int max(int a,int b,int c)
{
    int d=max(a,b);
    return max(c,d);
}
//定义求三个浮点数中最大值的函数
double max(double a,double b,double c)
{
    double d=max(a,b);
    return max(c,d);
}
```
程序运行结果为：

8

5.1

5

8.2

程序分析：本程序中，定义三个同名的自定义函数，分别为：

```
int max(int a,int b);
double max(double a,double b);
int max(int a,int b,int c);
```

三个同名函数中，其形参的类型或个数不同，在主函数中，通过实参的类型与个数来确定调用哪个自定义函数，如 max(5,8)，实参为整型且只有两个，则调用 int max(int a,int b) 函数；又如 max(5.1,-10.6,8.2)，实参为实型且有三个，则调用 double max(double a,double b) 函数。

所谓重载，其实就是"一物多用"。C++除了支持函数重载外，还支持运算符重载，例如，运算符">>"和"<<"既可以作为位移运算符，又可以作为输入输出流中的提取和插入运算符，运算符重载将在第 6 章介绍。

使用函数重载时，定义的同名函数功能应当相同或相近，如果功能完全无关，虽然可以正常运行，但是可读性不好，让人感觉莫名其妙。

3.5.2 递归函数

一个函数可以在其定义中直接或间接地调用自己，这样的函数称为递归函数。如果一个函数在其定义中直接调用自己，则称这种函数为直接递归函数；如果通过在函数定义中调用其他函数,再由其他函数调用自己,则称这种函数为间接递归函数。

在递归调用中,递归函数反复调用其自身,每调用一次就进入新的一层。递归是解决某些复杂问题的十分有效的方法。

递归是有条件的,一般具有以下两个条件:

(1)递归公式。

(2)确定终止条件(也叫边界条件)。

递归一般适用以下的场合:

(1)数据的定义形式按递归定义。

(2)数据之间的关系(即数据结构)按递归定义,如树的遍历、图的搜索等。

(3)问题解法按递归算法实现,例如回溯法等。

注意,在程序中不能出现无终止的递归调用,只能出现有限次数的、有终止的递归调用。这可以用 if 语句来控制,只有在某一条件成立时才继续执行递归调用,否则就不再继续。

为了使读者更好的理解递归的用法,下面用一个例子来说明。

例 3 - 10　用递归法计算 $n!$。

分析:用递归法计算 $n!$ 可用下述公式表示:

$$n! = \begin{cases} 1 & (n = 0) \\ n \times (n-1)! & (n > 0) \end{cases}$$

程序如下:

```cpp
//ex3-10.cpp
#include<iostream>
using namespace std;
int factorial(int n)
{
    int result;
    if(n==0)
        result=1;
    else
        result=n * factorial(n-1);
    return result;
}
int main()
{
    cout<<"5! ="<< factorial(5)<<endl;
    return 0;
}
```

程序运行结果为:

```
5! =120
```

程序分析:程序中定义的函数 factorial 是一个递归函数。主函数调用 factorial 后即进入函数 factorial 执行,当 n==0 时都将结束函数的执行,否则就递归调用 factorial 函数自身。

由于每次递归调用的实参为 n－1,即把 n－1 的值赋予形参 n,最后当 n－1 的值为 0 时再做递归调用,形参 n 的值也为 0,将使递归终止,然后可逐层退回。

许多问题既可以用递归方法来处理,也可以用非递归方法来处理。在实现递归时,时间和空间上的开销比较大,但符合人们的思路,程序容易理解。由于计算机计算速度的提升,现在人们首先考虑的往往不再是效率问题,而是程序的可读性,因此,递归成为了很多人优先考虑的编程方法之一。

3.6　内 联 函 数

内联函数也称为内置函数或内嵌函数,作用是为了提高函数调用的效率。

函数调用需要一定的时间和空间开销。在主调函数转到被调函数之前,要进行"保护现场"(记录主调函数当前执行的指令地址和有关信息);在被调函数调用完之后,执行流程返回主调函数,并"恢复现场"(将之前保存的信息恢复到内存),然后继续执行。这些操作都要花费一定的时间,如果程序中频繁调用函数,则所用时间会很长,从而降低程序的执行效率。

内联函数就是一种在被主调函数调用时,直接嵌入到主调函数中,而并不将执行流程转出的函数。这样节约了"保护现场"和"恢复现场"的时间,从而提高了函数调用的效率。

1.语法格式

指定内联函数的方法很简单,只需要在函数首行的左端加上一个关键字 inline 即可。

内联函数的语法格式:

```
inline<函数类型> <函数名>(<形式参数表>)
{
    <函数体>;
}
```

注意:可以在声明函数和定义函数时同时写 inline,也可以只在其中一处声明 inline,效果相同,都能按内联函数处理。

2.内联函数的适用情景

(1)一个函数被重复多次调用。

(2)函数只有几行,且不包含复杂的控制语句,如循环语句和 switch 语句。内联函数的函数体一般来说不宜过大,以 1～5 行为宜。若函数体内的代码比较长,使用内联方式将导致内存消耗较高。

(3)内联函数只是建议性的,并不是指令性的。因为编译系统会根据具体情况决定是否内联操作。例如包含循环语句和 switch 语句的函数或是一个递归函数是无法进行代码置换的,又如一个 1000 行的函数,也不大可能在调用点展开。此时编译系统就会忽略 inline 声明,而按普通函数处理。

3.内联函数与一般函数的对比

内联函数具有一般函数的特性,它与一般函数不同之处只在于函数调用的处理:

一般函数进行调用时,要将程序执行权转到被调用函数中,然后再返回到调用它的函数中;而内联函数在调用时,是将调用表达式用内联函数体来替换。

内联函数从源代码层看,有函数的结构,而在编译后,却不具备函数的性质。内联函数不是在调用时发生控制转移,而是在编译时将函数体嵌入在每一个调用处。编译时,类似宏替换,使用函数体替换调用处的函数名。

例 3 - 11 函数指定为内联函数。

程序如下:

```
//ex3 - 11.cpp
#include<iostream>
using namespace std;
//定义求 a,b,c 中最大者的内联函数
inline int max(int a,int b,int c)
{
    if(b>a) a=b;
    if(c>a) a=c;
    return a;
}
int main()
{
    int i=10,j=20,k=30,m;
    m=max(i,j,k);
    cout<<"max="<<m<<endl;
    return 0;
}
```

程序运行的结果为:

```
max=30
```

程序分析:由于在定义函数 max 时指定它为内置函数,因此编译系统在遇到函数调用时,会用 max 函数体的代码代替调用语句,并将实参代替形参。也就是说,语句"m = max(i,j,k);"被置换成:

```
if(j>i) i=j;
if(k>i) i=k;
m=i;
```

总之,只有那些规模较小而又被频繁调用的简单函数,才适合于声明为 inline 函数。

3.7 编译预处理

预处理命令是以符号"#"开头,结尾不写";"号,并在程序编译之前会被预先处理的特殊命令,它可以改进程序设计环境,提高编程效率。

C++提供的预处理功能主要有以下 3 种:

(1)文件包含;

(2)宏定义;

(3)条件编译。

下面分别进行介绍。

3.7.1　文件包含

文件包含预处理命令＃include可以实现直接的文本替换:预处理程序按照命令参数所给出的文件名取出完整的文件,并以此文件的内容直接替换该条预处理命令,这就可以将若干个源文件合并成一个源文件,然后将它作为一个整体进行编译。

这种命令最常见的用法是,将源代码要用到的函数的函数头文件包含进来,这些头文件的名字必须按规定的格式写在文件包含预处理命令中,以便告知预处理程序要搜索在指定目录下的这些文件,并把其内容包含到本文件中来。＃include命令有两种形式:

　　　　＃include<文件名>

和

　　　　＃include″文件名″

其中文件名必须符合所使用的操作系统的规定。

第一种形式一般用于C++系统提供的库函数,这些库函数声明的源文件通常会放在C++系统目录中的include子目录下。第二种形式一般用于程序员开发的模块,C++编译系统会先在当前目录下搜索指定的文件,找不到再到系统目录下搜索。

例如,前面所见的案例程序中都需要使用C++系统提供的iostream库完成数据的输入/输出操作,而这个库的原型说明就放在系统目录下的include\iostream.h文件中,所以每一个程序开头都加入一条预处理命令:

　　　　＃include<iostream>

如果要使用由程序员编写程序模块,在编写＃include命令时,必须用双引号括起包含的文件名,并可以在文件名中指定该文件所在的目录。例如:

　　　　＃include″d:\work\myprogram.c″

这条命令指示预处理程序将位于d:\work目录下的myprogram.c文件的内容复制到当前源程序中。

3.7.2　宏定义

在第2章的2.2.3节中介绍了一种符号常量的定义方法,即使用＃define的宏定义方法,例如:

＃define PI 3.14

将符号名为PI的常量指定为常量值3.14。在这里,符号常量的声明使用了＃define命令。＃define称为宏定义预处理命令,也是用于实现文本替换的:它的第一个参数PI(即符号常量名)指出了被替换的文本,称为宏名,第二个参数3.14(即常量值)指出了用作替换的文本。当预处理程序在后续的源代码中遇到了与第一个参数(宏名)相对应的标识符时,就会用第二个参数替换该符号,这个过程称为宏展开。例如,预处理程序会把语句

　　　　area＝Pl＊r＊r;

宏展开为

　　　　area＝3.14＊r＊r;

还可以用 ♯define 命令来定义带参数的宏,其命令格式为:

  define ＜宏名＞（＜形式参数表＞）＜字符串＞

  字符串描述了一组用宏名标记的操作,其中包含在圆括号中所指定的形式参数(注意在声明时,宏定义中的形式参数不需要指明数据类型)。例如

  ♯define max(a,b) ((a＞b)? a:b)

使用的形式如下:

  m＝max(3,2);

使用 3 和 2 分别代替宏定义中的形式参数 a 和 b,即用“((3＞2)? 3:2)”代替“max(3,2)”。因此该语句宏展开后为:

  m＝((3＞2)? 3:2);

  从逻辑上来说,宏定义与函数在代码中的使用方式相同,都是用一个单一的名字来代表一组操作,但是宏的运行速度比函数快。又由于 C＋＋增加了内置函数,比用带参数的宏定义更方便,因此在 C＋＋中已经很少再直接使用宏定义了,而是配合条件编译使用。

3.7.3　条件编译

  条件编译预处理命令控制条件计算,条件编译有多种用法。

  1.♯ifdef 标识符

    程序段 1

  ♯endif

  若指定的标识符已经用 ♯define 宏定义了,则 ♯ifdef 与 ♯endif 之间的程序段 1 就会被包含和编译;否则,当程序被编译时,预处理程序就会将程序段 1 隐藏起来使之不为编译程序所见,即不参加编译。

  2.♯ifdef 标识符

    程序段 1

  ♯else

    程序段 2

  ♯endif

  第二种用法是增加 ♯else 子命令来指出 ♯ifdef 命令作用域:若指定的标识符已被定义,则程序段 1 参加编译,否则程序段 2 参加编译。根据判断条件,程序段 1 和程序段 2 中只有一个分支的代码被包含和编译。

  注意,♯ifdef 与 ♯endif 必须配对使用,♯else 是条件编译 ♯ifdef 的一部分,不可单独使用,作用是提供了另一个可选择的条件编译分支。

  3.♯ifndef 标识符

    程序段 1

  ♯else

    程序段 2

  ♯endif

♯ifndef 命令与 ♯ifdef 命令相反。当指定的标识符没有用宏定义声明过时,程序段 1 参

加编译,通常在程序段 1 中首先宏定义该标识符(即加入命令行:♯define 标识符);否则,表明该标识符已经定义过了,程序段 2 参加编译。♯else 条件编译子分支同样是可选的,根据实际情况决定是否需要此分支。

通常使用条件编译预处理命令来实现程序的可移植性。如果应用程序要在几个不同的环境下进行工作,而且每个环境下的程序代码除了局部的程序段之外都基本相同,就可以将这些不同的程序段放在条件编译命令中。当系统从一个环境移植到另一个环境时,所需做的只是将定义某个符号的 ♯define 命令用定义另一个符号的 ♯define 命令来代替。

本 章 小 结

本章介绍了函数的声明和调用格式。在函数声明中必须声明函数名字、返回类型、形式参数、函数体,在函数体中可用 return 语句返回值。而在函数调用时,必须提供与函数形式参数个数与类型都匹配的实际参数,函数调用可作为表达式使用。

在函数调用时,要注意参数的传递方式。本章介绍了按值调用的参数传递方式,以及按引用调用的参数传递方式。

使用函数时,必须认真考虑标识符的作用域与变量的生存期问题。作用域是指标识符的可见范围,标识符必须可见才可使用;变量生存期是指变量被分配存储空间的时间跨度,由变量的存储类别决定。

重载与递归都是函数的使用方法,是重要的程序设计技术。函数重载是指在同一个作用域(同一个类或同一个实现文件)中,同一个函数名可以对应着多个函数的实现;递归函数则分为直接递归和间接递归。

内联函数与编译预处理都是为了提高程序效率的技术,在编程过程中都可以灵活使用。

习　　题

一、选择题

1.在对函数进行原型声明时,下列语法成分中,不需要的是(　　　)。

A.函数返回类型　　　　　　　　　　B.函数参数列表

C.函数名　　　　　　　　　　　　　D.函数体

2.以下叙述正确的是(　　　)。

A.函数可以嵌套定义,但不能嵌套调用

B.函数既可以嵌套调用,也可以嵌套定义

C.函数既不可以嵌套定义,也不可以嵌套调用

D.函数可以嵌套调用,但不可以嵌套定义

3.为了提高函数调用的实际运行速度,可以将较简单的函数定义为(　　　　)。

A.内联函数　　　　　B.重载函数　　　　　　C.递归函数　　　　　D.函数模板

4.下列关于函数参数的叙述中,正确的是(　　　)。

A.在函数原型中不必声明形参类型

B.函数的实参和形参共享内存空间

C.函数形参的生存期与整个程序的运行期相向

D.函数的形参在函数被调用时获得初始值

5.下列关于函数的描述中,错误的是( )。

A.函数可以没有返回值　　　　　　　　B.函数可以没有参数

C.函数可以是一个类的成员　　　　　　D.函数不能被定义为模板

6.关于函数中的<返回类型>,下列表述中错误的是( )。

A.<返回类型>中有可能包含关键字 int

B.<返回类型>中有可能包含自定义标识符

C.<返回类型>中有可能包含字符 *

D.<返回类型>中可能包含[]

7.下列函数原型声明中,错误的是( )。

A.int function(int m,int n);　　　　　　B.int function(int,int);

C.int function(int m=3,int n);　　　　　D.int function(int &m,int &n);

8.有以下程序:

```cpp
# include <iostream>
using namespace std;
void fun(int a,int b,int c)
{
    a=456,b=567,c=678;
}
int main()
{
    int x=10,y=20,z=30;
    fun(x,y,z);
    cout<<x<<','<<y<<','<<z<<endl;
    return 0;
}
```

输出结果是( )。

A.30,20,10　　　　　B.10,20,30　　　　　C.456,567,678　　　　　D.678,567,456

9.有以下程序:

```cpp
# include <iostream>
using namespace std;
int func(int a,int b)
{
    return(a+b);
}
int main()
{
    int x=2,y=5,z=8,r;
```

```
        r=func(func(x,y),z);
        cout<<r;
        return 0;
    }
```

该程序的输出结果是(   )。

A.12   B.13   C.14   D.15

10.以下程序的输出结果是(   )。

```
    # include <iostream>
    using namespace std;
    int   fun(char * s)
    {
        char * p=s;
        while ( * p! ='\0')   p++;
        return (p—s);
    }
    int   main(){
        cout<<fun("abc")<<endl;
        return 0;
    }
```

A.0   B. 1   C. 2   D. 3

11.以下程序的输出结果是(   )。

```
    # include <iostream>
    using namespace std;
    int i = 0;
    int fun(int n)
    {
        static int a = 2;
        a++;
        return a+n;
    }
    int   main()
    {
        int k = 5;
        {
            int i = 2;
            k += fun(i);
        }
        k += fun(i);
        cout << k;
```

```
        return 0;
    }
```

A.13   B.14   C.15   D.16

12.在下列关于 C++函数的叙述中,正确的是(   )。

A.每个函数至少要有一个参数   B.每个函数都必须返回一个值

C.函数在被调用之前必须先声明   D.函数不能自己调用自己

13.若有下面的函数调用:

    fun(a+b, 3, max(n−1, b));

其中实参的个数是(   )。

A.3   B.4   C.5   D.6

14.下列关于预处理命令的描述中,错误的是(   )。

A.预处理命令最左边的标识符是 ♯   B.预处理命令是在编译前处理的

C.宏定义命令可以定义符号常量   D.文件包含命令只能包含.h 文件

15.下列设置函数参数默认值的说明语句中,错误的是(   )。

A.int fun(int x, int y=10);   B.int fun(int x=5, int =10);

C.int fun(int x=5, int y);   D.int fun(int x, int y=a+b);

二、填空题

1.C++程序主函数的返回类型是_____。

2.函数的实参传递到形参有两种方式:_____和_____。

3.在一个函数内部调用另一个函数的调用方式称为_____,在一个函数内部直接或间接调用该函数本身称为函数的_____。

4.C++中变量按其作用域分为_____和_____,按其生存期分为_____和_____。

5.凡在函数中未指定存储类别的局部变量,其默认的存储类别为_____。

6.在一个 C++程序中,若要定义一个只允许本源程序文件中所有函数使用的全局变量,则该变量需要定义的存储类别为_____。

7.用递归法求从 1 到 n 的立方和的函数如下,请将下列程序补充完整。

$$f(n)=\begin{cases}1 & (n=1)\\ f(n-1)+n^3 & (n>1)\end{cases}$$

```
♯ include <iostream>
using namespace std;
int f(int);
int main(){
    int n,s;
    cout<<"input the number n:";
    cin>>n;
    s=_____;
    cout<<"The result is "<<s<<endl;
```

```
        return 0;
    }
    int f(int n){                        //递归法求立方和函数
        if (_____ )   return 1;
        else   return (_____);
    }
```

8.下面是一个递归函数,其功能是使数组中的元素反序排列。请将函数补充完整。

```
    void reverse(int * a,int size)
    {
        if(size<2) return;
        int k=a[0];
        a[0]=a[size-1];
        a[size-1]=k;
        reverse(a+1,_____);
    }
```

三、程序阅读题

1.
```
    # include <iostream>
    using namespace std;
    int f(int a){
        return ++a;
    }
    int g(int& a){
        return ++a;
    }
    int main(){
        int m=0,n=0;
        m+=f(g(m));
        n+=f(f(n));
        cout<<"m="<<m<<endl;
        cout<<"n="<<n<<endl;
        return 0;
    }
```

2.
```
    # include <cmath>
    # include <iostream>
    # include <iomanip>
    bool fun(long n);
```

```
int   main()
{
    long a＝10,b＝30,l＝0;
    if(a％2＝＝0) a＋＋;
    for(long m＝a;m≤b;m＋＝2)
        if(fun(m))
        {
            if(l＋＋％10＝＝0)
                cout ＜＜endl;
            cout ＜＜setw(5)＜＜m;
        }
    return 0;
}
bool fun(long n)
{
    int sqrtm＝(int)sqrt(n);
    for(int i＝2;i≤sqrtm;i＋＋)
        if(n％i＝＝0)
            return false;
    return true;
}
```

四、编程题

1.编写函数计算 $y=1!+2!+3!+\cdots+n!$，n 作为参数传递,在主函数调用该函数并输出结果。

2.编写两个自定义函数:一个求两个整数的最大公约数,并返回公约数;一个求两个整数的最小公倍数,并返回公倍数。在主函数中输入两个整数,调用这两个自定义函数求出最大公约数和最小公倍数,并输出。

3.输入 10 个学生 4 门课的成绩,分别用函数求:

(1) 每个学生平均分;

(2) 每门课的平均分。

在主函数中输入所有同学的所有课程成绩,调用自定义函数求出两项平均分,并输出。

4.编写一个函数,实现用“冒泡法”对输入的 10 个整数按由小到大顺序排列。

5.一个数如果恰好等于它的因子之和,这个数就称为“完数”。例如 $6=1+2+3$,编写函数,实现找出 1000 以内的所有完数。

6.编写函数,实现打印出所有的“水仙花数”。所谓“水仙花数”是指一个三位数,其各位数字立方和等于该数本身。例如:153 是一个“水仙花数”,因为 $153=1^3+5^3+3^3$。

第 4 章 类与对象

面向对象程序设计语言的最基本特性就是封装性,封装性是通过类和对象来体现。类是一种复杂的数据类型,它是将不同类型的数据和与这些数据相关的操作封装在一起的集合体。

本章将主要介绍类和对象,主要内容包括:类与对象的定义、对象的成员表示及赋值、三大特殊函数(构造函数、复制构造函数和析构函数)、类的静态成员、类的组合、常成员、类的友元和对象的应用等等。

4.1 类与对象的定义

类是一种构造数据类型,类是对客观事物的抽象,将具有相同属性的一类事物称作某个类。类具有高度的抽象性,类中的数据具有隐藏性,例如:可将马路上奔跑的各种汽车的相同属性抽象出来,称作汽车类。任何一种汽车都是属于类的一个实体,或称一个实例,这便是对象。

4.1.1 类的定义

类的定义格式与结构体的定义格式相似。类的定义可以分为两部分:说明部分和实现部分。说明部分是指说明类中包含的数据成员(也称属性)和成员函数(也称方法),实现部分是对成员函数的定义。

类的定义的一般格式:

```
//说明部分
class  <类名>{
    private：
        <数据成员和成员函数的说明或实现>;
    public：
        <数据成员和成员函数的说明或实现>;
    protected：
        <数据成员和成员函数的说明或实现>;
};
//实现部分
<函数类型><类名>::<成员函数名>(<参数表>)
{
    <函数体>
}
```

关于类定义的说明如下:

(1)class是关键字,声明为类类型。类名是合法的标识符,是声明的类的名字。

(2)类的定义由两大部分构成:说明部分和实现部分。说明部分包括类头和类体;类头是由 class 加上<类名>组成;类体是由一对花括号加分号组成,类体内有若干成员。实现部分包含对类中说明的成员函数的定义,如果类中说明的成员函数都定义在类体内,则实现部分便可以省略。

(3)类的成员分为数据成员和成员函数两种。数据成员的说明包含成员名和类型,不可以在说明时进行初始化;成员函数描述的是类的行为或操作,成员函数的说明是函数原型,成员函数可以定义在类体内,也可以定义在类体外。如果定义在类体内的成员函数为内联函数。在类外部实现的成员函数中,对编译提出内联要求,成员函数定义前面加 inline。

(4)类的成员具有不同的访问权。类成员的访向权限有如下 3 种。

①关键字 priviate(私有的)限定的成员称为私有成员,对私有成员限定在该类的内部使用,即只允许该类中的成员函数使用私有的数据成员,对于私有的成员函数,只能被该类内的成员函数调用;类就相当于私有成员的作用域。如果未加说明,类中成员默认的访问权限是 private,即私有的。

②关键字 public(公有的)限定的成员称为公有成员,公有成员的数据或函数不受类的限制,可以在类内或类外自由使用;对类而言是透明的。

③关键字 protected(保护的)所限定的成员称为保护成员,只允许在类内及该类的派生类中使用保护的数据或函数。即保护成员的作用域是该类及该类的派生类。

—public、protected 和 private 关键字的出现的顺序可任意。如先声明私有成员再声明其他的也可以,每个关键字也可以出现多次,如声明一些 public 的成员,后面又出了个 public 声明了另一些成员,也是可以的,但类中成员的定义次序,一般为:public 块、protected 块、private 块,若哪一块没有,直接忽略即可。

(5)成员函数可以定义在类体内,也可以定义在类体外。如果定义在类体外的成员函数在定义前必须加上类名限定,其格式如下:

```
<函数类型><类名>::<成员函数名>(<参数表>)
{
    <函数体>
}
```

这表明所定义的函数不是一般函数,而是属于指定类的成员函数。

例 4-1 设计一个日期类 Date,包括年、月、日等私有数据成员,要求实现对日期的设置及输出显示。(显示格式为"月-日-年")

实现代码如下:

```
# include <iostream>
using namespace std;
//说明部分
class Date
{
public:
    void setDate(int y,int m,int d);
    void showDate();
```

```
private:
    int year,month,day;
};
//实现部分
void Date::setDate(int y,int m,int d)
{
    year=y;
    month=m;
    day=d;
}
void Date::showDate()
{
    cout<<month<<"-"<<day<<"-"<<year<<endl;
}
//主函数
int main()
{
    Date D;
    int year,month,day;
    cout<<"输入日期:";
    cin>>year>>month>>day;
    D.setDate(year,month,day);
    D.showDate();
    return 0;
}
```

运行结果输入：

2019 7 18

程序运行结果如图 4-1 所示。

图 4-1　例 4-1 运行结果

4.1.2　对象的定义

在定义类时,只是定义了一种数据类型,即说明程序中可能会出现该类型的数据,并不为类分配存储空间。只有在定义了属于类的变量后,系统才会为类的变量分配空间。因此,在定义对象之前,必须先定义类。

类的变量我们称之为对象。对象是类的实例,定义对象之前,一定要先说明该对象的类。不同对象占据内存中的不同区域,它们所保存的数据各不相同,但对成员数据进行操作的成员函数的程序代码均是一样的。

1.对象的定义格式

对象的定义的一般格式:

　　　　<类名>　　<对象名表>;

在建立对象时,只为对象分配用于保存数据成员的内存空间,而成员函数的代码为该类的每一个对象所共享。

关于对象定义的说明如下:

①定义一个对象和定义一个一般变量相同;

②定义变量时要分配存储空间,同样,定义一个对象时要分配存储空间,一个对象所占的内存空间是类的数据成员所占的空间总和。类的成员函数存放在代码区,不占内存空间。

2.对象的使用

一个对象的成员就是该对象的类所定义的成员,有数据成员和成员函数,引用时同结构体变量类似。

用成员选择运算符"."只能访问对象的公有成员,而不能访问对象的私有成员或保护成员。若要访问对象的私有的数据成员,只能通过对象的公有成员函数来获取。

调用成员的一般形式有以下 4 种:

(1)一般对象的成员表示用运算符"."。

　　　　<对象名>.<数据成员名>

　　　　<对象名>.<成员函数名>(<参数表>)

例如:

　　　　Date d1;

　　　　d1.year;

　　　　d1.month;

　　　　d1.setDate(2019,7,16);

(2)指向对象指针的成员表示用运算符"->"。

　　　　<对象指针名> -> <数据成员名>

　　　　<对象指针名> -> <成员函数名)(<参数表>)

例如:

　　　　Date d1, * pd=&d1;

　　　　pd->year;

　　　　pd->day;

　　　　pd->showDate();

(3)对象引用的成员表示用运算符"."。

　　　　<对象引用名>.<数据成员名>

　　　　<对象引用名>.<成员函数名>(<参数表>)

例如：

  Date d1，&rd＝d1；

  rd.month；

  rd.day；

  rd.showDate()；

（4）对象数组元素的成员表示同一般对象。

  ＜数组名＞[＜下标＞].＜成员名＞

3.对象的存储空间

  C++只为每一个对象的数据成员分配内存空间，类中的所有成员函数只生成一个副本，而该类的每个对象执行相同的函数成员副本。类的所有成员函数均放在公用区中（只保存一份），每个函数代码有一个地址，类的每个对象只存放自己的数据成员值和指向公共区中对应函数的地址，即类的成员函数是共享的。

  例 4－2 设计一个学生类 Student，包括学生的学号、姓名、年龄、家庭住址信息，要求设置并输出这些学生的信息。

  实现代码如下：

```cpp
#include<iostream>
#include<string>
using namespace std;
//说明部分
class Student
{
public：
    void setStudent(int n,char na[],int a,char addr[]);
    void showStudent();
private：
    int no;
    char name[20];
    int age;
    char address[50];
};
//实现部分
void Student::setStudent(int n,char na[],int a,char addr[])
{
    no＝n;
    strcpy(name,na);
    age＝a;
    strcpy(address,addr);
}
void Student::showStudent()
```

```
    {
        cout<<no<<"  "<<name<<"  "<<age<<"  "<<address<<endl;
    }
    //主函数
    int main()
    {
        Student std;
        std.setStudent(1,"Mary",20,"江西省南昌市");
        std.showStudent();
        return 0;
    }
```

程序运行结果如图 4-2 所示。

图 4-2　例 4-2 运行结果

4.2　构造函数和析构函数

　　C++语言在创建对象时,系统总会自动调用相应的构造函数对对象进行初始化。当一个对象生存期终止时,系统又会自动调用析构函数来释放这个对象。因此,构造函数和析构函数是类中两大十分重要的特殊的成员函数。

4.2.1　构造函数

　　在定义一个对象的时候进行数据成员设置,称为对象的初始化。构造函数的作用就是在对象被创建时利用特定的值构造对象,将对象初始化为一个特定的状态。构造函数在对象被创建的时候将被自动调用。如果程序中未声明,则系统自动产生出一个隐含的参数列表为空的构造函数。

1.构造函数定义

定义构造函数的一般格式:

```
    class  <类名>{
    public:
        <类名>(<形参表>);              //构造函数的原型
        //类的其他成员
    };
    <类名>::<类名>(<形参表>)
    {                                  //构造函数的实现
```

```
        //函数体
    }
```

类的构造函数主要功能就是对对象的初始化工作,它旨在使对象初值有意义。

对构造函数特点说明有如下几点:

①构造函数的函数名必须与类名相同。构造函数的主要作用是完成初始化对象的数据成员以及其他的初始化工作。

②在定义构造函数时,不能指定函数返回值的类型,也不能指定为 void 类型。

③在类的内部定义的构造函数是内联函数。构造函数可以带默认形参值,也可以重载。一个类可以定义若干个构造函数。当定义多个构造函数时,必须满足函数重载的原则。类对象创建时,构造函数会自动执行;由于它们没有类型,不能像其他函数那样进行调用。当类对象说明时调用哪一个构造函数取决于传递给它的参数类型。

④若定义的类要说明该类的对象时,构造函数必须是公有的成员函数。如果定义的类仅用于派生其他类时(派生将在第 5 章讲解),则可将构造函数定义为保护的成员函数。

由于构造函数属于类的成员函数,它对私有数据成员、保护的数据成员和公有的数据成员均能进行初始化。

2.构造函数的调用

当定义类对象时,构造函数会自动执行。构造函数的调用分为以下三种调用方式:

(1)调用默认构造函数。

调用默认构造函数的一般格式:

＜类名＞ ＜类对象名＞;

在程序中定义一个对象而没有指明初始化时,编译器便按默认构造函数来初始化该对象。

默认构造函数并不对所产生对象的数据成员赋初值,即新产生对象的数据成员的值是不确定的。

关于默认构造函数说明以下几点:

①在定义类时,只要显式定义了一个类的构造函数,则编译器就不产生默认构造函数。

②所有的对象在定义时必须调用构造函数,不存在没有构造函数的对象。

③在类中,若定义了没有参数的构造函数,或各参数均有缺省值的构造函数也称为默认构造函数,默认构造函数只能有一个。

④产生对象时,系统必定要调用构造函数,所以任一对象的构造函数必须唯一。

(2)调用带参数的构造函数。

调用带参数的构造函数的一般格式:

＜类名＞ ＜类对象名＞(＜参数表＞)

说明:参数表中的参数可以是变量,也可以是表达式。创建对象时,如果被创建的对象带有实参时,系统将根据实参的个数,调用相应的参数的构造函数给对象进行初始化。

(3)构造函数对一次性对象的使用。

创建对象如果不给出对象名,也就是说,直接以类名调用构造函数,则产生一个无名对象。无名对象经常在参数传递时用到。例如:

```
cout<<Date(2003,12,23);
```

"Date(2003,12,23)"是一个对象,该对象在做了"<<"操作后便烟消云散了,所以这种对

象一般用在创建后不需要反复使用的场合。

3.构造函数初始化对象的过程

用构造函数初始化对象的过程,实际上是对构造函数的调用过程。一般按如下步骤进行:

(1)程序执行到定义对象语句时,系统为对象分配内存空间。

(2)系统自动调用构造函数,将实参传送给形参,执行构造函数体时,将形参值赋给对象的数据成员,完成数据成员的初始化工作。

例 4-3 设计一个时钟类,包括时钟的时针、分针、秒针,要求设置并输出这些时钟的信息。

实现代码如下:

```cpp
# include <iostream>
using namespace std;
//时钟类的定义
class Clock
{
public:                              //外部接口,公有成员函数
    Clock(int newH,int newM,int newS);    //构造函数
    void showTime();                 //一般成员函数
private:                             //私有数据成员
    int hour, minute, second;
};
//构造函数的具体实现
Clock::Clock(int newH, int newM, int newS)
{
    hour=newH;
    minute=newM;
    second=newS;
}
//内联函数(一般成员函数的具体实现)
inline void Clock::showTime()
{
    cout << hour << ":" << minute << ":" << second << endl;
}
//主函数
int main()
{
    Clock c(10,30,30);               //此处将自动调用构造函数
    c.showTime();
    return 0;
}
```

程序运行结果为：

10；30；30

4.2.2 复制构造函数

复制构造函数也称为拷贝构造函数,这是指用于将一个已知对象的数据成员复制给正在创建的另一个同类的对象,定义复制构造函数一般格式：

  ＜类名＞::＜复制构造函数＞(＜类名＞ &＜引用名＞)

或

  ＜类名＞::＜复制构造函数＞(const ＜类名＞ &＜引用名＞)

关于复制构造函数特点说明如下几点：

①构造函数执行的功能是:初始化将要建立的对象的对应数据成员。如果程序员没有为类声明拷贝初始化构造函数,则编译器自己生成一个隐含的拷贝构造函数。

②当类中的数据成员中使用 new 运算符,动态地申请存储空间进行赋初值时,必须在类中显式地定义一个完成拷贝功能的构造函数,以便正确实现数据成员的复制。

③拷贝构造函数其本质是函数的形参是类的对象的引用的构造函数。如果程序在类定义时没有显式定义拷贝构造函数,系统也会自动生成一个默认的拷贝构造函数,把成员值一一复制。拷贝构造函数与原来的构造函数实现了函数的重载。

④在以下 3 种情况下,复制构造函数都会被调用：

• 当用类的一个对象去初始化该类的另一个对象时系统自动调用拷贝构造函数实现拷贝赋值。

• 若函数的形参为类对象,调用函数时,实参赋值给形参,系统自动调用拷贝构造函数。

• 当函数的返回值是类对象时,系统自动调用拷贝构造函数。

例 4－4 设计一个点类,包括横坐标与纵坐标,要求设置并输出点的相关信息。

实现代码如下：

```
# include<iostream>
using namespace std;
class Point {                                    //Point 类的定义
public:
    Point(int xx=0, int yy=0) { x = xx; y = yy; } //构造函数
    Point(const Point& p);                        //复制构造函数声明
    void setX(int xx) {x=xx;}                     //一般成员函数
    void setY(int yy) {y=yy;}                     //一般成员函数
    int getX()   { return x; }                    //一般成员函数
    int getY()   { return y; }                    //一般成员函数
    private:
    int x, y;                                     //私有数据
};
//复制构造函数的实现
Point::Point (const Point& p)
```

```
{
    x = p.x;
    y = p.y;
    cout << "调用复制构造函数!" << endl;
}
//形参为 Point 类对象的函数
void fun1(Point p)
{
    cout << p.getX() << endl;
}
//返回值为 Point 类对象的函数
Point fun2()
{
    Point a(1, 2);
    return a;
}
//主程序
int main()
{
    Point A(4, 5);          //定义对象 A
    Point B = A;            //第一次调用复制构造函数,用对象 A 初始化对象 B
    cout << B.getX() << endl;
    fun1(B);                //第二次调用复制构造函数,对象 B 作为 fun1 的实参
    B = fun2();             //函数返回时调用复制构造函数,函数的返回值是类对象
    cout << B.getX() << endl;
    return 0;
}
```

程序的运行结果为:

　　调用复制构造函数!

　　4

　　调用复制构造函数!

　　4

　　调用复制构造函数!

　　1

4.2.3　析构函数

　　C++程序设计的一个原则是:由系统自动分配的内存空间由系统自动释放。析构函数与构造函数的功能正好相反,当对象生存期结束时,需要调用析构函数,释放对象所占的内存空间,所以给它取的名字也是波浪"～"号加上类名,以示与构造函数在功能上的对应关系。析

构函数与构造函数是成对出现的。

析构函数是在对象生存期即将结束的时刻由系统自动调用的。显式定义析构函数的一般格式为：

<类名>::～<析构函数名>( )
{
　　<语句>
}

若在类的定义中没有显式地定义析构函数时,系统将自动生成和调用一个默认析构函数,其一般格式为：

<类名>::～<默认析构函数名>( )
{
}

任何对象都必须有构造函数和析构函数,但在撤消对象时,要释放对象的数据成员用 new 运算符分配的动态空间时,必须显式地定义析构函数。析构函数也是一种特殊的成员函数,它除了具有成员函数的特点外,还有一般成员函数所不同的特点。

关于析构函数的特点说明如下：

①析构函数是成员函数,函数体可写在类体内,也可写在类体外。

②析构函数是一个特殊的成员函数,函数名必须与类名相同,并在其前面加上字符"～",以便和构造函数名相区别。

③析构函数也是类的一个公有成员函数,不能带有任何参数,不能有返回值,不指定函数类型。

④一个类中,只能定义一个析构函数,析构函数不允许重载。

⑤析构函数是在撤消对象时由系统自动调用的。

特别提出强调:在程序的执行过程中,当遇到某一对象的生存期结束时,系统自动调用析构函数,然后再收回为对象分配的存储空间。对象在定义时自动调用构造函数,生存期即将结束时调用析构函数。

例 4-5 在例 4-4 的基础上应用析构函数。

实现代码如下：

```cpp
#include<iostream>
using namespace std;
class Point {                                        //Point 类的定义
public:
    Point(int xx=0, int yy=0) { x = xx; y = yy; }    //构造函数
    Point(const Point& p);                           //复制构造函数声明
    ~Point();                                        //析构函数声明
    void setX(int xx) {x=xx;}                        //一般成员函数
    void setY(int yy) {y=yy;}                        //一般成员函数
    int getX()   { return x; }                       //一般成员函数
    int getY()   { return y; }                       //一般成员函数
```

```
private：
    int x, y;                //私有数据
};
//复制构造函数的实现
Point::Point ( Point& p)
{
    x = p.x;
    y = p.y;
    cout << "调用复制构造函数!" << endl;
}
//析构函数的实现
Point::~Point()
{
    cout << "调用析构函数!" << endl;
}
//形参为 Point 类对象的函数
void fun1(Point p)
{
    cout << p.getX() << endl;
}
//返回值为 Point 类对象的函数
Point fun2()
{
    Point a(1, 2);
    return a;
}
//主程序
int main() {
    Point A(4, 5);        //定义对象 A
    Point B = A;          //第一次调用复制构造函数,用对象 A 初始化对象 B
    cout << B.getX() << endl;
    fun1(B);              //第二次调用复制构造函数,对象 B 作为 fun1 的实参
    B = fun2();           //函数返回时调用复制构造函数,函数的返回值是类对象
    cout << B.getX() << endl;
    return 0;
}
```

程序的运行结果为：

调用复制构造函数!

4

调用复制构造函数!

4

调用析构函数!

调用复制构造函数!

调用析构函数!

调用析构函数!

1

调用析构函数!

调用析构函数!

程序分析:程序运行过程中,共调用了三次复制构造函数,见程序中的注释语句说明,在主函数中一开始定义了对象 A、B,在调用 void fun1(Point p)函数时,定义了对象 p,最后调用 B = fun2()函数时,定义了对象 a,最终又把对象 a 作为函数值赋值给对象 B,因此在整个程序运程结束前,需要对 A,B,p,a 和赋值后的 B 对象进行释放空间。

4.3　类的组合

在面向对象程序设计中,可以对复杂对象进行分解、抽象,把一个复杂对象分解为简单对象的组合,由比较容易理解和实现的部件对象装配而成。

4.3.1　组合

类中的成员数据是另一个类的对象。类的组合描述的就是一个类内嵌其他类的对象作为成员的情况。可以在已有抽象的基础上实现更复杂的抽象。它们之间的关系是一种包含与被包含的关系。在创建对象时不仅要负责对本类中的基本类型成员数据赋初值,也要对对象成员初始化。

组合类构造函数定义的一般形式为:

　　＜类名＞::＜类名＞(＜对象成员所需的形参,本类成员形参＞):＜对象 1＞
　　　　(＜参数＞),＜对象 2＞(＜参数＞),……
　　{
　　　　＜本类初始化＞
　　}

其中,"＜对象 1＞(＜参数＞),＜对象 2＞(＜参数＞),……"称作初始化列表,其作用是对内嵌对象进行初始化。

有关类组合的构造函数调用的说明:

①构造函数调用顺序:先调用内嵌对象的构造函数(按内嵌时的声明顺序,先声明者先构造)。然后调用本类的构造函数(析构函数的调用顺序相反)。

②初始化列表中未出现的内嵌对象,用默认构造函数(即无形参的构造函数)初始化。

③系统自动生成的隐含的默认构造函数中,内嵌对象全部用默认构造函数初始化。

例 4-6　使用类的组合,设计一个线段类,线段的两端用点类表示,要求设计类并计算线段的长度。

实现代码如下：

```
# include <iostream>
# include <cmath>
using namespace std;
class Point {                          //Point 类定义
public:
    Point(int xx = 0, int yy = 0)      //Point 类构造函数
    {
        x = xx;
        y = yy;
    }
    Point(Point &p);                   //Point 类复制构造函数
    int getX() { return x; }           //Point 类一般成员函数
    int getY() { return y; }           //Point 类一般成员函数
    double getLen
    double len
private:
    int x, y;                          //Point 类私有数据成员
};
Point::Point(Point &p)
{                                      //复制构造函数的实现
    x = p.x;
    y = p.y;
    cout << "Point 类复制构造函数被调用!" << endl;
}
class Line {                           //Line 类的定义
public:
    Line(Point xp1, Point xp2);        //Line 类构造函数声明
    Line(Line &l);                     //Line 类复制构造函数声明
    double getLen() { return len; }    //Line 类一般成员函数
private:                               //私有数据成员
    Point p1, p2;                      //Point 类的对象 p1,p2
    doublelen;                         //一般私有数据成员
};
//组合类的构造函数的实现
Line::Line(Point xp1, Point xp2) : p1(xp1), p2(xp2)
{
    cout << "Line 类构造函数被调用!" << endl;
    double x = static_cast<double>(p1.getX() - p2.getX());
```

```
        double y = static_cast<double>(p1.getY() - p2.getY());
        len = sqrt(x * x + y * y);
}
//组合类的复制构造函数的实现
Line::Line (Line &l): p1(l.p1), p2(l.p2)
{
        cout << " Line 类复制构造函数被调用!" << endl;
        len = l.len;
}
//主函数
int main() {
        Point A(1, 1), B(4, 5);          //建立 Point 类的 A,B 两个对象
        Line line(A, B);                 //建立 Line 类的对象(由 A,B 两个点确定线段)
        Line line2(line);                //利用复制构造函数建立一个 Line 类新对象
        cout << "line 线段的长度为:";
        cout << line.getLen() << endl;
        cout << "line2 线段的长度为:";
        cout << line2.getLen() << endl;
        return 0;
}
```

程序的运行结果为:

```
Point 类复制构造函数被调用!
Point 类复制构造函数被调用!
Point 类复制构造函数被调用!
Point 类复制构造函数被调用!
Line 类构造函数被调用!
Point 类复制构造函数被调用!
Point 类复制构造函数被调用!
Line 类复制构造函数被调用!
line 线段的长度为:5
line2 线段的长度为:5
```

程序分析:主程序在执行过程中,首先生成 Point 类的 A,B 两个对象,然后构造 Line 类的对象 line,紧接着复制构造函数建立一个 Line 类新对象 line2,两点的距离在 Line 类的构造函数中求得,并把其距离赋值给数据成员 len。在整个运行过程中,Line 类构造函数被调用了 6 次。程序中 static_cast<double>(表达式)功能是把表达式转换为 double 类型。

4.3.2 前向引用声明

通过前面知识点学习,我们知道,C++的类遵循先定义,再使用的原则,但是在处理相对复杂的问题、考虑类的组合时,有可能遇到两个类相互引用的情况,这种情况也称为循环依赖。

例如：
```
class A {
public：
    void fun(B b);          //以 B 类对象 b 为形参的成员函数
};
class B {
public：
    void gun(A a);          //以 A 类对象 a 为形参的成员函数
};
```

分析：类 A 的公有成员函数 fun()的形式参数是类 B 的对象,同时类 B 的公有成员函数 gun()以类 A 的对象为形参。依据 C++的类遵循先定义,再使用的原则,在使用一个类之前,必须首先定义该类,因此在该程序中,无论先定义 A 或者 B,都会引起编译错误。解决这种问题的办法,就是将该类的名字告诉编译器,使编译器知道那是一个类名。针对这种情况,采用前向引用声明,问题就解决了。

加上前向引用声明后程序为：
```
class B;                    //前向引用声明
class A {
public：
    void fun(B b);          //以 B 类对象 b 为形参的成员函数
};
class B {
public：
    void gun(A a);          //以 A 类对象 a 为形参的成员函数
};
```

通过上面的实例得出前向引用声明的特点：
①类应该先声明,后使用。
②如果需要在某个类的声明之前,引用该类,则应进行前向引用声明。
③前向引用声明只为程序引入一个标识符,但具体声明在其他地方。

使用前向引用声明虽然可以解决一些问题,但它并不是万能的。需要注意的是,尽管使用了前向引用声明,但是在提供一个完整的类声明之前,不能声明该类的对象,也不能在内联成员函数中使用该类的对象。

特别强调：当使用前向引用声明时,只能使用被声明的符号,而不能涉及类的任何细节。

4.4　静　态　成　员

声明为 static 的类成员能在类的范围内共享,我们把这样的成员称作静态成员。静态成员不属于某个对象,而是属于整个类的,即属于所有对象。静态成员包括静态数据成员和静态成员函数两种。

4.4.1　静态数据成员

在类内数据成员的声明前加上关键字 static,该数据成员就是类内的静态数据成员。先通过一个静态数据成员的例子,熟悉静态成员的说明方法与特点。

例 4-7　静态数据成员的说明方法与初始化。

实现代码如下:

```
# include <iostream>
using namespace std;
class Myclass                        //定义 Myclass 类
{
public:
    Myclass(int a,int b,int c);      //构造函数的声明
    void GetSum();                   //一般成员函数的声明
private:
    int a,b,c;                       //私有数据成员
    static int Sum;                  //声明静态数据成员
};
int Myclass::Sum=0;                  //定义并初始化静态数据成员
Myclass::Myclass(int x,int y,int z)  //构造函数的实现
{
    a=x;
    b=y;
    c=z;
    Sum+=a+b+c;
}
void Myclass::GetSum()
{
    cout<<"Sum=" <<Sum <<endl;
}
//主函数
void main()
{
    Myclass M(1,2,3);
    M.GetSum();
    Myclass N(4,5,6);
    N.GetSum();
    M.GetSum();
}
```

程序的运行结果为:

　　　　Sum＝6

　　　　Sum＝21

　　　　Sum＝21

通过例 4－7 可以得出静态数据成员的特点如下：

①对于非静态数据成员，每个类对象都有自己的拷贝，而静态数据成员被当作是类的成员。无论这个类的对象被定义了多少个，静态数据成员在程序中也只有一份拷贝，由该类型的所有对象共享访问。也就是说，静态数据成员是该类的所有对象所共有的。对该类的多个对象来说，静态数据成员只分配一次内存，供所有对象共用。所以，静态数据成员的值对每个对象都是一样的，它的值可以更新；在例 4－7 中，静态数据成员的初值定义为 0，主函数中执行"Myclass M(1,2,3)；"语句后，sum 的值为 1＋2＋3＝6，再执行"Myclass N(4,5,6)；"语句后，sum 的值为 6＋4＋5＋6＝21。不管是对象 N，还是对象 M 调用，GetSum() 成员函数输入的 sum 值都是 21。

②静态数据成员存储在全局数据区。静态数据成员定义时要分配空间，所以不能在类声明中定义。在例 4－7 中，语句"int Myclass：：Sum＝0；"是对静态数据成员进行初始化。

③静态数据成员和普通数据成员一样遵从 public，protected，private 访问规则。

④因为静态数据成员在全局数据区分配内存，属于本类的所有对象共享，所以它不属于特定的类对象，在没有产生类对象时其作用域就可见，即在没有产生类的实例时，都可以对它进行操作。

⑤静态数据成员初始化与一般数据成员初始化不同，且静态数据成员一定要在类体外对它进行初始化。

静态数据成员初始化的格式为：

　　　　＜数据类型＞＜类名＞：：＜静态数据成员名＞＝＜值＞；

⑥类的静态数据成员有两种访问形式，分别为：

　　　　＜类对象名＞.＜静态数据成员名＞；或 ＜类类型名＞：：＜静态数据成员名＞；

如果静态数据成员的访问权限允许的话（即 public 的成员），可在程序中按上述格式来引用静态数据成员。

⑦静态数据成员主要用在各个对象都有相同的某项属性的时候。比如对于一个存款类，每个实例的利息都是相同的，所以应该把利息设为存款类的静态数据成员。这样操作有两个好处：第一，不管定义多少个存款类对象，利息数据成员都共享分配在全局数据区的内存，所以节省存储空间；第二，一旦利息需要改变时，只要改变一次，则所有存款类对象的利息都进行改变过来了。

4.4.2　静态成员函数

与静态数据成员一样，在定义类时也可以创建一个静态成员函数，它为类的全部服务而不是为某一个类的具体对象服务。静态成员函数与静态数据成员一样，都是类的内部实现，属于类定义的一部分。

普通的成员函数一般都隐含了一个 this 指针（）（this 将在 4.7 节详细讲解），this 指针指向类的对象本身，因为普通成员函数总是具体的属于某个类的具体对象的。通常情况下，this 是缺省的。例如函数 fun() 实际上是 this－＞fun()。但是与普通函数相比，静态成员函数由于不是与任何的对象相联系,因此它不具有 this 指针。从这个意义上讲,它无法访问属于类对象的非静态数据成员,也无法访问非静态成员函数,它只能调用其余的静态成员函数。下面通过一个静态成员函数的例子进一步熟悉静态成员函数说明方法与特点。

例 4-8 在例 4-7 基础上对静态成员函数说明方法与应用。

实现代码如下:

```cpp
# include <iostream>
using namespace std;
class Myclass                      //定义 Myclass 类
{
public:
    Myclass(int a,int b,int c);    //构造函数的声明
    static void GetSum();          //静态成员函数的声明
private:
    int a,b,c;                     //私有数据成员
    static int Sum;                //声明静态数据成员
};
class Myclass
int Myclass::Sum=0;                //定义并初始化静态数据成员
Myclass::Myclass(int x,int y,int z)   //构造函数的实现
{
    a=x;
    b=y;
    c=z;
    Sum+=a+b+c;                    //非静态成员函数可以访问静态数据成员
}
void Myclass::GetSum()             //静态成员函数的实现
{
    cout <<"Sum=" <<Sum<<endl;
}
//主函数
void main()
{
    Myclass M(1,2,3);
    M.GetSum();
    Myclass N(4,5,6);
    N.GetSum();
    Myclass::GetSum();
}
```

程序的运行结果为:

　　　　Sum＝6

　　　　Sum＝21

　　　　Sum＝21

通过例 4－8 可以得出静态成员函数的特点如下：

①出面在类体外的函数定义时,不能指定关键字 static。

②静态成员之间可以相互访问,包括静态成员函数访问静态数据成员和访问静态成员函数。

③非静态成员函数可以任意地访问静态成员函数和静态数据成员。

④静态成员函数不能访问非静态成员函数和非静态数据成员。

如在 GetSum()静态成员函数的函数体加一条语句"cout＜＜a＜＜endl;"则程序编译时将报错,因为 a 是非静态数据成员,静态成员函数不能访问非静态数据成员。

⑤由于没有 this 指针的额外开销,因此静态成员函数与类的全局函数相比速度上会有少许的增长。

⑥调用静态成员函数,可以用成员访问操作符(.)和(－＞)为一个类的对象或指向类对象的指针调用静态成员函数,即静态成员函数的访问形式分别为：

　　　　＜类对象名＞.＜静态成员函数名＞;

或

　　　　＜类类型名＞::＜静态成员函数名＞;

或

　　　　＜类对象的指针名＞－＞＜静态成员函数名＞;

4.5　常　成　员

　　数据隐藏保证了数据的安全性,但各种形式的数据共享却又不同程度地破坏了数据的安全性。因此对于既需要共享又需要防止改变的数据应该定义为常量进行保护,以保证它在整个程序运行期间是不可改变的。在 C＋＋语言中,把这些常量使用 const 修饰符进行定义,const 关键字不仅修饰类对象本身,也可修饰类对象的成员函数和数据成员,分别称为常对象、常成员函数和常数据成员。

4.5.1　常数据成员

　　在创建对象后,该对象的某个数据成员保持不变,可以将这个数据成员设置为常数据成员。常数据成员的定义与一般常量的定义方式相同,只是它的定义必须出现在类体中,要求使用 const 关键字进行说明,具体格式如下：

　　　　const　＜类名＞　＜常数据成员名＞

关于常数据成员特别说明如下：

①常成员只有定义在类内,才称常数据成员。

②常数据成员必须进行初始化,并且不能被修改。常数据成员的初始化只能通过构造函数的成员初始化列表进行。对于大多数数据成员而言,既可使用成员初始化列表的方式,也可使用赋值,即在构造函数体中使用赋值语句将表达式的值赋值给数据成员。

构造函数的成员初始化列表的格式如下：

　　＜构造函数名＞（＜参数表＞）:＜成员初始化列表＞

　　{

　　　　＜函数体＞

　　}

例 4-9　分析下列程序的运行结果，掌握常数据成员的用法。

```cpp
#include <iostream>
using namespace std;
class A {
public:
    A(int i);
    void print();
private:
    const int a;            //一般常数据成员
    static const int b;     //静态常数据成员
};
const int A::b=10;
A::A(int i) : a(i) { }
void A::print()
{
    cout << a << ":" << b <<endl;
}
//主函数
int main()
{
    A a1(100), a2(10);
    a1.print();
    a2.print();
    return 0;
}
```

程序运行结果为：

　　100:10

　　10:10

程序分析：该程序中类 A 定义两个常数据成员，一个是一般常数据成员 a，另一个静态常数据成员 b。在运行过程中，常数据成员 b 遵循静态成员初始化规则，在类外进行初始化，实现语句为：

const int A::b=10;

一般常数据成员 a，则遵循常数据成员始初化规则，将它放在成员初始化列表中进行初始化，通过构造函数的初始化列表给对象的常数据成员赋初值，实现语句为：

A::A(int i) : a(i) { }

4.5.2 常成员函数

使用 const 关键字说明的成员函数,称为常成员函数,常成员函数的声明语法的一般格式:

<类型名> <函数名>(<形参列表>) const
{
    <函数体>
}

常成员函数的 const 是函数类型的一部分,在函数声明和函数定义时都要带 const 关键字,否则被编译器认为是不同的两个函数,但是在函数调用的时候不必带 const。

关于常成员函数特别说明如下:

①const 是函数类型的一部分,在声明和定义时都要就加上 const。

②const 成员函数即可引用 const 数据,也可引用非 const 数据,但都不能改变值。

③const 成员函数不能访问非 const 成员函数。

④非 const 成员函数可引用 const 数据,也可引用非 const 数据,但不能改变 const 数据。

⑤作为函数类型的一部分,const 可以参与区分重载函数。

例 4-10 分析下列程序的运行结果,掌握常成员函数的用法。

```cpp
#include<iostream>
using namespace std;
class A {
public:
    A(int r1, int r2) : r1(r1), r2(r2) { }      //构造函数
    void print();                               //一般成员函数
    void print() const;                         //常成员函数
private:
    int r1, r2;
};
void A::print()                                 //一般成员函数实现
{
    cout << r1 << ":" << r2 << endl;
}
void A::print() const                           //常成员函数实现
{
    cout << r1 << ";" << r2 << endl;
}
//主函数
int main() {
    A a(5,10);
```

```
        a.print();                              //调用 void print()
        const A b(20,30);
        b.print();                              //调用 void print() const
        return 0;
    }
```
程序的运行结果为：
```
    5;10
    20;30
```
程序分析：在程序中类出现了两个重载的成员函数 print()，其中"void print() const;"是常成员函数。在主函数中定义两个对象，分别是 a,b，在运行过程中一般对象选择一般的成员函数 print()，而常对象选择常成员函数 print() const。

4.5.3 常对象

常对象是指该对象在其生命周期内，其所有的数据成员的值都不能被改变；定义对象时加上关键字 const，该对象就是常对象，其声明的一般形式如下：

    <类名> const <对象名>[(<实参类别>)]；

或者

    const<类名> <对象名>[(<实参类别>)]；

关于常对象需要特别说明的是：

①常对象只能调用常成员函数，不能调用普通成员函数（除了隐式调用析构函数和构造函数），常成员函数是常对象的唯一对外接口。

②编译系统只检查函数的声明，只要发现调用了常对象的成员函数，而且该函数未被声明为 const，编译阶段就报错。

③常对象在被定义时需要被初始化。

例 4-11 分析下列程序的运行结果，掌握常对象的用法。
```
    #include <iostream>
    using namespace std;
    class Point
    {
    public:
        Point(int xx, int yy,int ee ,int dd):e(ee),x(xx),y(yy),d(dd)    //构造函数
        {
            count++;
        }
        void Show()const                 //常成员函数内部无法对数据进行修改
        {
            cout << e<<","<<count <<","<<d<<endl;
        }
        static int Show_Count()          //静态成员函数
```

```
    {
        return count;
    }
    const int d ;                    //公有常数据成员的引用
private：
    int x, y;
    const int e;                     //一般常数据成员
    static int count;                //静态常数据成员

};
int Point：：count ＝ 0;
int main()
{
    Point const P1(1, 2, 3, 4);
    P1.Show();
    return 0;
}
```

程序的运行的结果为：

　　3,1,4

程序分析：该程序中类 Point 定义三个常数据成员，一个是一般常数据成员 e，另一个静态常数据成员 count，还有一个公有数据成员 d。在运行过程中，常数据成员 b 遵循静态成员初始化规则，在类外进行初始化，实现语句为：

```
    int Point：：count ＝ 0;
```

一般常数据成员 a，则遵循常数据成员始初化规则，将它放在成员初始化列表中进行初始化，通过构造函数的初始化列表给对象的常数据成员赋初值，实现语句为：

```
    Point(int xx, int yy,int ee ,int dd)：e(ee),x(xx),y(yy),d(dd){}
```

在主函数中，P1 是常对象，在其生命周期内，不可以修改。

4.6　友　　元

在 C＋＋中，我们使用类对数据进行了隐藏和封装，类的数据成员一般都定义为私有成员，成员函数一般都定义为公有的，以此提供类与外界的通信接口。但是，有时需要定义一些函数，这些函数不是类的一部分，但又需要频繁地访问类的数据成员。为了解决这样的问题，提出一种使用友元的方案。

这时可以将这些函数定义为该函数的友元函数。除了友元函数外，还有友元类，两者统称为友元。友元是一种定义在类外部的普通函数，但需要在类体内进行说明，为了和该类的成员函数加以区别，在说明时前面加关键字 friend。友元不是成员函数，但是它能够访问类中的私有成员。友元的作用在于提高了程序的运行效率，但是，它破坏了类的封装性和隐藏性，使得非成员函数能够访问类的私有成员。

4.6.1　友元函数

友元函数不是当前类的成员函数,而是独立于当前类的外部函数。友元函数是可以直接访问类的私有成员的非成员函数。它是定义在类外的普通函数,它不属于任何类,但需要在类的定义中加以声明,声明时只需在友元的名称前加上关键字 friend,其格式如下:

　　　friend <类型> <函数名>(<形式参数>);

关于友元函数特别说明:

①友元函数的声明可以放在类的私有部分,也可以放在公有部分,两者没有区别,都说明是该类的一个友元函数。

②一个函数可以是多个类的友元函数,只需要在各个类中分别声明即可。

③友元函数的调用与一般函数的调用方式和原理一致。

④友元函数不是类的成员函数,在友元函数的定义时,不用加上关键字 friend。

例 4 - 12　使用友元函数计算两点间的距离,分析下列程序的运行结果,掌握友元函数访问类私有成员的用法。

实现代码如下:

```cpp
# include <iostream>
# include <cmath>
using namespace std;
class Point                                        //Point 类定义
{
public：
    Point(double xx, double yy) { x=xx; y=yy; }    //构造函数
    void Getxy();
    friend double Distance(Point &a, Point &b);    //友元函数声明
private：
    double x, y;                                   //私有数据成员
};

void Point::Getxy()
{
    cout<<"("<<x<<","<<y<<")"<< endl;
}
double Distance(Point &a, Point &b)                //友元函数的实现
{
    double dx =a.x — b.x;
    double dy =a.y — b.y;
    return sqrt(dx * dx+dy * dy);
}
//主函数
```

```
void main()
{
    Point p1(3.0, 4.0), p2(6.0, 8.0);
    p1.Getxy();
    p2.Getxy();
    double d = Distance(p1, p2);
    cout<<"Distance is:"<<d<< endl;
}
```

程序的运行结果为：

(3,4)

(6,8)

Distance is:5

程序分析：在程序中的 Point 类中声明了一个友元函数 Distance()，在说明时前面加 friend 关键字，标识不是成员函数，而是友元函数。声明语名为：

```
friend double Distance(Point &a, Point &b);
```

它的定义方法和普通函数定义相同，不同于成员函数的定义，因为它无需指出所属的类。但是，依据友元函数特点，它能够引用类中的私有成员，函数体中 a.x,b.x,a.y,b.y 都是类的私有成员，它们通过对象引用的。在调用友元函数时，也是同普通函数的调用相同，不同于成员函数调用。本例中，p1.Getxy()和 p2.Getxy()是成员函数的调用，要用对象来表示。而 Distance (p1, p2)是友元函数的调用，它直接调用，无需对象表示，它的参数是对象。

特别强调：使用友元函数直接访问对象的私有成员，可免去再调用类的成员函数所需的开销。同时，友元函数作为类的一个接口，对已经设计好的类，只要增加一条声明语句，便可以使用外部函数来补充它的功能，或架起不同类对象之间联系的桥梁。然而，它同时也破坏了对象封装与信息隐藏，使用时需要谨慎小心。

4.6.2　友元类

一个类可以作为另一个类的友元，称为友元类。友元类的所有成员函数都是另一个类的友元函数，都可以访问另一个类中的隐藏信息(包括私有成员和保护成员)。

当希望一个类可以存取另一个类的私有成员时，可以将该类声明为另一类的友元类。定义友元类的语句的一般格式如下：

```
friend class  <类名>;
```

其中：friend 和 class 是关键字，类名必须是程序中的一个已定义过的类。

以下语句说明类 B 是类 A 的友元类：

```
class A
{
public:
    friend class B;
};
```

经过以上说明后，类 B 的所有成员函数都是类 A 的友元函数，能存取类 A 的私有成员和保护成员。

关于友元类特别注意：

①友元关系不能被继承。

②友元关系是单向的,不具有交换性。若类 B 是类 A 的友元,类 A 不一定是类 B 的友元,要看在类中是否有相应的声明。

③友元关系不具有传递性。若类 B 是类 A 的友元,类 C 是 B 的友元,类 C 不一定是类 A 的友元,同样要看类中是否有相应的申明。

例 4-13 分别定义一个类 A 和类 B,各有一个私有整数成员变量通过构造函数初始化;类 A 有一个成员函数 Show(B &b)用来打印 A 和 B 的私有成员变量,请分别通过友元函数和友元类来实现此功能。

实现代码如下：

```cpp
#include <iostream>
using namespace std;
class A
{
    friend class B;                //把 B 声明为 A 的友元类
public:
    A(int i){ x=i; }
    void Print()
    {
        cout<<"x="<<x<<","<<"s="<<s<<endl;
    }
    private:
    int x;
    static int s;                  //静态数据成员
};
int A::s=10;
class B
{
public:
    B(inti){y=i;}
    void Print(A &r)
    {cout<<"x="<<r.x<<','<<"y="<<y<<endl;}
private:
    int y;
};
//主函数
void main()
{
```

```
        A m(5);
        m.Print();
        B n(20);
        n.Print(m) ;
    }
```

程序的运行的结果为:

```
    x＝5,s＝10
    x＝5,y＝20
```

程序分析:该程序中定义了两个类分别为 A 和 B。其中类 B 是类 A 的友元类,类 B 中的所有成员函数都是类 A 的友元函数。在类 B 的成员函数 Print()中,可以通过 B 类的对象引用 A 类中的私有数据成员。

关于使用友元函数与友元类的优缺点的总结:

(1)通常对于普通函数来说,要访问类的保护成员是不可能的,如果想这么做那么必须把类的成员都定义成为 public(共用的),然而这样带来的问题是任何外部函数都可以毫无约束地访问它、操作它。C++利用 friend 修饰符,可以让一些设定的函数能够对这些保护数据进行操作,避免把类成员全部设置成 public,最大限度地保护数据成员的安全。

(2)友元能够使得普通函数直接访问类的保护数据,避免了类成员函数的频繁调用,可以节约处理器开销,提高程序的效率,但所矛盾的是,即使是最大限度的保护,同样也破坏了类的封装特性,这即是友元的缺点。在现在 CPU 速度越来越快的今天,我们并不推荐使用它,但它作为 C++一个必要的知识点,一个完整的组成部分,我们还是需要讨论一下的。在类里声明一个函数/类,在前面加上 friend 修饰,那么这个函数/类就成了该类的友元,可以访问该类的一切成员。

4.7　对象的应用

前面介绍了一般对象的定义、初始化、成员表示、赋值以及运算等,本节介绍各种对象,包括成员对象、指向类成员的指、对象数组和对象指针。

4.7.1　成员对象

类的数据成员既可是简单类型或自定义类型,当然也可是类类型的对象。因此,可利用已定义的类来构成新的类,使得一些复杂的类可由一些简单类组合而成。类的聚集,描述的就是一个类内嵌其他类的对象作为成员的情况。

当一个类的成员是另外一个类的对象时,该对象就称为成员对象。当类中出现了成员对象时,该类的构造函数要包含对成员对象的初始化,通常采用成员初始化列表的方法来初始化成员对象。

建立一个类的对象时,要调用它的构造函数。若这个类有成员对象,要首先执行所有的成员对象的构造函数,当全部成员对象的初始化都完成之后,再执行当前类的构造函数体。析构函数的执行顺序与构造函数的执行顺序相反。

例如:

```
class A
{
    //…
};
class B
{
    A a;                                    //类 A 的对象 a 为类 B 的对象成员
public:                                     //…
};
```

出现成员对象时,如果成员对象的构造函数是有参构造函数,则该类的初始化列表需要对成员对象进行初始化。

例 4-14 分析下列程序的运行结果,掌握成员对象初始化的用法。

```cpp
#include<iostream>
using namespace std;
class A{
public:
    A(int x1, float  y1)
    {   x=x1; y=y1; }
    void show()
    {   cout<<"x="<<x<<",y="<<y; }
private:
    int x;
    float y;
};
class B{
public:
    B(int x1,float y1,int z1):a(x1,y1)    //对成员对象初始化
    {   z=z1; }
    void show()
    {
        a.show();
        cout<<",z="<<z<<endl;
    }
private:
    A a;                                    //成员对象
    int z;
};
int   main()
{
```

```
B b(11,22,33);
b.show();
return 0;
}
```

程序的运行结果为：

```
x=11,y=22,z=33
```

特别说明：一个有成员对象的类实例化时要先调用成员对象的构造函数,然后再调用该类的构造函数,析构时先调用该类的析构函数,再调用成员对象的析构函数。具体应用可以详见4.3 类的组合。

4.7.2　指向类成员的指针

在 C++语言中,可定义一个指针,使其指向类成员或成员函数,然后通过指针来访问类的成员。

1.指向数据成员的指针

在 C++语言中,可定义一个指针,使其指向类数据成员。声明格式如下：

　　＜类型说明符＞ ＜类名＞::＊ ＜指针变量名＞;

2.指向成员函数的指针

在 C++语言中,可定义一个指针,使其指向类成员函数。声明格式如下：

　　＜类型说明符＞（＜类名＞::＊＜指针名＞）（＜参数表＞）;

例如：

先定义 A 类

```
class A
{
    private:
    int a;
public:
    int c;
    A(int i)
    {
        a = i;
    };
    int Fun(int b)
    {
        return ((a * c) + b);
    };
};
```

定义一个指向类 A 的数据成员 c 的指针,其格式如下：

```
int A::* pc = &(A::c);
```

定义一个指向类 A 的成员函数 Fun() 的指针,其格式如下:

```
int (A:: * pFun)(int) = A::fun;
```

或

```
int A:: * pFun(int);
pFun = A::fun;
```

由于类不是运行时存在的对象,所以在使用这类指针的时候,要定义类的一个对象,然后通过这个对象来访问这类指针所指向的成员。

如:

```
A a;
a. * pc = 8;              //为对象 a 的数据成员 c 赋值 8
A *  pa;
pa = &a;
pa-> * pc = 9;           //通过指向对象的指针来为指向对象成员的指针所指向
                         //的数据成员赋值
```

其中,运算符".*"和"->*"都是通过指向类成员的指针来操作对象成员的运算符。

4.7.3　对象数组

对象数组是指数组元素为对象的数组。该数组中若干个元素必须是同一个类的若干个对象。对象数组的定义、赋值和引用与普通数组一样,只是数组的元素与普通数组不同,它是同类的若干个对象。

对象数组的定义语法格式:

　　<类名>　　<数组名>[<元素个数>];

其中,类名指出该数组元素是属于该类的对象,方括号内的大小给出某一维的元素个数。

与基本类型数组一样,在使用对象数组时也只能引用单个数组元素。每个数组元素都是一个对象,通过这个对象,便可以访问到它的公有成员,一般访问形式为:

　　<数组名>[<下标表达式>].<成员名>

在第 4.2 节详细讲解了构造函数和析构函数,使学生掌握了使用构造函数始化对象的过程。对象数组的初始化过程,实际就是调用构造函数对每一个元素对象进行初始化的过程。如果在声明数组时给每一个元素指定初始值,在数组初始化过程中,就会调用与形参类型相匹配的构造函数。例如:

　　Point a[2]={Point (1, 2), Point (3, 4)};

在执行时会先后两次调用带形参的构造函数分别初始化 a[0] 和 a[1]。如果没有指定数组元素的初始值,就会调用默认构造函数,例如:

　　Point a[2]={Point (1, 2)};

在执行时首先调用带形参的构造函数初始化 a[0],然后调用默认构造函数初始化 a[1]。如果需要建立某个类的对象数组,在设计类的构造函数时就要充分考虑到数组元素初始化时的需要:当各元素对象的初值要求为相同的值时,应该在类中定义默认构造函数;当各元素对象的初值要求为不同的值时,需要定义带形参(无默认值)的构造函数。

当一个数组中的元素对象被删除时,系统会调用析构函数来完成扫尾工作。

例 4 - 15 分析下列程序的运行结果,掌握对象数组的应用。

```cpp
#include<iostream>
using namespace std;
class Point{                              //定义 Point 类
public:
    Point();
    Point(int x,int y);
    ~Point();
    void move(int newX,int newY);
    int getX() const{return x;}
    int getY() const{return y;}
    static void showCount();
private:
    int x,y;
};
Point::Point():x(0),y(0)
{
    cout<<"无参构造函数被调用!"<<endl;
}
Point::Point(int x,int y):x(x),y(y)
{
    cout << "有参构造函数被调用!"<<endl;
}
Point::~Point()
{
    cout << "析构函数被调用!"<<endl;
}
void Point::move(int newX,int newY)
{
    cout<<"Moving the point to("<<newX<<","<<newY<<")"<<endl;
    x = newX;
    y = newY;
}
//主函数
int main()
{
    Point A[2];                        //对象数组
    for(int i = 0;i<2;i++)
    {
```

```
            A[i].move(i+10, i+20);
        }
    return 0;
    }
```

程序的运行的结果为：

    无参构造函数被调用！

    无参构造函数被调用！

    Moving the point to(10,20)

    Moving the point to(11,21)

    析构函数被调用！

    析构函数被调用！

程序分析：在主函数中，"Point A[2]；"定义一个对象数组 A，此时调用默认构造函数初始化数组 A 的两个对象元素，即 A[0]和 A[1]元素初值都为(0,0)，然后通过 for 循环语句对对象元素进行使用，对象元素的使用方法与一般对象的命用相同。

4.7.4 对象指针

指向类的成员的指针即为对象指针，对象空间的起始地址就是对象的指针。可以定义一个指针变量，用来存放对象的指针。

1.对象指针

定义对象指针的语法和定义其他基本数据类型指针的语法相同。在使用对象指针之前，要把它指向一个已经创建的对象，然后才能访问该对象的成员。在使用对象名来访问对象成员时，要使用点运算符"."。如果要通过指向对象的指针来访问对象的成员，那么必须使用箭头运算符"->"。即对象指针的声明与访问的形式如下：

声明格式为：

    <类名>　*<对象指针名>；

例如：

    Point a(5,10);

    Piont * ptr；

    ptr=&a；

通过指针访问对象成员的格式为：

    <对象指针名>-><成员名>；

例如：

    ptr->getx() 相当于 (* ptr).getx()；

对象指针在使用之前，也一定要先进行初始化，让它指向一个已经声明过的对象，然后再使用。

例 4-16 分析下列程序的运行结果，掌握对象指针的应用。

```
#include<iostream>
using namespace std;
class Point {                                    //Point 类的定义
public：
```

```
        Point(int x = 0, int y = 0) : x(x), y(y) { }      //构造函数
        int getX() const { return x; }
        int getY() const { return y; }
    private:                                              //私有数据
        int x, y;
    };
    //主函数
    int main() {
        Point a(4, 5);                                    //定义并初始化对象a
        Point * p1 = &a;                                  //定义对象指针,用a的地
                                                          //址将其初始化
        cout << p1->getX() << endl;                       //利用指针访问对象成员
        cout << a.getX() << endl;                         //利用对象名访问对象成员
        return 0;
    }
```

程序的运行结果为：

4

4

2.this 指针

在每一个成员函数中都包含一个特殊的指针,称为 this。this 指针是由 C++编译器自动产生的一个隐含指针,编译器将该指针自动插入到类的所有成员函数的参数列表中,成员函数使用该指针来存取对象的数据成员。

this 指针的功能：一个对象的 this 指针并不是对象本身的一部分,不会影响 sizeof(对象)的结果。this 作用域是在类内部,当在类的非静态成员函数中访问类的非静态成员的时候,编译器会自动将对象本身的地址作为一个隐含参数传递给函数。也就是说,即使没有写上 this 指针,编译器在编译的时候也是加上 this 的,它作为非静态成员函数的隐含形参,对各成员的访问均通过 this 进行。

例如,调用"date.SetMonth(9) <=> SetMonth(&date, 9)",this 帮助完成了这一转换。

this 指针的使用共两种情况：第一种情况就是,在类的非静态成员函数中返回类对象本身的时候,直接使用"return * this"；第二种情况是当参数与成员变量名相同时,"如 this->n = n"(不能写成 n = n)。

例如下面一个简单的例子：

```
    #include<iostream>
    using namespace std;
    class Point
    {
    public:
        Point(int a,int b){x=a;y=b;}
        void MovePoint(int a,int b){x=x+a;y=y+b;}
```

```
        void Show(){cout<<"x="<<x<<",y="<<y<<endl;}
private:
        int x,y;
};
void main()
{
        Point point1(10,10);
        point1.MovePoint(5,5);
        point1.Show();
}
```

在程序中,当对象 point1 调用 MovePoint(2,2)函数时,即将 point1 对象的地址传递给了 this 指针。MovePoint 函数的原型应该是:

```
        void MovePoint( Point * this, int a, int b);
```

第一个参数是指向该类对象的一个指针,在定义成员函数时,没看见是因为这个参数在类中是隐含的。这样 point1 的地址传递给了 this,所以在 MovePoint 函数中便显式的写成:

```
        void MovePoint(int a, int b) { this->x +=a; this-> y+= b;}
```

即可以知道,point1 调用该函数后,也就是 point1 的数据成员被调用并更新了值。即该函数过程可写成

```
        point1.x+= a; point1. y + = b;
```

特别注意:

①友元函数不是类的成员函数,所以友元函数没有 this 指针。

②静态成员函数也没有 this 指针。

本 章 小 结

面向对象程序设计语言的最基本特性就是封装性,封装性是通过类和对象来体现。类是一种复杂的数据类型,它是将不同类型的数据和与这些数据相关的操作封装在一起的集合体。类是一种构造数据类型,类是对客观事物的抽象,将具有相同属性的一类事物称作某个类。类具有高度的抽象性,类中的数据具有隐藏性。类的变量我们称之为对象。对象是类的实例,定义对象之前,一定要先说明该对象的类。

构造函数、复制构造函数、析构函数是类中三大十分重要的特殊的成员函数。构造函数的作用就是在对象被创建时利用特定的值构造对象,将对象初始化为一个特定的状态。构造函数在对象被创建的时候将被自动调用。复制构造函数也称为拷贝构造函数,这是指用于将一个已知对象的数据成员复制给正在创建的另一个同类的对象。析构函数与构造函数的功能正好相反,当对象生存期结束时,需要调用析构函数,释放对象所占的内存空间。

在面向对象程序设计中,可以对复杂对象进行分解、抽象,把一个复杂对象分解为简单对象的组合,由比较容易理解和实现的部件对象装配而成。类的组合描述就是一个类内嵌其他类的对象作为成员的情况,可以在已有抽象的基础上实现更复杂的抽象。它们之间的关系是一种包含与被包含的关系。

声明为 static 的类成员能在类的范围内共享,我们把这样的成员称做静态成员。即静态成员它不属于某个对象,而是属于整个类的,即属于所以对象。静态成员包括静态数据成员和静态成员函数两种。

数据隐藏保证了数据的安全性,但各种形式的数据共享却又不同程度地破坏了数据的安全性。因此对于既需要共享又需要防止改变的数据应该定义为常量进行保护,以保证它在整个程序运行期间是不可改变的。在 C++语言中,把这些常量使用 const 修饰符进行定义,const 关键字不仅修饰类对象本身,也可修饰类对象的成员函数和数据成员,分别称为常对象、常成员函数和常数据成员。

在 C++中,我们使用类对数据进行了隐藏和封装,类的数据成员一般都定义为私有成员,成员函数一般都定义为公有的,以此提供类与外界的通信接口。但是,有时需要定义一些函数,这些函数不是类的一部分,但又需要频繁地访问类的数据成员。为了解决这样的问题,提出一种使用友元的方案。

当一个类的成员是另外一个类的对象时,该对象就称为成员对象。定义一个指针,使其指向类成员或成员函数,然后通过指针来访问类的成员。对象数组是指数组元素为对象的数组,该数组中若干个元素必须是同一个类的若干个对象。指向类的成员的指针即为对象指针,对象空间的起始地址就是对象的指针。可以定义一个指针变量,用来存放对象的指针。

习　　题

一、选择题

1.下列关于类的定义格式的描述中,错误的是(　　　)。

A.类中成员有 3 种访问权限

B.类的定义可分说明部分和实现部分

C.类中成员函数都是公有的,数据成员都是私有的

D.定义类的关键字通常用 class,也可用 struct

2.下列情况中,哪一种情况不会调用拷贝构造函数(　　　)。

A.用派生类的对象去初始化基类对象时

B.将类的一个对象赋值给该类的另一个对象时

C.函数的形参是类的对象,调用函数进行形参和实参结合时

D.函数的返回值是类的对象,函数执行返回调用者时

3.下列关于成员函数的描述中,错误的是(　　　)。

A.成员函数的定义必须在类体外

B.成员函数可以是公有的,也可以是私有的

C.成员函数在类体外定义时,前加 inline 可为内联函数

D.成员函数可以设置参数的默认值

4.下列关于 this 指针的说法正确的是(　　　)。

A.this 指针存在于每个函数之中

B.在类的非静态函数中 this 指针指向调用该函数的对象

C.this 指针是指向虚函数表的指针

D.this 指针是指向类的函数成员的指针

5.下面的程序段的运行结果为（　　　　）。

```
char str[] = "job", * p = str;
cout << *(p+2) << endl;
```

A.98　　　　　　　B.无输出结果　　　　　　C.字符'b'的地址　　　　　　D.字符'b'

6.下列关于对象的描述中,错误的是（　　　　）。

A.定义对象时系统会自动进行初始化

B.对象成员的表示与 C 语言中结构变量的成员表示相同

C.属于同一个类的对象占有内存字节数相同

D.一个类所能创建对象的个数是有限制的

7.一个函数功能不太复杂,但要求被频繁调用,则应把它定义为（　　　　）。

A. 内联函数　　　B. 重载函数　　　　　　C. 递归函数　　　　　　　D. 嵌套函数

8.假定一个类的构造函数为"A(int aa,int bb){a=aa——;b=a*bb;}",则执行"A x(4,5);"语句后,x.a 和 x.b 的值分别为（　　　　）。

A.3 和 15　　　　B.5 和 4　　　　　　　C.4 和 20　　　　　　　D.20 和 5

9.下列关于析构函数的描述中,错误的是（　　　　）。

A.析构函数的函数体都为空　　　　　　B.析构函数是用来释放对象的

C.析构函数是系统自动调用的　　　　　D.析构函数是不能重载的

10.下列不能作为类的成员的是（　　　　）。

A.自身类对象的指针　　　　　　　　　B.自身类对象

C.自身类对象的引用　　　　　　　　　D.另一个类的对象

11.下列关于静态成员的描述中,错误的是（　　　　）。

A.静态成员都是使用 static 来说明的

B.静态成员是属于类的,不是属于某个对象的

C.静态成员只可以用类名加作用域运算符来引用,不可用对象引用

D.静态数据成员的初始化是在类体外进行的

12.下列程序的输出结果是（　　　　）。

```
#include <iostream>
using namespace std;
void main()
{
    int n[][3]={10,20,30,40,50,60};
    int (*p)[3];
    p=n;
    cout<<p[0][0]<<","<< *(p[0]+1)<<","<<(*p)[2]<<endl;
}
```

A.10,30,50　　　B.10,20,30　　　　　　C.20,40,60　　　　　　　D.10,30,60

13.下列关于友元函数的描述中,错误的是（　　　　）。

A.友元函数不是成员函数　　　　　　　B.友元函数只可访问类的私有成员

C.友元函数的调用方法同一般函数　　　　D.友元函数可以是另一类中的成员函数

14.假定一个类的构造函数为"A(int i＝4，int j＝0){a＝i;b＝j;}"，则执行"A x(1);"语句后，x.a 和 x.b 的值分别为（　　）。

A.1 和 0　　　　　B.1 和 4　　　　　　　C.4 和 0　　　　　　　　D.4 和 1

15.类 MyA 的拷贝初始化构造函数是（　　）。

A.MyA()　　　B.MyA(MyA＊)　　　　C.MyA(MyA＆)　　　　D.MyA(MyA)

16.下列不是描述类的成员函数的是（　　）。

A.构造函数　　B.析构函数　　　　　C.友元函数　　　　　　D.拷贝构造函数

二、填空题

1.类体内成员有 3 个访问权限,说明它们的关键字分别是＿＿＿＿、＿＿＿＿和＿＿＿＿。

2.一个类有＿＿＿＿个析构函数。＿＿＿＿时,系统会自动调用析构函数。

3.静态成员是属于＿＿＿＿的,它除了可以通过对象名来引用外,还可以使用＿＿＿＿来引用。

4.由 const 修饰的对象称为＿＿＿＿。

5.友元函数是被说明在＿＿＿＿内的＿＿＿＿成员函数。友元函数可访问该类中的＿＿＿＿成员。

6.this 指针始终指向调用成员函数的＿＿＿＿。

7.如果要把类 B 的成员函数 void fun()说明为类 A 的友元函数,则应在类 A 中加入语句＿＿＿＿。

8.在函数前面用＿＿＿＿保留字修饰时,则表示该函数表为内联函数。

三、程序阅读题

1.

```
#include <iostream>
using namespace std;
class point
{
public:
    static int number;
public:
    point(){ number++;}
    ~point(){number--;}
};
int point::number=0;
void main()
{   point *ptr;
    point A,B;
    {
        point *ptr_point=new point[3];
        ptr=ptr_point;
```

```
        }
        point C;
         delete[] ptr;
        cout<<point::number<<endl;
    }
2.
    # include <iostream>
    using namespace std;
    class A
    {
    public:
        A()
        {
            a1=a2=0;
            cout<<"Default constructor called"<<endl;
        }
        A(int i,int j);
        ~A()
        {   cout<<"Destructor called.\n";   }
            void Print()
            {   cout<<"a1="<<a1<<','<<"a2="<<a2<<endl;   }
    private:
        int a1,a2;
    };
    A::A(inti,int j)
    {
        a1=i;
        a2=j;
        cout<<"Constructor called."<<endl;
    }
    void main()
    {
        A a,b(5,8);
        a.Print();
        b.Print();
    }
3.
    # include <iostream>
    using namespace std;
```

```
class Location
{
public：
    int X,Y;
    void init(int initX,int initY);
    int GetX();
    int GetY();
};
void Location：：init (int initX,int initY)
{   X＝initX;
    Y＝initY;
}
int Location：：GetX()
{
    return X;
}
int Location：：GetY()
{
    return Y;
}
void display(Location& rL)
{
    cout＜＜rL.GetX()＜＜" "＜＜rL.GetY()＜＜endl;
}
void main()
{
    Location A[5]＝{{5,5},{3,3},{1,1},{2,2},{4,4}};
    Location ＊rA＝A;
    A[3].init(7,3);
    rA—＞init(7,8);
    for (int i＝0;i＜5;i++)
        display(＊(rA++));
}
```

4.

```
＃include ＜iostream＞
using namespace std;
class Location
{
 public：
```

```
        int X,Y;
        void init(int initX,int initY);
        int GetX();
        int GetY();
    };
    void Location::init (int initX,int initY)
    {
        X=initX;
        Y=initY;
    }
    int Location::GetX()
    {
        return X;
    }
    int Location::GetY()
    {
        return Y;
    }
    void display(Location& rL)
    {
        cout<<rL.GetX()<<" "<<rL.GetY()<<endl;
    }
    void main()
    {
        Location A[5]={{5,5},{3,3},{1,1},{2,2},{4,4}};
        Location * rA=A;
        A[3].init(7,3);
        rA->init(7,8);
        for (int i=0;i<5;i++)
            display( * (rA++));
    }


5.
    # include <iostream>
    using namespace std;
    class line;
    class box
    {
     private:
```

```
        int color;
        int upx, upy;
        int lowx, lowy;
public:
        friend int same_color(line l, box b );
        void set_color (int c){
        color=c;cout<<"color="<<c<<endl;}
        void define_box (int x1, int y1, int x2, int y2)
        {    upx=x1;upy=y1;lowx=x2;lowy=y2;    }
};
class line
{
private:
        int color;
        int startx, starty;
        int endx, endy;
public:
        friend int same_color(line l,box b);
        void set_color (int c) {color=c;cout<<"color="<<c<<endl;}
        void define_line (int x1, int y1, int x2, int y2)
        {    startx=x1;starty=y1;endx=x2;endy=y2;    }
};
int same_color(line l, box b)
{
        if (l.color==b.color)
            return 1;
        return 0;
}
int main()
{
        box B;
        B.set_color(10);
        B.define_box(1,2,3,4);
        line L;
        L.set_color(10);
        L.define_line(5,6,7,8);
        cout<<same_color(L, B)<<endl;
        return 0;
}
```

四、编程题

1.按下列要求编程：

(1)定义一个描述矩形的类 Rectangle,包括的数据成员有宽(width)和长(length)；

(2)计算矩形周长；

(3)计算矩形面积；

(4)改变矩形大小。

通过类的设计并测试其正确性。

2.编程实现一个简单的计算器。要求从键盘上输入两个浮点数,计算出它们的加、减、乘、除运算的结果。

3.设计一个学校在册人员类(Person)：

(1)数据成员包括：身份证号(IdPerson)、姓名(Name)、性别(Sex)、生日(Birthday)和家庭住址(HomeAddress)。

(2)成员函数包括人员信息的录入和显示,还包括构造函数与拷贝构造函数,设计一个合适的初始值。通过类的设计并测试其正确性。

第5章 继承与派生

继承性是面向对象程序设计中三大重要特点之一,在第4章介绍了封装性,本章介绍继承性。面向对象程设计语言十分强调软件的可重用性,而继承机制是解决软件可重用性的重要措施。

本章主要介绍类的继承性,包括继承与派生的基本概念、单继承与多继承、继承的三种方式、基类成员在派生类中的访问权限、派生类成员的初始化和析构函数的特点、多继承与虚基类等。

5.1 继承的概念

所谓继承是指在一个已存在的类上建立一个新的类,已存在的类称为父类或者基类,新建立的类称为派生类或者子类,一个新类从已有的类那里获得其已有特性,这叫做类的继承,通过继承,一个新建子类从已有的父类那里获得父类的特性,从另一角度来说,从已有的类创建一个新的子类,称为类的派生。

继承是在一个已存在类的基础上建立一个新类。当一个新类从一个已知类中派生后,新类不仅继承了原有类的成员,同时还拥有自己新的成员。

如图 5-1 所示,运输工具是已存在的类(称为基类),轮船、汽车、飞机是在已有运输工具类的基础上新建立的类(称为派生类)。轿车是在已有汽车类的基础上新建立的类。本书中约定:箭头表示继承的方向,从派生类指向基类。

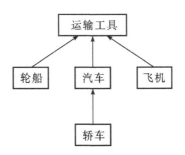

图 5-1 继承示意图

5.1.1 基类与派生类

在日常生活中需要处理的客观事物中,维承的关系是普遍存在的。基类和派生类反映了类与类的继承关系,派生类继承了基类,派生类的成员中包含了基类的所有成员,并且还有派生类自己的成员。在图 5-1 中,作为基类的"运输工具"包含了自重、载重量、最高速度等属性,还包括能够运输货物的功能,而派生类"汽车"扩展基类的含义,它增加了车身颜色、燃料类型等其他属性,还增加了运输人员的功能。图 5-2 形象地表示了继承关系。由此可见,继承是重用性的重要体现。

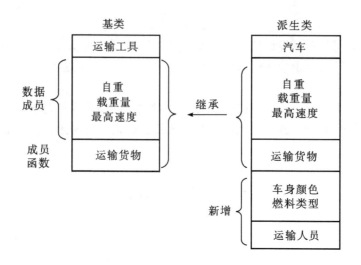

图 5-2　继承与派生示意图

派生类是用来生成新类的一种方法,所生成的新类与原类有一种所属的关系。例如,客观事物中,有飞机类、轮船类和汽车类,它们都归属于运输工具类。如果再要生成一个轿车类,就不必从头开始描述,可将它归属于运输工具类中的汽车类。这时描述轿车类就可省略关于交通工具类已有的特性和汽车类中已有的特征,只要描述它自己具有的特性就够了。

基类和派生类是相对而言的。一个基类可以派生出一个或多个派生类,而每个派生类又可作基类再派生出新的派生类,如此一代一代地派生下去,便形成了类的继承层次结构。例如,运输工具类可派生出新类汽车类,汽车类再派生出新类轿车类。这种继承关系所构成的层次是一种树形结构。

基类和派生类的关系是抽象化与具体化的关系。基类是对派生的抽象,而派生类是对基类的具体化。例如图 5-3 所示,学生类是对所有学生的抽象,大学生是学生的一个派生类,本科生又是大学生的一个派生类。在类的多层次结构中,最上层为最抽象,最下层为最具体。基类综合了派生类的公共特征,派生类则在基类的基础上增加某些特性,把抽象类变成具体的、实用的类型。

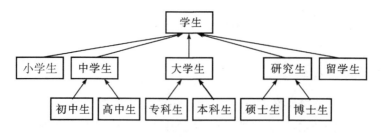

图 5-3　继承关系示意图

5.1.2　单继承与多继承

继承可分为单继承与多重继承。一个派生类可以从一个基类派生，也可以从多个基类派生。

(1)单继承：派生类有很多，但基类只有一个。基类与派生类之间的关系类似于一个父亲和多个孩子之间的关系。这种继承关系所形成的层次是一个树形结构，如上图 5-3 所示。

(2)多继承：一个派生类继承两个或多个基类。例如 A 和 B 生出来的"孩子"有"父亲"的特性也有"母亲"的特性，类似于基因遗传。又如，"计算机专科"，是从"计算机专业"和"大专层次"派生出来的子类，它具备了这两个基类的特征。多继承关系所形成的结构如图 5-4 所示。

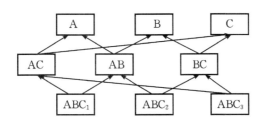

图 5-4　多继承关系示意图

5.1.3　派生类的定义格式

派生类可以是单继承的派生类，也可以是多继承的派生类，两者区别在于所继承基类的个数不同。下面仅以单继承的派生类为例进行介绍。

派生类定义格如下：

```
class<派生类名>:<继承方式>　　<基类名>
{
    <派生类新增成员声明>
};
```

说明：

①定义派生类通常使用关键字 class，派生类名由用户自己命名。

②对于单继承的派生类在冒号(:)后面只有一个<基类名>，对于多重继承的派生类在冒号(:)后面用逗号分隔的多个<基类名>。<基类名>必须是程序中已有的一个类名。

③<继承方式>用来指出该派生类是以什么方式进行继承基类，继承方式包括公有继承(public)、私有继承(private)、保护继承(protected)(三种继承方式将于 5.2 节详细介绍)。

④{ }里是派生类中新定义的成员。

例如：

```
class Student
{
public:
```

```
        void get_value(){cin>>num>>name>>sex;}
        void display( )
        {       cout<<"num: "<<num<<endl;
                cout<<"name: "<<name<<endl;
                cout<<"sex: "<<sex<<endl;
        }
    private :
        int num;
        string name;
        char sex;
    };
    class Student1: public Student
    {
    public:
        void get_value_1(){cin>>age>>addr;}      //子类新增成员函数
        void display_1()                         //子类新增成员函数
        {
                cout<<"age:"<<age<<endl;
                cout<<"address: "<<addr<<endl;
        }
    private:                                     //子类新增属性
        int age;
        string addr;
    };
```

程序分析：Student 是基类，Student1 是派生类，即一个新类，Student1 公有继承了 Student 类，Student1 包含了 Student 的所有成员，又另外增加了两个新成员。

5.1.4　派生类成员的构成

由于派生类是在基类的基础上经过继承而产生的，所以弄清派生类中的成员对于更好地使用派生类是很重要的。事实上，派生新类经历了如下三个步骤：

(1)吸收基类成员。派生类继承、吸收了基类的全部数据成员和除了构造函数、析构函数之外的全部成员函数。也就是说，基类中的构造函数和析构函数是不能继承到派生类中的。

(2)改造基类成员。对继承到派生类中的基类成员的改造包括两个方面：一是基类成员的访问方式问题，这由派生类定义时的访问方式来控制；二是对基类数据成员或成员函数的覆盖，也就是在派生类中定义了与基类中同名的数据成员或成员函数(如果是成员函数，则参数不同的情况属于函数重载)，这样派生类的新成员就覆盖了基类的同名成员。这时在派生类中或者通过派生类的对象直接使用成员名就只能访问到派生类中声明的同名成员，这称为同名覆盖。

(3)添加新成员。在派生类中，除了从基类中继承过来的成员外，还可以根据需要在派生类中添加新的数据成员和成员函数,以此实现必要的新功能。可以看出,在派生类中可以添加新成员的机制是继承和派生机制的核心,保证了派生类在功能上比基类有所发展。

综上所述,派生类的数据成员和成员函数的来源有两个:一个是从基类继承来的成员,这体现了在继承关系中派生类从基类继承而获得的共性;另一个就是由派生类自己新定义的成员,这体现了派生类与基类的不同和对基类功能的扩展,也体现了不同派生类之间的区别,从而表现了派生类的个性。

5.2 单 一 继 承

单一继承是指派生类只继承了一个基类的情况,它是最常见的,也是一种比较容易处理的继承形式。上节提到过,虽然派生类继承了基类的全部特征,但是有些特征是显性继承,有些特征是隐藏起来不可访问的,也就是说,基类的数据成员和函数成员派生到子类中后,它们的可访问性会发生变化。影响访问性的关键因素就是继承时选取的关键字——继承方式,继承方式有三种:公有继承(public)、保护继承(protected)和私有继承(private)。

本来基类自己可以访问自身的所有访问属性的成员,即公有成员(public)、保护成员(protected)、私有成员(private)。但是选择不同方式进行继承,基类成员的访问性到了派生类中就会发生变化,具体的变化情况将在本节进行详细介绍。

5.2.1 公有继承

在定义一个派生类时将基类的继承方式指定为 public 的,称为公有继承。公有继承(public)是最开放的一种继承,采用公有继承方式时,基类的公用成员和保护成员在派生类中仍然保持其公用成员和保护成员的属性。

而基类的私有成员在派生类中并没有成为派生类的私有成员,它仍然是基类的私有成员,只有基类的成员函数可以访问它,而不能被派生类的成员函数访问。如表 5-1 所示基类成员在公有继承后的访问属性:

表 5-1 基类成员在公有继承后的访问属性

在基类中的访问属性	继承方式	在派生类中的访问属性
public	public	public
proteeted	public	proteetde
private	public	不能直接访问

那么为什么不让具有 private 属性的成员到派生类中依然具有可访问性呢? 原因就是C++语言希望对象的封装性在继承的过程中得到延续和保持。根据面向对象程序设计的理论,封装性要求私有成员只能被对象本身访问,如果一个基类的私有成员被继承后依然能被派生类访问,那么私有性对于基类来说就没有意义了。同样,如果派生类能访问基类的私有成员,那么该基类派生的所有子类都能访问基类的私有成员了,这样一来,封装性就被破坏了。

例 5-1 公有继承实例,掌握公有继承基类成员在公有继承后的访问属性。

```
#include<iostream>
```

```
using namespace std;
class Base
{
public：
    Base()                          //无参构造函数
    {a=1;b=2;c=3;}
    int a；                         //公有数据成员
protected：
    int b；                         //保护数据成员
    int Getc(){return c；}          //保护成员函数
private：
    int c；                         //私有数据成员

};
class Derived:public Base           //Derived 公有继承 Base
{
public：
    void show ()                    //新增成员函数
    {
        cout<<a<<endl；             //a 访问属性为 public
        cout<<b<<endl；             //b 访问属性为 protected
        cout<<Getc()<<endl；
    }
};
int main()
{
    Derived d；
    d.show()；
    return 0；
}
```

程序的运行结果为：

1

2

3

程序分析：Derived 类公有继承 Base 类，Derived 可以继承 Base 类成员 a、Getc()、b，show ()为新增成员函数。在 show()中，可以直接访基类数据成员 a、b，但不能直接访问数据成员 c，因为 c 是私有数据成员，如果 Derived 类要访问，则需要在 Base 类中定义一个访问私有成员 c 的方法，这个方法的访问属性可以是 public 或 protected，因此在 Base 类有"int Getc() {return c；}"保护成员函数，则 Derived 类就可以通过 Getc()作为对外接口进行访问数据成员 c。

关于公有继承总结如下：

①在派生类中，基类的公有成员、保护成员和私有成员的访问属性保持不变。在派生类中，只有基类的私有成员是无法访问的。即基类的私有成员在派生类中被隐藏，但不等于说基类的私有成员不能被派生类继承；

②派生类对象只能访问派生类和基类的 public 成员。

③在公有继承时，派生类的对象可以访问基类中的公有成员；派生类的成员函数可以访问基类中的公有成员和保护成员。这里，一定要区分清楚派生类的对象和派生类中的成员函数对基类的访问是不同的。

5.2.2 私有继承

在声明一个派生类时将基类的继承方式指定为 private 的，称为私有继承，私有继承是最封闭的一种继承方式，它也是一种默认的继承方式，即在定义派生类的时候，如果不明确指出继承类型，那么缺省就是私有继承。

声明私有继承后基类的公用成员和保护成员在派生类中相当于派生类中的私有成员，即派生类的成员函数能访问它们，而在派生类外不能访问它们。而基类的私有成员仍然只属于基类。如表 5-2 所示私有继承对基类成员的访问属性：

表 5-2 基类成员在私有继承后的访问属性

在基类中的访问属性	继承方式	在派生类中的访问属性
public	private	private
protected	private	private
private	private	不能直接访问

由于派生类中的成员要么成为私有属性，要么不可访问，因此可以预见，基类经过两次私有继承后，它的所有成员将都不能直接访问了。由此可知，私有继承极大地限制了成员的访问属性，所以私有继承是所有继承方式中最严格的一种封闭方式。

例 5-2 私有继承实例，掌握私有继承基类成员在私有继承后的访问属性。

```
#include<iostream>
using namespace std;
class Base
{
public：
    Base()                      //无参构造函数
    {   a=1;b=2;c=3;}
    int a；                     //公有数据成员
protected：
    int b；                     //保护数据成员
    int Getc(){return c;}       //保护成员函数
```

```
    private：
        int c；                          //私有数据成员
    }；
    class Derived：private Base          //Derived 私有继承 Base
    {
    public：
        void show ()                     //新增成员函数
        {
            cout<<a<<endl;               //a 访问属性变为 private
            cout<<b<<endl;               //b 访问属性变为 private
            cout<<Getc()<<endl;          //Getc()访问属性变为 private
        }
    }；
    class DDerived：private Derived
    {
    public ：
        void show()
        {
            cout<<a<<endl;               //错误
            cout<<b<<endl;               //错误
            cout<<Getc()<<endl;          //错误
        }
    }；
    int main()
    {
        Derived d；
        DDerived dd；
        d.show()；
        dd.show()；
        return 0；
    }
```

程序分析：以上程序是在编译时将报错，Derived 类私有继承 Base，DDerived 类私有继承 Derived，根据私有继承的特点，DDerived 类中 show()成员函数是不能直接访问 a,b,Getc() 的，即

"cout<<a<<endl；"这条语句是错误的，a 通过 Derived 私有继承后，访问属性变为 private，DDerived 私有继承后，不能访问私有成员。

"cout<<b<<endl；"这条语句是错误的，b 通过 Derived 私有继承后，访问属性变为 private，DDerived 私有继承后，不能访问私有成员。

"cout<<Getc()<<endl；"这条语句也是错误，Getc()通过 Derived 私有继承后，访问属

性变为 private,DDerived 私有继承后,不能访问私有成员。

以上语句违反了私有成员的访问规则,所以不能通过编译。

关于私有继承总结如下:

①派生类中基类的公有成员、保护成员和私有成员的访问属性都将变成 private,且基类的私有成员在派生类中被隐藏。但在派生类中仍可访问基类的 public 和 protected 成员。

②由于基类的所有成员在派生类中都变成私有的,因此基类的所有成员在派生类的子类中都是不可见的。所以实际应用中使用私有继承的情况比较少见。

③派生类对象只能访问派生类的公有成员,不能访问基类的任何成员。

④私有继承时,基类的成员只能由直接派生类访问,而无法再往下继承。

5.2.3　保护继承

在定义一个派生类时将基类的继承方式指定为 protected 的,称为保护继承,保护继承是一种比较温和的继承方式,它既不像公有继承那样开放,又不像私有继承那样保守。声明保护继承后,保护基类的公用成员和保护成员在派生类中成了保护成员,其私有成员仍为基类私有。也就是把基类原有的公用成员也保护起来,不让类外任意访问。如表 5-3 所示为保护继承对基类成员的访问属性。

表 5-3　基类成员在保护继承后的访问属性

在基类中的访问属性	继承方式	在派生类中的访问属性
public	protected	proteeted
proteeted	protected	proteeted
private	proteeted	不能直接访问

这里特别提出第 4 章讲到类的定义时,我们通常只讲到 public 和 private 修饰的成员,那是因为从类的用户角度来看,保护成员等价于私有成员(因为保护成员也不能在类外进行访问),即可以理解为 protected 与 private 是相同的含义。但在继承中,保护成员可以被派生类的成员函数引用。如果基类声明了私有成员,那么任何派生类都是不能访问它们的,若希望在派生类中能访问它们,应当把它们声明为保护成员。如果在一个类中声明了保护成员,就意味着该类可能要用作基类,在它的派生类中会访问这些成员。保护成员主要应用到继承里。

保护继承将基类中的 public 属性、protected 属性全部变成了 protected 属性,并且使得基类的 private 成员依然不能直接访问。具有 protected 属性的成员不能被外界直接访问,但是它们可以被所属对象自身访问。这种继承方式阻止了外界访问从基类继承来的数据,但是派生对象本身访问这些数据则不受影响。

例 5-3　保护继承实例,掌握保护继承基类成员在保护继承后的访问属性。

```cpp
#include<iostream>
using namespace std;
class Base
{
public:
```

```
        Base()                  //无参构造函数
        {a=1;b=2;c=3;}
        int a；                 //公有数据成员
    protected：
        int b；                 //保护数据成员
        int Getc(){return c;}   //保护成员函数
    private：
        int c；                 //私有数据成员
    };
    class Derived：private Base     //Derived 保护继承 Base
    {
    public：
        void show ()            //新增成员函数
        {
            cout<<a<<endl；      //a 访问属性变为 protected
            cout<<b<<endl；      //b 访问属性变为 protected
            cout<<Getc()<<endl；  //Getc()访问属性变为 protected
        }
    };
    int main()
    {
        Derived d；
        d.show()；                //Derived 类对象 d 可访问 protected 成员
        //cout<<d.a<<endl；错误,Derived 类对象 d 不能访问 Derived 类 protected 成员
        //cout<<d.b <<endl；错误,Derived 类对象 d 不能访问 Derived 类 protected 成员
        //cout<<d.c<<endl；错误,Derived 类对象 d 不能直接访问
        return 0；
    }
```

程序的运行结果为：

    1
    2
    3

程序分析：Derived 类保护继承 Base 类，Derived 继承 Base 类成员 a、Getc()、b 属性都变为 protected，但不能直接访问数据成员 c，因为 c 是私有数据成员，在主函数中，

```
        cout<<d.a<<endl；
        cout<<d.b <<endl；
        cout<<d.c<<endl；
```

这三条语句都是错误的，因为派生类对象不能访问 protected 成员，更不能直接访问 private 成员。

关于保护继承总结如下:

①在保护继承和私有继承下,基类的所有成员在派生类中或派生类对象中的访问属性都是相同的。即在派生类中可访问基类的 public 和 protected 成员;派生类对象只能访问派生类的公有成员,不能访问基类的任何成员。

②当派生类作为新的基类继续派生时,保护继承与私有继承是有区别的。

如图 5-5 所示,A 是 B 的基类,B 是 C 的基类。若 B 私有继承 A 时,无论 C 以什么方式继承 B,在 C 中均无法访问 A 的非私有成员;但若 B 保护继承 A 时,无论 C 以什么方式继承 B,在 C 中均可以访问 A 的非私有成员。

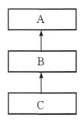

图 5-5　多层继承示意图

5.3　访问基类的特殊成员

在上一节全面详细地介绍了继承中,派生类对基类成员访问属性,本节将进一步介绍派生类在访问基类成员时要注意的其他问题,主要包括访问同名成员、静态成员和如何调整访问属性等。

5.3.1　访问同名成员

在定义派生类的时候,C++允许新增成员的名字与基类中成员的名字重复,这并不矛盾的,因为重名的两个成员分别定义在不同的作用域,一个是基类的作用域,一个是派生类的作用域,我们把这种现象称为覆盖,即派生类中的成员覆盖了基类中的同名成员。

这种覆盖现象表现为,当单独使用这个成员的名字的时候,系统默认它为派生类的成员。派生成员的覆盖并不意味着基类成员消失了或不可访问了,当需要访问基类重名成员的时候只要明确指出它的作用域就可以了,即使用::作用域解析运算符即可,具体语法格式如下:

　　　　<基类名>::<成员名>

例 5-4　分析下列程序的运行结果,掌握继承中同名成员的使用方法。

```cpp
#include<iostream>
using namespace std;
class A
{
public:
    int a;
```

```
        int b;
    };
    class B:public A
    {
    public:
        int a;
        void f()
        {
            A::a=2;                    //使用作用域解析运算符::访问基类被覆盖的成员
            cout<<A::a<<endl;
            //直接访问基类的成员
            b=4;
            cout<<b<<endl;
        }
    };
    void main()
    {
        B mb;
        mb.f();
        //基类的对象使用作用域解析运算符::访问基类的成员。
        mb.A::a=3;
        cout<<mb.A::a<<endl;
        //直接访问基类的成员
        mb.b=5;
        cout<<mb.b<<endl;
    }
```

程序的运行结果为：

2

4

3

5

程序分析：类 B 公有继承 A 类，类 A 中有公有成员 a、b，在派生类 B 中新增成员 a，因此基类与派生类有同名成员 a，在主函数中，定义一个 B 类对象 mb，mb 即可调用基类成员 a，也可以调用派生类中的 a，如果没有加作用域解析运算符::访问时，如 mb.a，系统默认它访问派生类的成员 a，此时如果要访问基类同名成员 a，则使用对象使用作用域解析运算符::即可，访问语句为：

mb.A::a=3;

简而言之，如果单独使用重名的成员名，系统默认为派生对象的成员，如果成员名前面加上基类名和域运算符，那么系统认为是基类中的成员。

5.3.2 访问静态成员

在第 4.4 节中我们理解了类中静态成员的特点,静态成员在类的范围内共享。在此不论静态成员是公有派生,还是私有派生,派生类都可以使用基类的静态成员。其原因:静态成员是属于所属类的所有对象的,即该类的所有对象共享它们的静态成员,这种共享性会延续到该类的所有派生类中,致使该类的所有派生对象都共享该类的静态成员。在派生类中,如果静态成员处于可访问状态,那么可以按照普通成员那样访问;如果静态成员处于不可访问状态,则必须指定该静态成员所属的作用域,即采用作用域解析运算符(::)进行访问,其访问的语法格式为:

　　　　＜类名＞::＜静态成员名＞

例 5-5 分析下列程序的运行结果,掌握继承中静态成员的使用方法。

```
#include<iostream>
using namespace std;
class Base
{
public:
    static int a;                //公有静态数据成员
protected:
    static int b;                //保护静态数据成员
private:
    static int c;                //私有静态数据成员

};
int Base::a=10;                  //静态成员初始化
int Base::b=20;                  //静态成员初始化
int Base::c=30;                  //静态成员初始化
class Derived:private Base       //Derived 私有继承 Base
{
public:
    void show ()                 //新增成员函数
    {
        cout<<a<<endl;           //成员 a 处于可访问状态
        cout<<b<<endl;           //成员 b 处于可访问状态
        cout<<Base::c<<endl;     //成员 c 处于不可访问状态,则必须指定作
                                 //用域

    }
};
class DDerived:private Derived
{
```

```
public :
    void show()
    {
        cout<<Base::a<<endl；    //成员 a 处于不可访问状态,则必须指定作用域
        cout<<Base::b<<endl；    //成员 b 处于不可访问状态,则必须指定作用域
        cout<<Base::c<<endl；    //成员 c 处于不可访问状态,则必须指定作用域
    }
};
int main()
{
    Derived d;
    DDerived dd;
    d.show();
    dd.show();
    return 0;
}
```

程序的运行结果为：

```
10
20
30
10
20
30
```

程序分析：Derived 类在私有继承了 Base 类后,原本是公有属性的静态成员 a 和保护属性的静态成员 b 在 Derived 中的访问属性都变成了 private,Derived 的成员函数 show()可以按照正常的方式访问 a 和 b。但是原本是私有属性的静态成员 c 在 Derived 中变得不可访问了,所以必须指定 c 的作用域才能访问。同理,DDerived 类私有继承了 Derived 类,静态成员 a、b、c 都变得不可直接访问了,所以 DDerived 的成员函数 show( )必须指定它们的作用域后才能访问它们。

5.3.3　访问声明

根据继承特点与规则,基类的成员派生到子类后,其访问属性会被更严格地限制,尤其是私有继承,有些时候甚至会变得不能直接访问。虽然这么做的目的是让对象的封装性在继承过程中得到保持,但是有时候给程序的设计者造成极大的不便。在某些情况下,程序员希望在继承的过程中,基类的某些成员的访问属性得到调整,而不是变得更严格。

C++语言提供了访问声明机制,访问声明的基本方法是指将需要调整的成员单独拿出来重新进行访问声明。对于那些需要调整的成员,在重新声明时要指明它们的作用域,声明的一般语法格式为：

<访问属性>:<类名待调整的成员名>

例 5 - 6　分析下列程序的运行结果,掌握用访问声明的方法使得派生类中成员的访问属性得到调整的使用方法。

```cpp
#include<iostream>
using namespace std;
class Base
{
public:
    Base(){a=1;b=2;c=3;}
    int a;                  //公有数据成员
protected:
    int b;                  //保护数据成员
private:
    int c;                  //私有数据成员
};
class Derived:private Base        //Derived 私有继承 Base
{
public:
    Base::a;                //调整 a 的访问属性为公有属性
protected:
    Base::b;                //调整 b 的访问属性为保护属性
};
class DDerived:private Derived
{
public :
    void show()
    {   cout<<b<<endl;      //b 是 DDerived 的私有成员
    }
};
int main()
{
    Derived d;
    DDerived dd;
    cout<<d.a<<endl;        //a 是 Derived 的公有成员,可以直接访问
    dd.show();
    return 0;
}
```

程序的运行结果为:

1

2

程序分析：基类 Base 的成员 a、b 经过私有继承后,其访问属性本来要变成私有的,但是经过访问声明,它们的访问属性保留了在基类中的设置,因而也可以进入下一级的派生类中。

虽然访问声明机制为继承规则打开了一个小小的窗口,但是使用时需要注意以下几点规则的：

(1)访问声明仅仅调整名字的访问属性,不允许为它说明任何类型。例如：

```
class Base
{
public：
    int a;                      //公有数据成员
protected：
    int b;                      //保护数据成员
private：
    int c;                      //私有数据成员
};
class Derived:private Base      //Derived 私有继承 Base
{
public：
    int Base::a;                //错误,不能说明类型
protected：
    Base::b;                    //正确
};
```

(2)不能利用访问声明机制,在派生类中提高或降低基类成员的访问属性。例如：

```
class Base
{
public：
    int a;                      //公有数据成员
protected：
    int b;                      //保护数据成员
private：
    int c;                      //私有数据成员
};
class Derived:private Base      //Derived 私有继承 Base
{
public：
    Base::b;                    //错误,不能提高可访问性
protected：
    Base::a;                    //错误,不能降低可访问性
};
```

(3)在派生类中不能用访问机制调整基类中私有成员的访问属性。例如：

```
class Base
{
public：
    int a；                    //公有数据成员
protected：
     int b；                   //保护数据成员
private：
    int c；                    //私有数据成员
};
class Derived：private Base    //Derived 私有继承 Base
{
public：
    Base：：b；                 //正确
protected：
    Base：：a；                 //正确
private：
    Base：：c；                 //错误,不能对基类中私有成员进行访问声明
};
```

(4)访问声明不能越级声明,派生类只能声明直接上级基类的成员。例如：

```
class Base
{
public：
    int a；                    //公有数据成员
protected：
     int b；                   //保护数据成员
private：
    int c；                    //私有数据成员
};
class Derived：private Base    //Derived 私有继承 Base
{
public：
    int Base：：a；             //正确
};
class DDerived：private Derived
{
public ：
    Derived：：a；              //正确,直接的基类
protected：
    Base：：b；                 //错误,非直接的基类
```

```
};
```

(5)对重载函数名的访问声明,将调整基类中具有该名字的所有成员函数的访问属性。例如:

```
class Base
{
public:
    void f();
    void f(int);
};
class Derived:private Base
{
public:
    Base::f;                    //将调整 f()和 f(int)的访问属性
};
```

该程序段中访问声明将会使 Derived 类中的所有叫 f 名字的成员的访问属性都得到调整。

这条规则在使用过程中,应注意两点:

①在基类中,访问属性不同的重载函数名不能通过访问声明调整其访问属性,否则与规则(2)发生矛盾。

②如果派生类中说明了一个与基类成员同名的成员,则不能使用访问声明调整该名字的访问属性,否则在派生类中会形成对同一名字的二次说明。例如:

```
class Base
{
public:
    int a;                      //公有数据成员
protected:
    int b;                      //保护数据成员
private:
    int c;                      //私有数据成员
};
class Derived:private Base      //Derived 私有继承 Base
{
public:
    int a;
    Base::a;                    //错误,对名字进行了二次说明
};
```

5.4 派生类构造函数和析构函数

派生类继承了基类的所有成员,同时自己也可能新增成员,这些新增的成员可能是基本类

型的成员,也可能是对象类型的成员,它们的初始化是一个比较复杂的过程。本节重点介绍单继承中派生类构造函数和析构函数。

5.4.1　派生类构造函数

由于基类的构造函数不能被派生类所继承,如果要对派生类新增的成员进行初始化,就必须加入新的构造函数;与此同时,对所有从基类继承来的成员的初始化工作,还是应由基类的构造函数来完成;假若派生类中还有其他类的对象作成员(称之为子对象),那么在派生类中也必须包含子对象的构造函数。

由此可见,初始化派生类对象时,就要对基类数据成员、子对象的数据成员和新增数据成员都进行初始化。即在派生类的构造函数中,隐含调用基类和子对象成员的构造函数来对它们各自的数据成员进行初始化,然后再对新增普通数据成员进行初始化。

派生类构造函数的定义格式:

<派生类名>::<派生类名>(总参数表):<基类名>(<参数表>),<其他初始化>
{
　　<本类成员初始化列表>
}

说明:派生类的构造函数名与派生类名相同;总参数表需要列出初始化基类数据、新增子对象数据及新增一般数据成员所需要的全部参数;冒号之后,列出需要使用参数进行初始化的基类名、其他初始化及各自的参数表,相互间用逗号隔开;<其他初始化>包含必须放在成员初化列表中进行初始化时的项,例如,子对象和常数据成员,也可以包含派生类自身数据成员的初化项。

掌握派生类构造函数应注意如下两点:

(1)派生类构造函数的调用顺序:

①先调用基类的构造函数,即使把基类列在冒号后子句的最后位置,它也是最先被执行;

②再调用子对象类的构造函数,有多个子对象时,按照这些子对象在类中的说明顺序执行各子对象类的构造函数(如有子对象的情况下);

③最后为派生类的构造函数。

(2)派生类构造函数中应该包括直接基类的构造函数情况:

①当派生类构造函数中应该包含基类中带参数的构造函数时,基类构造函数一定要显式地写在成员初化列表中。

②当派生类构造函数中应该包含基类中默认构造函数时,默认构造函数被隐含在派生类的构造函数中。

5.4.2　派生类析造函数

由于析构函数也不能被继承,因此在派生类的析构函数中也包含对其基类数据成员的释放,这要求在派生类的析构函数中包含它的直接基类的析构函数。由于析构函数都是没有参数的,因此在派生类的析构函数中隐含着直接基类的析构函数。

派生类析构函数的执行顺序如下:

①先执行派生类析构函数的函数体;

②再执行子对象所在类的析构函数(如果有子对象的话);

③最后执行直接基类中的析构函数。

由此可见,派生类的析构函数的执行顺序正好与派生类的构造函数的执行顺序相反,如果存在多个子对象时,析构子对象的顺序与定义子对象的顺序有关,先定义的后析构,后定义的先析构。

下面通过两个实例进一步理解派生类的构造函数和析构函数的具体用法。

例 5-7 分析下列程序的运行结果,掌握派生类构造函数的定义格式。

```cpp
#include<iostream>
using namespace  std;
class A {
public:
    A();                    //无参构造函数
    A(int i);               //有参构造函数
    void print() const;
private:
    int a;
};
A::A()
{
    a=0;
    cout <<"A类默认构造函数被调用!" << endl;
}
A::A(int i)
{
    a=i;
    cout <<"A类有参构造函数被调用!" << endl;
}

void A::print() const
{
    cout << a<< endl;
}
class B: public A
{
public:
    B();                    //无参构造函数
    B(int i, int j);        //有参构造函数
    void print() const;
private:
```

```
        int b;
    };
    B::B()
    {
        b = 0;
        cout << "B 类无参构造函数被调用!" << endl;
    }
    B::B(int i,int j): A(i)
    {
        b=j;
        cout << "B 类有参构造函数被调用!" << endl;
    }
    void B::print() const
    {
        A::print();
        cout << b << endl;
    }

    int main()
    {
        B obj(10, 20);
        obj.print();
        return 0;
    }
```

程序的运行结果为：

A 类有参构造函数被调用！

B 类有参构造函数被调用！

10

20

程序分析：这是一个比较简单的派生类的实例,通过程序运行过程,我们应理顺下四个问题：

①如何进行派生类定义；

②如何进行派生类构造函数的定义；

③如何确定派生类构造函数的执行顺序；先基类构造函数,再子对象类的构造函数、最后派生类构造函数顺序(此实例没有子对象)。

④如何标识在派生类中执行基类的成员函数。即采用作用域解析运算符(::)进行访问。

例 5-8　分析下列程序的运行结果,掌握派生类构造函数与析构函数的执行顺序。

```
#include <iostream>
#include <string>
```

```
using namespace std;
class Student{
protected:
    int num;
    string name;
public:
    Student(){cout<<"Student 类无参构造函数被调用!"<<endl;}
    Student(int num,string name)
    {
        this->num=num;
        this->name=name;
        cout<<"Student 类有参构造函数被调用!"<<endl;
    }
    void display()
    {
        cout<<"  "<<name;
    }
    ~Student(){cout<<"Student 类析构函数被调用!"<<endl;}
};
class Student1:public Student{
private:
    int age;
    string add;
    Student monitor;                    //班长
public:
    Student1(int num,string name,int age1,string add1,int n1,string na1):
            Student(num,name),monitor(n1,na1)
    {
        //monitor 初始化必须采用参数初始化表示形式
        this->age=age1;
        this->add=add1;
        cout<<"Student1 类有参构造函数被调用!"<<endl;
    }
Student1(){cout<<"Student1 类无参构造函数被调用!"<<endl;}
    ~Student1(){cout<<"Student1 类析构函数被调用!"<<endl;}
    void show()
    {
        cout<<"student:"<<endl;
        display();
```

```
            cout<<" "<<age<<" "<<add<<endl;
        }
        void show_monitor()
         {
            cout<<"monitor:"<<endl;
            monitor.display();
            cout<<endl;
        }
    };
    int  main(){
        Student1 stu1(1001,"张三",20,"中国",1002,"李四");
        stu1.show();
        stu1.show_monitor();
        return 0;
    }
```

程序的运行结果为：

Student 类构造函数被调用！

Student 类构造函数被调用！

Student1 类构造函数被调用！

student:

　　张三　　20　　中国

monitor:

　　李四

Student1 类析构函数被调用！

Student 类析构函数被调用！

Student 类析构函数被调用！

程序分析：这是一个派生类中有基类的子对象的程序，该程序较为复杂。应特别注意的是，派生类构造函数的构成，在派生类构造函数的成员初始化列表中包含有基类构造函数和子对象的构造函数，并注意执行派生类构造函数的顺序。

派生类 Student1 中有两个构造函数，在带参数的构造函数数中显式地包含了直接基类的构造函数，而在默认的构造函数中却隐含了直接基类的构造函数；派生类的析构函数中也隐含了基类的析构函数，并且执行顺序与构造函数相反，这些可以从该程序的输出结果中分析得到。

例 5 - 9　在例 5 - 8 的基础上，分析下列程序的运行结果，掌握多层派生类构造函数与析构函数的执行顺序。

```
    # include <iostream>
    # include <string>
    using namespace std;
    class Student{
```

```
protected:
    int num;
    string name;
public:
    Student(){cout<<"Student 类无参构造函数被调用!"<<endl;}
    Student(int num,string name){
        this->num=num;
        this->name=name;
        cout<<"Student 类有参构造函数被调用!"<<endl;
    }
    void display()
    {
        cout<<"  "<<name;
    }
    ~Student(){cout<<"Student 类析构函数被调用!"<<endl;}
};
class Student1:public Student{
private:
    int age;
    string add;
    Student monitor;//班长
public:
    Student1(int num,string name,int age1,string add1,int n1,string na1):
            Student(num,name),monitor(n1,na1)
    {
        //monitor 初始化必须采用参数初始化表形式
        this->age=age1;
        this->add=add1;
        cout<<"Student1 类有参构造函数被调用!"<<endl;
    }
    Student1(){cout<<"Student1 类无参构造函数被调用!"<<endl;}
    ~Student1(){cout<<"Student1 类析构函数被调用!"<<endl;}
    void show()
    {
        cout<<"student:"<<endl;
        display();
        cout<<"  "<<age<<"  "<<add<<endl;
    }
    void show_monitor()
```

```
        {
            cout<<"monitor:"<<endl;
            monitor.display();
            cout<<endl;
        }
};
class Student2:public Student1{
private:
    int score;
public:
    Student2(int num,string name,int age,string add,int n,string na,int
            score ):Student1(num,name,age, add,n,na)
    {
        this->score=score;
        cout<<"Student2 类有参构造函数被调用!"<<endl;
    }
    Student2(){cout<<"Student2 类无参构造函数被调用!"<<endl;}
    ~Student2(){cout<<"Student2 类析构函数被调用!"<<endl;}
    void showAll()
    {
        show();
        cout<<"score"<<endl;
    }
};
int  main()
{
    Student2   stu(1001,"张三",20,"中国",1002,"李四",500);
    stu.showAll();
    return 0;
}
```

程序运行的结果如下：

Student 类有参构造函数被调用！

Student 类有参构造函数被调用！

Student1 类有参构造函数被调用！

Student2 类有参构造函数被调用！

student：

　张三　20　中国

score

Student2 类析构函数被调用！

Student1 类析构函数被调用！

Student 类析构函数被调用！

Student 类析构函数被调用！

程序分析：该程序中有 3 个类，组成了多层次的派生结构：

```
class Student{    };
class Student1:public Student{     };
class Student2:public Student1{     };
```

各种构造函数如下：

基类的有参构造函数首部：

```
Student(int num,string name)
```

派生类 Student1 的有参构造函数首部：

```
Student1(int num,string name,int age1,string add1,int n1,string na1)
```

派生类 Student2 的有参构造函数首部：

```
Student2(int num,string name,int age,string add,int n,string na,int score )
```

特别强调：不要列出每一层派生类的构造函数，只需写出其上一层派生类（即它的直接基类）的构造函数即可。在声明 Student2 类对象时，调用 Student2 构造函数；在执行 Student2 构造函数时，先调用 Student1 构造函数；在执行 Student1 构造函数时，先调用基类 Student 构造函数。

5.5　多重继承

多重继承是指派生类继承多于一个的基类。多重继承在客观世界中也是普遍存在的现象，比如孩子既继承了父亲的特征，又继承了母亲的特征，再比如在职学生既继承了员工的特征，又继承了学生的特征。

5.5.1　多重继承的定义和应用

多重继承的派生类中包含了所有基类的成员和自身在成员，在定义多重继承的派生类时，要指出它的所有基类名和各自的继承方式。

多重继承派生类的定义格式为：

```
class <派生类>:<继承方式 1> <基类名 1>,<继承方式 2> <基类名 2>,...
{
    <派生类类体>
};
```

例如：假设 Base1、Base2、Base3 三个类已知，

```
class MultiDerived: public Base1, protected Base2, private Base3
{
    ...
};
```

类 MultiDerived 是通过公有继承 Base1、保护继承 Base2 和私有继承 Base3 得到的。

Base1、Base2、Base3、MultiDerived 之间的关系如图 5-6 所示：

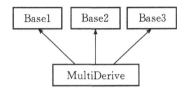

图 5-6 多重继承示意图

与单一继承一样，多重继承派生类也会将所有基类的全部成员继承下来，基类的成员的访问属性的变化也遵循单一继承的原则。

多重继承派生类的构造函数形式与单继承时的构造函数形式基本相同，只是在初始表中包含多个基类构造函数。多重继承派生类构造函数格式如下：

<派生类构造函数名>(<总参数表列>)：< 基类 1>(<参数表列 1>),

<基类 2>(<参数表列 2>), ...

{

<派生类构造函数体>

}

其中各基类的排列顺序任意。派生类构造函数的执行顺序同样为：先调用基类的构造函数，再执行派生类构造函数的函数体。调用基类构造函数的顺序是按照声明派生类时基类出现的顺序。

例 5-10 声明一个教师(Teacher)类和一个学生(Student)类，用多重继承的方式声明一个研究生(Graduate)派生类。教师类中包括数据成员 name(姓名)、age(年龄)、title(职称)。学生类中包括数据成员 name1(姓名)、age(性别)、score(成绩)。在定义派生类对象时给出初始化的数据，然后输出这些数据。

程序实码代码如下：

```
#include<iostream>
#include<string>
using   namespace std;
class Teacher                           //定义类 Teacher(教师)
{
public:
    Teacher(string nam,int a,string t)      //构造函数
    {
        name=nam;
        age=a;
        title=t;
        cout<<"Teacher 类构造函数被调用!"<<endl;
    }
    ~Teacher(){cout<<"Teacher 类析构函数被调用!"<<endl;}
```

```cpp
    void display( )                          //输出教师有关数据
    {
        cout<<"name:"<<name<<endl;
        cout<<"age"<<age<<endl;
        cout<<"title:"<<title<<endl;
    }
    protected:                               //保护部分
    string name;
    int age;
    string  title;                           //职称
};
class Student                                //定义类 Student(学生)
{
public:
    Student(string nam,char s,float sco)     //构造函数
    {
        name1=nam;
        sex=s;
        score=sco;
        cout<<"Student 类构造函数被调用!"<<endl;
    }
    ~Student(){cout<<"Student 类析构函数被调用!"<<endl;}
    void display1( )                         //输出学生有关数据
    {
        cout<<"name:"<<name1<<endl;
        cout<<"sex:"<<sex<<endl;
        cout<<"score:"<<score<<endl;
    }
    protected:
    string name1;
    char sex;
    float
    score;                                   //成绩
};
class Graduate:public Teacher,public Student  //声明多重继承的派生类 Graduate
{
public:
    Graduate (string nam,int a,char s, string t,float sco,float w):
            Teacher(nam,a,t),Student(nam,s,sco)
```

```
    {wage＝w;
    cout<<"Graduate 类构造函数被调用!"<<endl;
    }
    ~Graduate(){cout<<"Graduate 类析构函数被调用!"<<endl;}
    void show()                              //输出研究生的有关数据
    {
        cout<<"name:"<<name<<endl;
        cout<<"age:"<<age<<endl;
        cout<<"sex:"<<sex<<endl;
        cout<<"score:"<<score<<endl;
        cout<<"title:"<<title<<endl;
        cout<<"wages:"<<wage<<endl;
    }
    private: float wage;                     //工资
};
int main( )
{
    Graduate grad1("Lisi",25,'f',"assistant",95.5,1234.5);
    grad1.show( );
    return 0;
}
```

程序的运行结果为:

```
Teacher 类构造函数被调用!
Student 类构造函数被调用!
Graduate 类构造函数被调用!
name:Lisi
age:25
sex:f
score:95.5
title:assistant
wages:1234.5
Graduate 类析构函数被调用!
Student 类析构函数被调用!
Teacher 类析构函数被调用!
```

　　程序分析:此程序说明多重继承的使用方法,因此对各类的成员尽量简化,以减少篇幅。在本程序中两个基类中分别用 name 和 name1 来代表姓名,其实这是同一个人的名字,从 Graduate 类的构造函数中可以看到总参数表中的参数 nam 分别传递给两个基类的构造函数,作为基类构造函数的实参。

　　请问两个基类都需要有姓名这一项,能否用同一个名字来代表?请大家进行上机测试并验证。因为在同一个派生类中存在着两个同名的数据成员,在派生类的成员函数 show 中引用 name 时就会出现二义性,编译系统无法判定应该选择哪一个基类中的 name。

5.5.2 多重继承二义性

例 5-11 提出一个问题:两个基类都需要有姓名这一项,能否用同一个名字来代表?为什么? 回答是不能,因为在同一个派生类中存在着两个同名的数据成员,在派生类的成员函数 show 中引用 name 时就会出现二义性,编译系统无法判定应该选择哪一个基类中的 name。

二义性表现在两种情况:

(1)在继承时,基类之间、或基类与派生类之间发生成员同名时,将出现对成员访问的不确定性,这称为同名二义性。

(2)当派生类从多个基类派生,而这些基类又从同一个基类派生,则在访问此共同基类中的成员时,将产生另一种不确定性,这称为路径二义性。

解决这个问题有一个好方法:在 show 函数中引用数据成员时指明其作用域,如

```
cout<<"name:"<<Teacher::name<<endl;
```

这就是唯一的,不致引起二义性,能通过编译,正常运行。

多重继承可以反映现实生活中的情况,能够有效地处理一些较复杂的问题,使编写程序具有灵活性,但是多重继承也引起了一些值得注意的问题:它增加了程序的复杂度,使程序的编写和维护变得相对困难,容易出错。其中最常见的问题就是继承的成员同名而产生的二义性问题。

刚才我们已经初步地接触到这个问题了,现在做进一步的讨论。

如果类 A 和类 B 中都有成员函数 display 和数据成员 a,类 C 是类 A 和类 B 的直接派生类。分别讨论下列三种情况:

(1)两个基类有同名成员。如图 5-7 所示。

理解以下代码:

```
class A
{
public:
    int a;
    void display( );
};
class B
{

public:
    int a;
    void display( );
};
class C :public A,public B
{
```

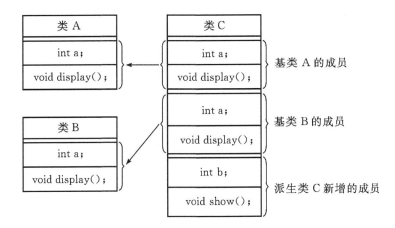

图 5-7　两个基类有同名成员示例

```
public：
    int b；
    void show()；
}
```

如果在 main 函数中定义 C 类对象 c1,并调用数据成员 a 和成员函数 display(),如：

```
C c1；
c1.a＝3；
c1.display()；
```

由于基类 A 和基类 B 都有数据成员 a 和成员函数 display(),编译系统无法判别要访问的是哪一基类的成员,因此,程序编译出错。此时可以用基类名来限定：

```
c1.A::a＝3；              //引用 c1 对象中的基类 A 的数据成员 a
c1.A::display()；         //调用 c1 对象中的基类 A 的成员函数 display()
```

(2)两个基类和派生类三者都有同名成员。如将上面的 C 类声明改为：

```
class C :public A,public B
{
    int a；
    void display()；
};
```

即有 3 个 a,3 个 display()函数。

如果在 main 函数中定义 C 类对象 c1,并调用数据成员 a 和成员函数 display(),如：

```
C c1；
c1.a＝3；
c1.display( )；
```

程序能通过编译,也可正常运行。因为访问的是派生类 C 中的成员。

规则是：基类的同名成员在派生类中被屏蔽,成为"不可见"的,或者说,派生类新增加的同名成员覆盖了基类中的同名成员。因此如果在定义派生类对象的模块中通过对象名访问同名的成员,则访问的是派生类的成员。

请注意:不同的成员函数,只有在函数名和参数个数相同、类型相匹配的情况下才发生同名覆盖,如果只有函数名相同而参数不同,不会发生同名覆盖,而属于函数重载。

要在派生类外访问基类 A 中的成员,应指明作用域 A,写成以下形式:

c1.A::a=3;　　　　　//表示是派生类对象 c1 中的基类 A 中的数据成员 a

c1.A::display();　　//表示是派生类对象 c1 中的基类 A 中的成员函数 display()

(3)如果类 A 和类 B 是从同一个基类派生的。如图 5-8 所示:

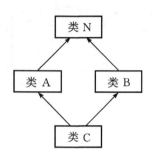

图 5-8　两个类同一个基类派生示例

理解下列代码:

```
class N
{
public:
    int a;
    void display(){cout<<"A::a="<<a;}
};
class A:public N
{
public:
    int a1;
};
class B:public N
{
public:
    int a2;
};
class C:public A,public B
{
public:
    int a3;
    void show()
    {
```

```
        cout<<"a3="<<a3<<endl;
        }
};
```

如何通过类 C 对象访问类 A 中从基类 N 继承下来的成员呢? 应该这样进行操作:

```
c1.A::a=3;
c1.A::display();
```

因为类 A 和类 B 都继承了类 N,所以类 A 和类 B 都拥有了 N 的成员,然而类 C 继承了类 A 和类 B,所以类 C 拥有了类 A 和类 B 中的类 N 所有成员,如果想通过类 C 访问类 A 中的基类成员需指明要访问的是哪个类中的。

通过单继承与多继承中构造函数应用和二义性的理解,下面总结如下:

① 当基类中声明有默认形式的构造函数或未声明构造函数时,派生类构造函数可以不向基类构造函数传递参数;

② 若基类中未声明构造函数,派生类中也可以不声明,全采用默认形式的构造函数;

③ 当基类声明有带形参的构造函数时,派生类也应声明带形参的构造函数,并将参数传递给基类构造函数。

④ 多继承下构造函数和析构函数的调用顺序与单继承下调用顺序相似,区别仅是多个基类构造函数的调用顺序按照其在派生类中声明时的顺序,多个子对象构造函数的调用顺序按照子对象成员在类中声明的顺序。

⑤ 当一个派生类是由多个基类派生而来时,如果这些基类中的成员有一些名称相同,那么使用一个表达式引用了这些同名的成员,就会出现无法确定是引用哪个基类成员的情况,这就是对基类成员访问的二义性。

⑥ 要避免此种情况,可以使用域作用运算符“::”来消除二义性,即在成员名前用对象名及基类名来限定。

5.6　虚　基　类

在 5.5 节针对多重继承引起二义性问题,提出了解决方案。如果一个派生类有多个直接基类,而这些直接基类又有一个共同的基类,则在最终的派生类中会保留该间接共同基类数据成员的多份同名成员。在一个类中保留间接共同基类的多份同名成员,这种现象是人们不希望出现的。C++提供虚基类(virtual base class)的方法,使得在继承间接共同基类时只保留一份成员,下面我们测通过实例进行讲解,如图 5-9、5-10 所示。

1.虚基类的定义

虚基类的语法格式为:

```
class <派生类> :virtual [<继承方式>] <基类名>
```

将图 5-9 中,将类 A 声明为虚基类,方法如下:

```
class A                    //声明基类 A
{…};
class B :virtual public A  //声明类 B 是类 A 的公用派生类,A 是 B 的虚基类
```

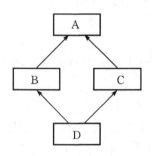

图 5-9　两个类继承同一基类的多重继承示意图

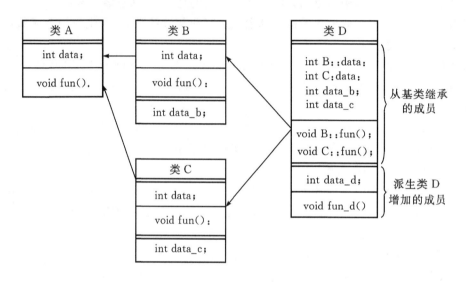

图 5-10　两个类继承同一基类的多重继承成员设计示意图

{…};

class C :virtual public A 　　　//声明类 C 是类 A 的公用派生类,A 是 C 的虚基类

{…};

注意:虚基类并不是在声明基类时声明的,而是在声明派生类时,指定继承方式时声明的。因为一个基类可以在生成一个派生类时作为虚基类,而在生成另一个派生类时不作为虚基类。经过这样的声明后,当基类通过多条派生路径被一个派生类继承时,该派生类只继承该基类一次。

特别强调:为了保证虚基类在派生类中只继承一次,应当在该基类的所有直接派生类中声明为虚基类,否则仍然会出现对基类的多次继承。如图 5-11 所示的那样,在派生类 B 和 C 中将类 A 声明为虚基类,而在派生类 D 中没有将类 A 声明为虚基类,则在派生类 E 中,虽然从类 B 和 C 路径派生的部分只保留一份基类成员,但从类 D 路径派生的部分还保留一份基类成员。

2.虚基类的初始化

如果在虚基类中定义了带参数的构造函数,则在其所有派生类(包括直接派生或间接派生

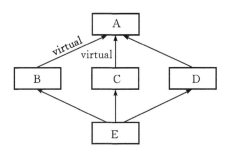

图 5-11　三个类继承同一基类的多重继承示意图

的派生类)中,需通过构造函数的初始化表对虚基类进行初始化。

例如:

```
class N
{
public:
    N(int a){this->a=a;}                              //虚基类构造
    int a;
    void display(){cout<<a;}
};
class A:virtual public N
{
public:
    A(int n):N(n)
    {
    this->a=n;
    }
};
class B:virtual public N
{
public:
    B(int n):N(n)
    {
        this->a=n;
    }
};
class C:public A,public B
{
public:
    C(int n):A(n),B(n),N(n)
```

```
    {
        this->a=n;
    }
};
```

其中,在定义类 C 的构造函数时,与以往使用的方法有所不同。

规定:在最后的派生类中不仅要负责对其直接基类进行初始化,还要负责对虚基类初始化。

编译系统只执行最后的派生类对虚基类的构造函数的调用,而忽略虚基类的其他派生类(如类 B 和类 C)对虚基类的构造函数的调用,这就保证了虚基类的数据成员不会被多次初始化。

例 5-12 现在我们改写例 5-11,用虚基类来实现,掌握虚基类的用应。

为了形成凌形结构多继承,我们在 Teacher 类和 Student 类之上增加一个共同的基类 Person,如图 5-12 所示。作为人员的一些基本数据都放在 Person 中,在 Teacher 类和 Student 类中再增加一些必要的数据。

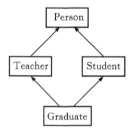

图 5-12 例 5-12 多继承示图

程序实现代码如下:

```
#include<iostream>
#include<string>
using namespace std;
class Person{
protected:
    string name;
    int age;
public:
    Person(string name,int age)
    {
        this->name=name;
        this->age=age;
    }
};
class Student: virtual public Person
{
```

```cpp
protected:
    int score;
public:
    Student(string name,int age,int score):Person(name,age)
    {
        this->score=score;
    }
};
class Teacher:virtual  public Person
{
protected:
    string title;                          //职称
public:
    Teacher(string name,int age,string title):Person(name,age)
    {
        this->title=title;
    }
};
class Graduate:public Teacher,public Student
{
protected:
    int wage;
public:
    Graduate(string name,int age,string title,int score,int wage):
        Person(name,age),Teacher(name,age,title),Student(name,age,score)
    {
        this->wage=wage;
    }
    void show()
    {
        cout<<"name:"<<name<<endl;
        cout<<"age:"<<age<<endl;
        cout<<"title:"<<title<<endl;
        cout<<"score:"<<score<<endl;
        cout<<"wage:"<<wage<<endl;
    }
};
int  main()
{
```

```
        Graduate   g("张三",20,"研究生",100,5000);
        g.show();
        return 0;
    }
```

程序的运行结果为：

    name：张三

    age：20

    title：研究生

    score：100

    wage：5000

程序分析：程序中，把 Student 和 Teacher 的共同基类 Person 定义为虚基类，定义语句为：

    Student: virtual public Person{...}

    class Teacher:virtual   public Person{...}

因此，提醒使用多重继承时要十分小心，经常会出现二义性问题。许多专业人员认为：不要提倡在程序中使用多重继承，只有在比较简单和不易出现二义性的情况或实在必要时才使用多重继承，能用单一继承解决的问题就不要使用多重继承。

本 章 小 结

面向对象程序设计中，可以在已有类的基础上定义新的类，而不需要把已有类的内容重新书写一遍，这就叫做继承。已有类称为基类或父类，在此基础上建立的新类称为派生类。继承是面向对象程序设计的一个重要特性，通过继承实现了数据抽象基础上的代码重用。继承性反映了类的层次结构，并支持对事物从一般到特殊的描述。继承性使得程序员可以以一个已有的较一般的类为基础建立一个新类，而不必从零开始设计，从而可以从一个或多个先前定义的类中继承数据成员和成员函数，而且可以重新定义或加入新的数据成员和成员函数，进而建立了类的层次。对于派生新类经历了吸收基类成员、改造基类成员和添加新成员三个步骤。

继承分为单继承与多继承。单一继承是指派生类只继承了一个基类的情况，它是最常见的，也是一种比较容易处理的继承形式。虽然派生类继承了基类的全部特征，但是有些特征是显性继承，有些特征是隐藏起来不可访问的。也就是说，基类的数据成员和函数成员派生到子类中后，它们的可访问性会发生变化。影响访问性的关键因素就是继承时选取的关键字——继承方式，继承方式有 3 种：公有继承（public）、保护继承（protected）和私有继承（private）。多重继承是指派生类继承多于一个的基类。多重继承可以反映现实生活中的情况，能够有效地处理一些较复杂的问题，使编写程序具有灵活性。

由于基类的构造函数不能被派生类所继承，如果要对派生类新增的成员进行初始化，就必须加入新的构造函数；与此同时，对所有从基类继承来的成员的初始化工作，还是应由基类的构造函数来完成；假若派生类中还有其他类的对象作成员（称之为子对象），那么在派生类中也必须包含子对象的构造函数。析构函数也不能被继承，因此在派生类的析构函数中也包含对其基类数据成员的释放，这要求在派生类的析构函数中包含它的直接基类的析构函数。由于析构函数都是没有参数的，因此在派生类的析构函数中隐含着直接基类的析构函数。

　　如果一个派生类有多个直接基类,而这些直接基类又有一个共同的基类,则在最终的派生类中会保留该间接共同基类数据成员的多份同名成员。在一个类中保留间接共同基类的多份同名成员,这种现象是人们不希望出现的。C++提供虚基类(virtual base class)的方法,使得在继承间接共同基类时只保留一份成员。虚基类很好地解决了多继承的二义性问题。

习　　题

一、选择题

1.下列对派生类的描述中,(　　　)是错误的。

A.一个派生类可以作为另一个派生类的基类

B.派生类至少有一个基类

C.派生类的成员除了它自己的成员外,还包含了它的基类成员

D.派生类中继承的基类成员的访问权限到派生类保持不变

2.下列关于继承的描述中,错误的是(　　　)。

A.继承是重用性的重要机制

B.C++语言支持单重继承和双重继承

C.继承关系不是可逆的

D.继承是面向对象程序设计语言的重要特性

3.派生类的对象对它的哪一类基类成员是可以访问的?(　　　)

A.公有继承的基类的公有成员　　　　　B.公有继承的基类的保护成员

C.公有继承的基类的私有成员　　　　　D.保护继承的基类的公有成员

4.下列描述中,错误的是(　　　)。

A.基类的 protected 成员在 public 派生类中仍然是 protected 成员

B.基类的 private 成员在 public 派生类中是不可访问的

C.基类 public 成员在 private 派生类中是 private 成员

D.基类 public 成员在 protected 派生类中仍是 public 成员

5.关于多继承二义性的描述,(　　　)是错误的。

A.派生类的多个基类中存在同名成员时,派生类对这个成员访问可能出现二义性

B.一个派生类是从具有共同的间接基类的两个基类派生来的,派生类对该公共基类的访问可能出现二义性

C.解决二义性最常用的方法是作用域运算符对成员进行限定

D.派生类和它的基类中出现同名函数时,将可能出现二义性

6.派生类构造函数的成员初始化列表中,不能包含的初始化项是(　　　)。

A.基类的构造函数　　　　　　　　　B.基类的子对象

C.派生类的子对象　　　　　　　　　D.派生类自身的数据成员

7.下列关于子类型的描述中,错误的是(　　　)。

A.在公有继承下,派生类是基类的子类型

B.如果类 A 是类 B 的子类型,则类 B 也是类 A 的子类型

C.如果类 A 是类 B 的子类型,则类 A 的对象就是类 B 的对象

D.在公有继承下,派生类对象可以初始化基类的对象引用

8.多继承派生类构造函数构造对象时,(　　)被最先调用。

A.派生类自己的构造函数　　　　　　B.虚基类的构造函数

C.非虚基类的构造函数　　　　　　　D.派生类中子对象类的构造函数

9. C++类体系中,能被派生类继承的是(　　)。

A.构造函数　　　　　B.虚函数　　　　　C.析构函数　　　　　D.友元函数

10.下面程序的输出结果是(　　)。

```cpp
#include <iostream>
using namespace std;
class A
{
public:
    A (int i) { x = i; }
    void dispa () { cout << x << ","; }
private :
    int x ;
};
class B : public A
{
public:
    B(int i) : A(i+10) { x = i; }
    void dispb() { dispa(); cout << x << endl; }
private :
    int x ;
};
int  main()
{
    B b(2);
    b.dispb();
    return 0;
}
```

A.10,2　　　　　　B.12,10　　　　　　C.12,2　　　　　　D.2,2

11.假设 ClassY:publicX,即类 Y 是类 X 的派生类,则说明一个 Y 类的对象时和删除 Y 类对象时,调用构造函数和析构函数的次序分别为(　　)。

A.X,Y;Y,X　　　　B.X,Y;X,Y　　　　C.Y,X;X,Y　　　　D.Y,X;Y,X

12.假定 AB 为一个类,则执行"AB a(2),b[3], * p[4];"语句时调用该类构造函数的次数为(　　)。

A. 3　　　　　　　B. 4　　　　　　　C. 5　　　　　　　D. 9

13.假定一个类的构造函数为"A(int i=4, int j=0) {a=i;b=j;}",则执行"A x (1);"语

句后,x.a 和 x.b 的值分别为(　　)。

A.1 和 0　　　　　　B.1 和 4　　　　　　C.4 和 0　　　　　　D.4 和 1

14.有如下程序:

```
#include <iostream>
using namespace std;
class Base
{
protected:
    Base(){cout<<'A';}
    Base(char c){cout<<c;}
};
class Derived:public Base
{
public:
    Derived(char c){cout<<c;}
};
int main(){
    Derived d1('B');
    return 0;
}
```

执行这个程序屏幕上将显示输出:(　　)。

A.B　　　　　　　　B.BA　　　　　　　　C.AB　　　　　　　　D.BB

15.带有基类的多层派生类构造函数的成员初始化列表中都要列出虚基类的构造函数,这样将对虚基类的子对象初始化:(　　)

A.与虚基类下面的派生类个数有关　　　　B.多次

C.二次　　　　　　　　　　　　　　　　D.一次

二、填空题

1.继承的三种方式是_____、_____和_____。

2.如果类 A 继承了类 B,则类 A 被称为_____类,类 B 被称为_____类。

3.在继承机制下,当对象消亡时,编译系统先执行_____的析构函数,然后才执行_____的析构函数,最后执行_____的析构函数。

4.C++提供的_____机制允许一个派生类继承多个基类,即使这些基类是相互无关的。

5.设有以下类的定义:

```
class A
class B: protected A
class C: private B
{   int  A1;
    {   int b1;
```

```
        {    int c1;
             protected：int A2;
             protected：int b2;
             protected：int c2;
        public：
             int A3;
        public：
              int b3;
        public：
             int c3;
        };
    };
};
```

请按访问权限写出派生类 C 中具有的成员。

私有成员：＿＿＿＿＿＿＿＿＿＿＿＿＿＿＿＿＿＿＿＿

保护成员：＿＿＿＿＿＿＿＿＿＿＿＿＿＿＿＿＿＿＿＿

公有成员：＿＿＿＿＿＿＿＿＿＿＿＿＿＿＿＿＿＿＿＿

三、程序阅读题

1.

```cpp
#include  <iostream>
using namespace std;
class A
{
public：
    A(int i,int j)
    {   a1=i;a2=j;   }
    void Move(int x,int y)
    {   a1+=x;a2+=y;   }
    void Print()
    {   cout<<′(′<<a1<<′,′<<a2<<′)′<<endl;   }
private：
    int a1,a2;
};
class B:private A
{
public：
    B(int i,int j,int k,int l):A(i,j)
    {   b1=k;b2=l;   }
```

```
        void Print()
        {  cout<<b1<<´,´<<b2<<endl;  }
        void f()
        {  A::Print();  }
        void fun()
        {  Move(5,8);  }
private:
        int b1,b2;
};
int  main()
{
        A a(11,12);
        a.Print();
        B b(31,32,33,34);
        b.fun();
        b.Print();
        b.f();
        return 0;
}
```

2.

```
# include <iostream>
using namespace std;
class Base
{
public:
        Base(int i) { cout << i; }
        ~Base () { }
};
class Base1: virtual public Base
{
public:
        Base1(int i, int j=0) : Base(j) { cout << i; }
        ~Base1() {}
};
class Base2: virtual public Base
{
public:
        Base2(int i, int j=0) : Base(j) { cout << i; }
        ~Base2() {}
```

```
};
class Derived : public Base2, public Base1
{
public:
    Derived(int a, int b, int c, int d) : mem1(a), mem2(b), Base1(c),
                                          Base2(d), Base(a)
    { cout << b; }
private:
    Base2 mem2;
    Base1 mem1;
};
int main()
{
    Derived objD (1, 2, 3, 4);
    return 0;
}
```

3.

```
# include <iostream>
using namespace std;
class A
{
public:
    A(int i):a(i)
    {  cout<<"A:constructor called."<<endl;  }
    ~A()
    {  cout<<"A:Destructor called."<<endl;  }
    void Print()
    {  cout<<a<<endl;  }
    int Geta()
    {  return a;  }
private:
    int a;
};
class B:public A
{
public:
    B(int i=0,int j=0):A(i),a(j),b(i+j)
    {  cout<<"B:Constructor called."<<endl;  }
    ~B()
```

```
    {  cout<<"B:Destructor called."<<endl;  }
    void Print()
    {
        A::Print();
        cout<<b<<','<<a.Geta()<<endl;
    }
private:
    int b;
    A a;
};
int  main()
{
    B b1(8),b2(12,15);
    b1.Print();
    b2.Print();
    return 0;
}
```

4.

```
#include <iostream>
using namespace std;
class test
{
    int x;
public:
    test(int i=0):x(i){}
    virtual void fun1()
    {cout << "test::x"<<x<<endl;}
};
class ft:public test
{
    int y;
public:
    void fun1(){cout <<"ft::y="<<y<<endl;}
    ft(int i=2):test(i),y(i){}
};
int main()
{   ft ft1(3);
    void (test:: * p)();
```

```
p=test::fun1;
(ft1.*p)();
return 0;
}
```

四、编程题

1.已知交通工具类定义如下,要求：

(1)实现这个类；

(2)定义并实现一个小车类 car,是它的公有派生类,小车本身的私有属性有载人数,小车的函数有 init(设置车轮数,重量和载人数),getpassenger(获取载人数),print(打印车轮数,重量和载人数)。

2.设计一个程序,一行是信息,下一行画线,所画的线与信息行同长。例如,

C++

————————————

Programming

————————————

3.声明一个车(Vehicle)基类,具有 MaxSpeed,Weight 成员变量,Run,Stop,show 成员函数,由此派生出自行车(bicycle)类、汽车(motorcar)类。自行车(bicycle)类有高度(Height)属性,汽车(motorcar)类有座位数(SeatNum)属性。从自行车(bicycle)类、汽车(motorcar)类派生出摩托车(motorcycle)类,摩托车(motorcycle)类有长度(Longth)属性,注意把 vehicle 派生为虚基类,Run,Stop,show 函数体可以依据类意进行其功能实现。进行实现类的设计与实现。

4.定义一个 shape 类,在此基类基础上派生 Rectangele 和 circle 类,二者都有 getarea()函数计算对象的面积,使用 Rectangele 类创建一个派生类 square 类。请设计各个类并进行测试。

第6章 多态与虚函数

多态性是面向对象程序设计语言继数据抽象和继承之后的第三个基本特征。多态性指的是同一个函数名具有多种不同的实现,即不同的功能。在第5章我们已经看到,继承如何允许把对象作为它自己的类型或它的基类类型处理,因为它允许很多类型(从同一个基类派生的)被等价地看待,就像它们是一个类型,允许同一段代码同样地工作在所有这些不同类型上。虚函数反映了一个类型与另一个类似类型之间的区别,只要这两个类型都是从同一个基类派生的。这种区别是通过其在基类中调用的函数的表现不同来反映的。

本章重点介绍多态性的基本概念与类型、运算符重载的概念和方法、虚函数的定义与作用、抽象基类与纯虚函数的概念与运用等。

6.1 多态的基本概念

多态指的是同一名字的事物可以完成不同的功能。多态还可以描述为将同一个消息发送给不同的对象时会产生不同的行为。这里所谓"消息"是指调用函数,不同的行为是指不同的实现。多态可以分为编译时的多态和运行时的多态。前者主要是指函数的重载(包括运算符的重载)、对重载函数的调用,在编译时就能根据实参确定应该调用哪个函数,因此叫编译时的多态;而后者则和继承、虚函数等概念有关,是指运行时的多态。

6.1.1 多态的类型

多态就是多种形态,C++的多态分为静态多态与动态多态。静态多态,比如函数重载,能够在编译器确定应该调用哪个函数;动态多态,比如继承加虚函数的方式(与对象的动态类型紧密联系),通过对象调用的虚函数是哪个是在运行时才能确定的,运行时在虚函数表中寻找调用函数的地址。在基类的函数前加上 virtual 关键字,在派生类中重写该函数,运行时将会根据对象的实际类型来调用相应的函数。如果对象类型是派生类,就调用派生类的函数;如果对象类型是父类,就调用父类的函数,(即指向父类调父类,指向派生类调派生类)此为多态的表现。

例 6-1 运行程序结果,了解运行时动态的应用。

```
#include<iostream>
using namespace std;
class Person
{
public:
    virtual void BuyTickets()   //虚函数
    {
        cout<<" 买票"<< endl;
```

```
    }
protected：
    string _name;
};
class Student：public Person          //公有继承
{
public ：
    virtual void BuyTickets()          //改写基类中的虚函数
    {
        cout<<" 买票一半价 "<<endl;
    }
protected：
    int _num ;
};
void Fun (Person& p)
{
    p.BuyTickets();
}
int main()
{
    Person p;
    Student s;
    Fun(p);
    Fun(s);
    return 0;
}
```

程序的运行结果为：

买票

买票一半价

程序分析：该程序中，在基类中把成员函数 void BuyTickets()定义为虚函数，在派生类中也有一个同名 void BuyTickets()虚函数，但是它们的函数体不同，在主函数运行时，根据对象的实际类型来调用相应的函数，运行"Fun(p)；"语句时，根据 p 是基类对象，故调用基类 void BuyTickets()成员函数，运行到"Fun(s)；"语句时，根据 s 派生类对象，故调用派生类 void BuyTickets()成员函数。

6.1.2 多态的实现

多态从实现的角度来讲可以分为两类：编译时的多态和运行进的多态。前者是在编译的过程中确定了同名操作的具体操作对象，而后者则在程序运行过程中才动态地确定操作所操作所针对的具体对象。这种确定操作的具体对象的过程就是绑定（binding）。绑定是具指计算机程序自身彼此关联的过程,也就是把一个标识符名和一个存储地址联系在一起的过程;用面向对象的术语讲,就是把一条消息和一个对象的方法相结合的过程。按照绑定进行阶段的不同,可以分为两种不同的绑定方法:静态绑定和动态绑定,这两种绑定过程中分别对应着多态的两种实现方式。

绑定工作在编译连接阶段完成的情况称为静态绑定。因为绑定过程是在程序开始执行之前进行的,因此有时也称为早期绑定或前绑定。在编译、连接过程中,系统就可以根据类型匹配等特征确定程序中操作调用与执行该操作代码的关系,即确定了某一个同名标识到底是要调用哪一段程序代码。有些多态类型,其同名操作的具体对象能够在编译、连接阶段确定,通过静态绑定解决,比如重载强制和参数多态。

和静态绑定相对应,绑定工作在程序运行阶段完成的情况称为动态绑定,也称为晚期绑定或后绑定。在编译连接过程中无法解决的绑定问题,要等到程序开始运行之后再来绑定。包含多态操作对象的确定就是通过动态绑定完成的。

6.2　运算符重载

所谓重载,就是赋予新的含义。函数重载和运算符重载是多态性的两种重要体现。函数重载(Function Overloading)可以让一个函数名有多种功能,在不同情况下进行不同的操作。运算符重载(Operator Overloading)也是同一个道理,同一个运算符可以有不同的功能。运算符重载的本质是一个函数重载。在实现过程中,首先把指定的运算表达式转化为对运算符函数的调用,将运算对象转化为运算符函数的实参,然后根据实参的类型来确定需要调用的函数,这个过程是在编译过程中完成的。

6.2.1　运算符重载的规则

运算符重载规则如下:

(1)C++中的运算符除了少数几个之外,全部可以重载,而且只能重载C++中已有的运算符。

(2)重载之后运算符的优先级和结合性都不会改变。

(3)运算符重载是针对新类型数据的实际需要,对原有运算符进行适当的改造。一般来说,重载的功能应当与原有功能相类似,不能改变原运算符的操作对象个数,同时至少要有一个操作对象是自定义类型。

C++标准规定,有些运算符是不能重载的,不能重载的运算符只有 5 个,它们是:成员运算符".''、指针运算符" * "、作用域运算符"∷"、内存容量度量运算符"sizeof"、条件运算符"?:"。

(4)运算符重载是通过函数定义来实现的,在定义运算符重载的函数是不能设置函数默认值。重载运算符的定义方法通常采用成员函数方法和友元函数方法,采用普通函数的方法也可以,但是不能访问类中的某些成员。

运算符重载可以使程序更加简洁,使表达式更加直观,增加可读性。但是建议运算符重载使用不宜过多,否则会带来一定的麻烦。

6.2.2　运算符重载的两种方法

运算符重载形式有两种,分别是重载为类的成员函数和重载为类的友元函数。

运算符重载为类的成员函数的一般语法形式为:

<函数类型> operator < 运算符>(<形参表>)
{
　　<函数体>
}

运算符重载为类的友元函数的一般语法形式为:

friend < 函数类型> operator <运算符>(<形参表>)
{
　　<函数体>
}

其中,函数类型就是运算结果类型,operator 是定义运算符重载函数的关键字,运算符是重载的运算符名称,参数表中的参数个数与重载运算符操作数的个数有关,当运算符重载为类的成员函数时,函数的参数个数比原来的操作个数要少一个。原因是重载为类的成员函数时,如果某个对象使用重载了的成员函数,自身的数据可以直接访问,就不需要再放在参数表中进行传递,少了的操作数就是该对象本身。当重载为类的友元函数时,参数个数与原操作数个数相同。而重载为友元函数时,友元函数对某个对象的数据进行操作,就必须通过该对象的名称来进行,因此使用到的参数都要进行传递,操作数的个数就不会有变化。

运算符重载的主要优点就是允许改变使用于系统内部的运算符的操作方式,以适应用户自定义类型的类似运算。一般说来,单目运算符最好被重载为成员函数;对双目运算符最好被重载为友元函数,双目运算符重载为友元函数比重载为成员函数更方便些,但是,有的双目运算符还是重载为成员函数为好,例如赋值运算符。

1.运算符重载为成员函数

对于双目运算符 B,如果要重载 B 为类的成员函数,使之能够实现表达式“oprd1 B oprd2”,其中 oprd1 为类 A 的对象,则应当把 B 重载为 A 类的成员函数,该函数只有一个形参,形参的类型是 oprd2 所属的类型。经过重载后,表达式“oprd1 B oprd2”就相当于函数调用“oprd1.operator B(oprd2)”。

对于前置单目运算符 U,如“-”(负号)等,如果要重载 U 为类的成员函数,用来实现表达式“U oprd”,其中 oprd 为 A 类的对象,则 U 应当重载为 A 类的成员函数,函数没有形参。经过重载之后,表达式“U oprd”相当于函数调用“oprd.operator U()”。

对于后置运算符“++”和“--”,如果要将它们重载为类的成员函数,用来实现表达式“oprd++”或“oprd--”,其中 oprd 为 A 类的对象,那么运算符就应当重载为 A 类的成员函数,这时函数要带有一个整型形参。重载之后,表达式“oprd++”和“oprd--”就想当于函数调用“oprd.operator++(0)”和“oprd.operator--(0)”。

下面通过一个实例熟悉运算符重载为成员函数具体使用方法。

例 6-2　编程实现复数四则运算。复数由实部和虚部构造,可以定义一个复数类,然后再在类中重载复数四则运算的运算符。

程序运行的源代码如下：

```
#include <iostream>
using namespace std;
class complex
{
public:
    complex() { real=imag=0; }
    complex(double r, double i)
    {
        real = r, imag = i;
    }
    complex operator +(const complex &c);
    complex operator -(const complex &c);
    complex operator *(const complex &c);
    complex operator /(const complex &c);
    friend void print(const complex &c);
private:
    double real, imag;
};
inline complex complex::operator +(const complex &c)
{
    return complex(real + c.real, imag + c.imag);
}
inline complex complex::operator -(const complex &c)
{
    return complex(real - c.real, imag - c.imag);
}
inline complex complex::operator *(const complex &c)
{
    return complex (real * c.real - imag * c.imag, real * c.imag +
                imag * c.real);
}
inline complex complex::operator /(const complex &c)
{
    return complex ((real * c.real + imag + c.imag)/
                (c.real * c.real + c.imag * c.imag),
                (imag * c.real - real * c.imag) /
                (c.real * c.real + c.imag * c.imag));
}
```

```
    void print(const complex &c)
    {
        if(c.imag<0)
        cout<<c.real<<c.imag<<'i';
        else
        cout<<c.real<<'+'<<c.imag<<'i';
    }
    int main()
    {
        complex c1(2.0, 3.0), c2(4.0, -2.0), c3;
        c3 = c1 + c2;
        cout<<"\nc1+c2=";
        print(c3);
        c3 = c1-c2;
        cout<<"\nc1-c2=";
        print(c3);
        c3 = c1 * c2;
        cout<<"\nc1*c2=";
        print(c3);
        c3 = c1/c2;
        cout<<"\nc1/c2=";
        print(c3);
        c3 = (c1+c2) * (c1-c2) * c2/c1;
        cout<<"\n(c1+c2)*(c1-c2)*c2/c1=";
        print(c3);
        cout<<endl;
        return 0;
    }
```

程序的运行结果为：

c1+c2=6+1i

c1-c2=-2+5i

c1*c2=14+8i

c1/c2=0.45+0.8i

(c1+c2)*(c1-c2)*c2/c1=9.61538+25.2308i

程序分析：在程序中，类 complex 定义了 4 个成员函数作为运算符重载函数。采用的成员函数的方法为：

```
    complex operator +(const complex &c);
    complex operator -(const complex &c);
    complex operator *(const complex &c);
```

```
complex operator /(const complex &c);
```

在程序中表达式：

```
c1 ＋ c2
```

进行计算时，系统将运算符（＋）认为是重载的复数加法运算符，编译程序将给解释为：

```
c1.operator＋(c2)
```

其中，c1 和 c2 是 complex 类的对象，c1 为第一操作数，作为调用重载运算符成员函数的对象，c2 是第二个操作数，作为重载运算符函数的实参。operator＋()是运算（＋）的重载函数，该运算符重载函数仅有一个参数 c2。可见，当重载为成员函数时，双目运算符仅有一个参数。对单目运算符，重载为成员函数时，不能再显示说明参数。重载为成员函数时，总是隐含了一个参数，该参数是 this 指针，this 指针是指向调用该成员函数对象的指针。其他的减、乘、除与运算符（＋）的重载相类似。

2.重载为友元函数

运算符重载函数还可以为友元函数。当重载友元函数时，将没有隐含的参数 this 指针。这样，对双目运算符，友元函数有 2 个参数；对单目运算符，友元函数有一个参数。但是，有些运行符不能重载为友元函数，它们分别是：＝、()、[]和－>。

下面仍以例 6-2 实现复数四则运算为例说明使用友元函数作为运算符重载的具体方法。

例 6-3　使用友元函数作为运算符重载编程实现复数四则运算。

程序运行的源代码如下：

```cpp
#include <iostream>
using namespace std;
class complex
{
public:
    complex() { real=imag=0; }
    complex(double r, double i)
    {
        real = r,imag = i;
    }
    friend complex operator ＋(const complex &c1, const complex &c2);
    friend complex operator －(const complex &c1, const complex &c2);
    friend complex operator ＊(const complex &c1, const complex &c2);
    friend complex operator /(const complex &c1, const complex &c2);
    friend void print(const complex &c);
private:
    double real, imag;
};
complex operator ＋(const complex &c1, const complex &c2)
{
    return complex(c1.real ＋ c2.real, c1.imag ＋ c2.imag);
```

```
    }
    complex operator —(const complex &c1, const complex &c2)
    {
        return complex(c1.real — c2.real, c1.imag — c2.imag);
    }
    complex operator * (const complex &c1, const complex &c2)
    {
        return complex(c1.real * c2.real — c1.imag * c2.imag,c1.real * c2.imag +
                    c1.imag * c2.real);
    }
    complex operator /(const complex &c1, const complex &c2)
    {
        return complex ((c1.real * c2.real + c1.imag * c2.imag) /
                    (c2.real * c2.real + c2.imag * c2.imag),
                    (c1.imag * c2.real — c1.real * c2.imag) /
                    (c2.real * c2.real + c2.imag * c2.imag));
    }
    void print(const complex &c)
    {
        if(c.imag<0)
            cout<<c.real<<c.imag<<'i';
        else
            cout<<c.real<<'+'<<c.imag<<'i';
    }
    int   main()
    {
        complex c1(2.0, 3.0), c2(4.0, —2.0), c3;
        c3 = c1 + c2;
        cout<<"\nc1+c2=";
        print(c3);
        c3 = c1 — c2;
        cout<<"\nc1—c2=";
        print(c3);
        c3 = c1 * c2;
        cout<<"\nc1 * c2=";
        print(c3);
        c3 = c1 / c2;
        cout<<"\nc1/c2=";
        print(c3);
```

```
        c3 = (c1+c2) * (c1-c2) * c2/c1;
        cout<<"\n(c1+c2) * (c1-c2) * c2/c1=";
        print(c3);
        cout<<endl;
        return 0;
    }
```

程序的运行结果为:

c1+c2=6+1i

c1-c2=-2+5i

c1 * c2=14+8i

c1/c2=0.1+0.8i

(c1+c2) * (c1-c2) * c2/c1=31.8462+25.2308i

程序分析:程序运行结果与例 6-2 相同,该程序中使用了友元函数定义复数四则运算的重载运算符,其格式如下:

```
    friend complex operator +(const complex &c1, const complex &c2);
    friend complex operator -(const complex &c1, const complex &c2);
    friend complex operator *(const complex &c1, const complex &c2);
    friend complex operator /(const complex &c1, const complex &c2);
```

前面已讲过,对于双目运算符,重载为成员函数时,仅一个参数,另一个被隐含;重载为友元函数时,有两个参数,没有隐含参数。因此,程序中出现的"c1+c2"。

编译程序解释为:

```
    operator+(c1, c2)
```

调用如下函数,进行求值:

```
    complex operator +(const coplex &c1, const complex &c2)
```

3.两种重载形式的比较

一般说来,单目运算符最好被重载为成员函数,对双目运算符最好被重载为友元函数。双目运算符重载选择成员函数时,可能会出现错误。例如,前面介绍过的复数四则运算符的重载,以加法(+)为例,用成员函数方法重载加法运算符后,对于表达式:

```
    3.5+c
```

其中,c 是 complex 的一个对象,编译程序解释为:

```
    3.5.operator+(c)
```

显然,这是错误,如果用友元函数对加法重载时,同样的上述表达式,编译程序解释为:

```
    operator+(complex (3.5),c)
```

这是正确的,所以说明了对于双目运算符使用成员函数方法重载,有时会出问题。

6.2.3　运算符重载举例

下面再举一些运算符重载的实例,通过具体实例更好掌握运算符重载的方法。

1.下标运算符重载

由于 C 语言的数组中并没有保存其大小,因此,不能对数组元素进行存取范围的检查,无法保证给数组动态赋值不会越界。利用 C++的类可以定义一种更安全、功能强的数组类型。为此,为该类定义重载运算符[]。

例 6-4　重载下标运算符。阅读以下程序,得出其运行结果。

程序运行的源代码如下:

```cpp
#include <iostream>
using namespace std;
class CharArray
{
public:
    CharArray(int l)
    {
        Length = l;
        Buff = new char[Length];
    }
    ~CharArray() { delete Buff; }
    int GetLength() { return Length; }
    char & operator [](int i);
private:
    int Length;
    char * Buff;
};
char & CharArray::operator [](int i)
{
    static char ch = 0;
    if(i<Length&&i>=0)
    return Buff[i];
    else
    {
        cout<<"\nIndex out of range.";
        return ch;
    }
}
int main()
{
    int cnt;
    CharArray string1(6);
    char * string2 = "string";
    for(cnt=0; cnt<8; cnt++)
        string1[cnt] = string2[cnt];
```

```
cout<<endl;
for(cnt=0; cnt<8; cnt++)
    cout<<string1[cnt];
cout<<endl;
cout<<string1.GetLength()<<endl;
return 0;
}
```

程序的运行结果如下：

```
Index out of range.
Index out of range.
string
Index out of range.
Index out of range.
6
```

程序分析：该数组类的优点如下：

①数组长度大小不一定是一个常量。

②运行时动态指定大小可以不用运算符 new 和 delete。

③当使用该类数组作函数参数时，不必分别传递数组变量本身及其大小，因为该对象中已经保存大小。

该程序中对下标运算（[]）进行了重载时，重载后的下标运算符增加判定越界的功能。在重载下标运算符函数时应该注意：

①该函数只能带一个参数，不可带多个参数。

②不得重载为友元函数，必须是非 static 类的成员函数。

2.++和－－运算符重载

++和－－运算符是单目运算符。它们又分前缀和后缀运算两种。为了区分这两种运算，将后缀运算视为双目运算符。表达式

obj++或 obj－－

被看作为

obj++0 或 obj－－0

下面举实例说明重载++和－－运算符的应用。

例 6-5　重载++运算符。阅读以下程序，得出其运行结果。

程序运行的源代码如下：

```
#include <iostream>
using namespace std;
class counter
{
public:
    counter() { v=0; }
    counter operator ++();
```

```
        counter operator ++(int);
        void print() { cout<<v<<endl; }
    private:
        unsigned v;
    };
counter counter::operator ++()
{
    v++;
    return * this;
}
counter counter::operator ++(int)
{
    counter t;
    t.v = v++;
    return t;
}
int   main()
{
    counter c;
    for(int i=0; i<8; i++)
        c++;
    c.print();
    for(i=0; i<8; i++)
        ++c;
    c.print();
    return 0;
}
```

程序的运行结果为：

8

16

程序分析：该程序中对++运算进行重载,其格式如下：

ounter operator ++();

counter operator ++(int);

程序出现的表达式

++c

程序编译解释为

c.operator ++

注意：++和——运算符一般是改变对象的状态,所以一般是重载为成员函数。

3.函数调用运算符"()"重载

类重载了括号运算符,则该类的对象就可以当成函数一样来使用。另外类里面可以定义数据成员,这样就比普通函数多了一些功能,例如保存一些状态,统计该对象的调用次数等等。其实可以将函数调用运算符()看成是下标运算[]的扩展。

例 6-6 重载函数调用运算符"()"。阅读以下程序,得出其运行结果。

程序运行的源代码如下:

```
# include <iostream>
using namespace std;
class F
{
public:
    double operator ()(double x, double y) const;
};
double F::operator ()(double x, double y) const
{
    return (x+5) * y;
}
int  main()
{
    F f;
    cout<<f(1.5, 2.2)<<endl;
    return 0;
}
```

程序的运行结果为:

14.3

程序分析:该程序中对函数调用运算符"()"进行重载,其格式如下:

```
double operator ()(double x, double y) const;
```

主函数中运行结果读者可以进行分析得出。

6.3 虚 函 数

C++虚函数是定义在基类中的函数,派生类必须对其进行覆盖。在类中声明(无函数体的形式叫做声明)虚函数的格式如下:

virtual <类型> <成员函数> (<参数表>)

虚函数一定是成员函数,不能是非成员函数,但又不是所有的成员函数都可以被说明为函数,静态成员函数不能说明为虚函数。虚函数可以定义在类体内,也可以定义在类体外,在类体外定义时不加关键字 virual。

6.3.1 虚函数的作用

虚函数有两大作用:

(1)定义派生类对象,并调用对象中未被派生类覆盖的基类函数 A。同时在该函数 A 中,又调用了已被派生类覆盖的基类函数 B。此时将会调用基类中的函数 B,可我们本应该调用的是派生类中的覆盖函数 B。虚函数就能解决这个问题。

下面通过实例进行介绍虚函数的这一作用。

例 6－7 没有使用虚函数的实例。阅读程序,得出程序运行结果。

```cpp
#include<iostream>
using namespace std;
class Father                            //基类 Father
{
public:
    void display() { cout<<"Father::display()"<<endl;}
    //在函数中调用了,派生类覆盖基类的函数 display()
    void fatherShowDisplay() {  display();    }
};
class Son:public Father                 //派生类 Son
{
public:
    //重写基类中的 display()函数
    void display() {   cout<<"Son::display()"<<endl;}
};
int main()
{
    Son son;                            //派生类对象
    son.fatherShowDisplay();            //通过基类中未被覆盖的函数,想调用派生
                                        //类中覆盖的 display 函数
}
```

程序的运行结果为:

```
Father::display()
```

注:程序分析见注释语句。

例 6－8 使用虚函数重写例 6－7,阅读程序,得出程序运行结果。

```cpp
#include<iostream>
using namespace std;
class Father                            //基类 Father
{
public:
    virtual void display() {   cout<<"Father::display()"<<endl;}   //虚函数
```

```
        //在函数中调用了,派生类覆盖基类的函数 display()
        void fatherShowDisplay() {  display();}
};
class Son:public Father                //派生类 Son
{
public:
        //重写基类中的 display()函数
        void display() { cout<<"Son::display()"<<endl;}
};
int main()
{
        Son son;                          //派生类对象
        son.fatherShowDisplay();          //通过基类中未被覆盖的函数,调用派生类
                                          //中覆盖的 display 函数
}
```

程序的运行结果为:

```
        Son::display()
```

程序分析:在该程序中,把 void display()定义虚函数,主函数中可以看到,在派生类对象 son,调用未被派生类覆盖的基类函数 void display(),其实际调用的是派生类中的覆盖函数 void display()。

(2)在使用指向派生类对象的基类指针,并调用派生类中的覆盖函数时,如果该函数不是虚函数,那么将调用基类中的该函数;如果该函数是虚函数,则会调用派生类中的该函数。

下面通过实例进行介绍虚函数的这一作用。

例 6 - 9　没有使用虚函数的实例。阅读程序,得出程序运行结果。

```
#include<iostream>
using namespace std;
class Father                //基类 Father
{
public:
        void display()
        {  cout<<"Father::display()"<<endl;}
};
class Son:public Father     //派生类 Son
{
public:
        void display()      //覆盖基类中的 display 函数
        {cout<<"Son::display()"<<endl;}
};
int main()
```

```
    {
        Father * fp;              //定义基类指针
        Son son;                  //派生类对象
        fp=&son;                  //使基类指针指向派生类对象
        fp->display();            //通过基类指针想调用派生类中覆盖的 display 函数
        return 0;
    }
```

程序的运行结果为：

```
    Father::display()
```

程序分析：参见程序中注释语句,结果说明,通过指向派生类对象的基类指针调用派生类中的覆盖函数是不能实现的,因此虚函数应运而生。

例 6-10 使用虚函数重写例 6-9,阅读程序,得出程序运行结果。

```
    # include<iostream>
    using namespace std;
    class Father                   //基类 Father
    {
    public:
        virtual void  display()    //定义了虚函数
        {
            cout<<"Father::display()"<<endl;
        }
    };
    class Son:public Father        //派生类 Son
    {
    public:
        void display()             //覆盖基类中的 display 函数
        {
            cout<<"Son::display()"<<endl;
        }
    };
    int main()
    {
        Father * fp;               //定义基类指针
        Son son;                   //派生类对象
        fp=&son;                   //使基类指针指向派生类对象
        fp->display();             //通过基类指针调用派生类中覆盖的 display 函数
        return 0;
    }
```

程序的运行结果为：

Son::display()

程序分析:该程序中,在基类把 void display()定义为虚函数,并在派生类中覆盖基类中的 void display()函数,在主函数中,"Father * fp;"定义基类针指导,"Son son;"定义了派生类对象,并通过"fp=&son;"使基类指针指向派生类对象,最后通过"fp->display();"基类指针调用派生类中覆盖的 display 函数。

6.3.2 虚函数的实际意义

大家都会有这样一个疑问:如果想调用派生类中的覆盖函数,直接通过派生类对象,或者指向派生类对象的派生类指针来调用,不就没这个烦恼了吗? 要虚函数还有什么用呢?

其实不然,虚函数的实际意义非常之大。比如在实际开发过程中,会用到别人封装好的框架和类库,我们可以通过继承其中的类,并覆盖基类中的函数,来实现自定义的功能。

但是,有些函数是需要框架来调用,并且 API(Application Programming Interface,应用程序编程接口)需要传入基类指针类型的参数。而使用虚函数就可以,将指向派生类对象的基类指针来作为参数传入 API,让 API 能够通过基类指针,来调用我们自定义的派生类函数,这就是多态性的真正体现。

6.3.3 虚函数的使用原理

虚函数具有一个很重要的特征就是继承性。在基类中说明的虚函数,在派生类中函数说明完全相同的函数为虚函数。可以加关键字 virual ,也可以不加 virual ,如果加关键字 virual 可以提高可读性。基类中说明的虚函数,通常要在派生类中进行重定义。如果派生类中没有对基类虚函数重新定义,则派生类简单地继承了基类的虚函数。

在第 6.1 节我们学习了动态的实现,多态从实现的角度可以划分为编译时的多态和运行时的多动,前者也称为静态联编,后者也称为动态连编。动态连编是指在运行的时候确定该调用哪个函数。

虚函数是 C++语言中实现动态联编的重要形式。由于派生类中存在覆盖函数,相当于该派生类对象中有两个函数。那么动态联编也可以解释为,是在定义对象调用构造函数时,将该虚函数与该类绑定在一起。基类指针指向基类对象,那调用的肯定是基类虚函数;指向派生类对象,那就调用派生类虚函数。因为在定义基类或派生类对象时,就将虚函数与该类绑定了。下面通过例 6-8 和例 6-10 进行综合在一起,说明虚函数的作用与使用方法。

例 6-11 虚函数实现动态联编。阅读以下程序,得出程序运行结果。

```
#include<iostream>
using namespace std;
class Father                              //基类 Father
{
public:
    void virtual display()                //定义虚函数
    {   cout<<"Father::display()"<<endl;}
};
```

```
class Son:public Father                    //派生类 Son
{
public:
    void display()                         //覆盖基类中的 display 函数
    {  cout<<"Son::display()"<<endl;}
};
int main()
{
    Father  * fp;                          //定义基类指针
    Father father;                         //基类对象
    Son son;                               //派生类对象
    fp=&father;                            //使基类指针指向基类对象
    fp->display();
    fp=&son;                               //使基类指针指向派生类对象
    fp->display();
    return 0;
}
```

程序的运行结果为：

```
Father::display()
Son::display()
```

6.3.4 虚析构函数

构造函数不能说明为虚函数,因为这样做没有任何意义。但析构函数可以说明为虚函数,其方法也是在析构函数头前面加上关键字 virual。如果一个基类中的析构函数被说明为虚析构函数,则它的派生类中析构函数也是虚析构函数,可不必在派生类析构函数前加 virual 关键字。

虚析构函数的作用在于系统将采用动态联编调用虚析构函数。虚析构函数是为了解决基类的指针指向派生类对象,并用基类的指针删除派生类对象。下面通过实例来说明使用虚析构函数和不使用虚析构函数作用的不同。

例 6-12 阅读以下程序,得出程序运行结果。

```
# include<iostream>
using namespace std;
class ClxBase
{
public:
    ClxBase() { };
    virtual ~ClxBase() { cout<<"delete ClxBase"<<endl; };
    virtual void DoSomething() { cout << "Do something in class ClxBase!"
                                     <<endl;  };
```

```
        };
        class ClxDerived : public ClxBase
        {
        public:
            ClxDerived() {};
            ClxDerived()
            { cout << "Output from the destructor of class ClxDerived!"
                                            << endl;  };
            void DoSomething() { cout << "Do something in class ClxDerived!"
                                            << endl;  };
        };
        int main( )
        {
            ClxBase * pTest = new ClxDerived;
            pTest->DoSomething();
            delete pTest;
            return 0;
        }
```

程序的运行结果为:

```
    Do something in class ClxDerived!
    Output from the destructor of class ClxDerived!
    delete ClxBase
```

程序分析:该程序定义了基类 ClxBase,派生类 ClxDerived 公有继承基类 ClxBase,在基类中定义了两个虚函数,一个为虚析构函数,语句为:

```
    virtual ~ClxBase() { cout<<"delete ClxBase"<<endl; };
```

另一个为一般虚函数 void DoSomething() ,语句为:

```
    virtual void DoSomething() { cout << "Do something in class ClxBase!"
                                            << endl;  };
```

在主函数中,"ClxBase * pTest = new ClxDerived;"定义基类指针指向派生类对象,然后通过"pTest->DoSomething();"调用派生类 DoSomething()成员函数,最后"delete pTest;"删除 pTes 指向的对象。这样很容易得出程序运行的结果。

但是,如果把类 ClxBase 析构函数前的 virtual 去掉,那输出结果就为:

```
    Do something in class ClxDerived!
    delete ClxBase
```

该程序运行后没有调用子类的析构函数,也就是说,类 ClxDerived 的析构函数根本没有被调用。一般情况下类的析构函数作用都是释放内存资源,而析构函数不被调用的话就会造成内存泄漏。因此把基类析构函数定义为虚析构函数,这样做是为了当用一个基类的指针删除一个派生类的对象时,派生类的析构函数会被调用。

当然,并不是要把所有类的析构函数都写成虚函数。因为当类里面有虚函数的时候,编译器会给类添加一个虚函数表,里面来存放虚函数指针,这样就会增加类的存储空间。所以,只有当一个类被用来作为基类的时候,才把析构函数写成虚函数。

下面对虚析构函数的作用总结如下:

(1)如果父类的析构函数不加 virtual 关键字。

当父类的析构函数不声明成虚析构函数的时候,当子类继承父类,父类的指针指向子类时,delete 父类的指针,只调用父类的析构函数,而不调用子类的析构函数。

(2)如果父类的析构函数加 virtual 关键字。

当父类的析构函数声明成虚析构函数的时候,当子类继承父类,父类的指针指向子类时,delete 父类的指针,先调用子类的析构函数,再调用父类的析构函数。

6.4　纯虚函数与抽象类

抽象类是一种特殊的类,它为一个类族提供统一的操作界面。抽象类是为了抽象和设计的目的而建立的,可以这么说,建立抽象类,就是为了通过它多态地使用其中的成员函数。抽象类是带有纯虚函数的类,下面我们先学习纯虚函数,再学习抽象类。

6.4.1　纯虚函数

纯虚函数是一种特殊函数,它是一种没有具体实现的虚函数。

1.纯虚函数语法格式

纯虚函数语法格式为:

virtual <返回值类型> <函数名>(<函数参数>) = 0;

其中,<函数名>是被定义的纯虚函数的名字,它是一种虚函数,使用关键字 virual 来说明。纯虚函数没有函数体,只有函数声明,在虚函数声明的结尾加上"=0",表明最后的"=0"并不表示函数返回值为 0,它只起形式上的作用,告诉编译系统"这是纯虚函数"。

纯虚函数可以让类先具有一个操作名称,而没有操作内容,让派生类在继承时再去具体地给出定义。

2.纯虚函数引入原因

(1)为了方便使用多态特性,我们常常需要在基类中定义虚拟函数。

(2)在很多情况下,基类本身生成对象是不合情理的。例如,动物作为一个基类可以派生出老虎、孔雀等派生类,但动物本身生成对象明显不合常理。为了解决这样的问题,引入了纯虚函数的概念,将函数定义为纯虚函数。若要使派生类为非抽象类,则编译器要求在派生类中,必须对纯虚函数予以重载以实现多态性。同时含有纯虚函数的类称为抽象类,它不能生成对象,这样就很好地解决了问题。

例如绘画程序中,shape 作为一个基类可以派生出圆形、矩形、正方形、梯形等,如果要求面积总和的话,那么可以使用一个 shape * 的数组,只要依次调用派生类的 area()函数就可以了。

6.4.2　抽象类

包含纯虚函数的类称为抽象类(Abstract Class)。之所以说它抽象,是因为它无法实例化,也就是无法创建对象。原因很明显,纯虚函数没有函数体,不是完整的函数,无法调用,也无法为其分配内存空间。抽象类通常是作为基类,让派生类去实现纯虚函数。派生类必须实现纯虚函数才能被实例化。

抽象类的主要作用是将有关的操作作为结果接口组织在一个继承层次结构中,由它来为派生类提供一个公共的根,派生类将具体实现在其基类中作为接口的操作。所以派生类实际上刻画了一组派生类的操作接口的通用语义,这些语义也传给派生类,派生类可以具体实现这些语义,也可以再将这些语义传给自己的派生类。

使用抽象类时特别注意:抽象类只能作为基类来使用,其纯虚函数的实现由派生类给出。如果派生类中没有重新定义纯虚函数,而只是继承基类的纯虚函数,则这个派生类仍然还是一个抽象类。如果派生类中给出了基类纯虚函数的实现,则该派生类就不再是抽象类了,它是一个可以建立对象的具体的类。抽象类是不能定义对象的。

下面通过一个实例分析纯虚函数与抽象类的用法。

例 6 - 13　分析下列程序的输出结果。

```cpp
#include <iostream>
using namespace std;
//线类
class Line
{
public:
    Line(float len);
    virtual float area() = 0;
    virtual float volume() = 0;
protected:
    float m_len;
};
Line::Line(float len) { m_len=len;}
//矩形类
class Rec: public Line
{
public:
    Rec(float len, float width);
    float area();
protected:
    float m_width;
};
Rec::Rec(float len, float width): Line(len)
{  m_width=width;}
float Rec::area(){ return m_len * m_width; }
//长方体类
```

```
class Cuboid: public Rec
{
public:
    Cuboid(float len, float width, float height);
    float area();
    float volume();
protected:
    float m_height;
};
Cuboid::Cuboid(float len, float width, float height): Rec(len, width)
{   m_height＝height; }
float Cuboid::area()
{   return 2 * ( m_len * m_width ＋ m_len * m_height ＋ m_width * m_height); }
float Cuboid::volume()
{   return m_len * m_width * m_height; }
//正方体类
class Cube: public Cuboid
{
public:
    Cube(float len);
    float area();
    float volume();
};
Cube::Cube(float len): Cuboid(len, len, len){ }
float Cube::area()
{   return 6 * m_len * m_len; }
float Cube::volume()
{   return m_len * m_len * m_len; }
int main()
{
    Line * p ＝ new Cuboid(10, 20, 30);
    cout<<"The area of Cuboid is "<<p->area()<<endl;
    cout<<"The volume of Cuboid is "<<p->volume()<<endl;
    p ＝ new Cube(15);
    cout<<"The area of Cube is "<<p->area()<<endl;
    cout<<"The volume of Cube is "<<p->volume()<<endl;
    return 0;
}
```

程序的运行结果为：

The area of Cuboid is 2200

The volume of Cuboid is 6000

The area of Cube is 1350

The volume of Cube is 3375

程序分析:该程序中定义了四个类,分别是 Line、Rec、Cuboid、Cub,它们的继承关系为:Line→ Rec →Cuboid →Cube。Line 是一个抽象类,也是最顶层的基类,在 Line 类中定义了两个纯虚函数 area() 和 volume()。在 Rec 类中,实现了 area() 函数;所谓实现,就是定义了纯虚函数的函数体。但这时 Rec 仍不能被实例化,因为它没有实现继承来的 volume() 函数,volume() 仍然是纯虚函数,所以 Rec 也仍然是抽象类。直到 Cuboid 类,才实现了 volume() 函数,才是一个完整的类,才可以被实例化。

可以发现,Line 类表示"线",没有面积和体积,但它仍然定义了 area() 和 volume() 两个纯虚函数。这样的用意很明显:Line 类不需要被实例化,但是它为派生类提供了"约束条件",派生类必须要实现这两个函数,完成计算面积和体积的功能,否则就不能实例化。

在实际开发中,我们可以定义一个抽象基类,只完成部分功能,未完成的功能交给派生类去实现(谁派生谁实现)。这部分未完成的功能,往往是基类不需要的,或者在基类中无法实现的。虽然抽象基类没有完成,但是却强制要求派生类完成,这就是抽象基类的"霸王条款"。

抽象基类除了约束派生类的功能,还可以实现多态。在例 6-13 中,主函数语句

```
Line * p = new Cuboid(10, 20, 30);
```

指针 p 的类型是 Line,但是它却可以访问派生类中的 area() 和 volume() 函数,正是由于在 Line 类中将这两个函数定义为纯虚函数;如果不这样做,

```
Line * p = new Cuboid(10, 20, 30);
```

后面的代码都是错误的。由此可见,这是 C++提供纯虚函数的主要目的。

下面就纯虚函数使用说明总结如下:

(1)一个纯虚函数是可以使类成为抽象基类,但是抽象基类中除了包含纯虚函数外,还可以包含其他的成员函数(虚函数或普通函数)和成员变量。

(2)只有类中的虚函数才能被声明为纯虚函数,普通成员函数和顶层函数均不能声明为纯虚函数。

例如:

```
//顶层函数不能被声明为纯虚函数
void fun() = 0;                 //编译错误
class base
{
public :
//普通成员函数不能被声明为纯虚函数
    void display() = 0;          //编译错误
};
```

本 章 小 结

多态性是面向对象程序设计语言继数据抽象和继承之后的第三个基本特征。多态性指的是同一个函数名具有多种不同的实现,即不同的功能。

多态可以分为编译时的多态和运行时的多态。编译时的多态主要是指函数的重载(包括运算符的重载)、对重载函数的调用,在编译时就能根据实参确定应该调用哪个函数;运行时的多态则和继承、虚函数等概念有关,在编译连接过程中无法解决的绑定问题,要等到程序开始运行之后再来确定应该调用哪个函数。

函数重载和运算符重载是多态性的两种重要体现。函数重载(Function Overloading)可以让一个函数名有多种功能,在不同情况下进行不同的操作。运算符重载(Operator Overloading)也是同一个道理,同一个运算符可以有不同的功能。运算符重载形式有两种,分别是重载为类的成员函数和重载为类的友元函数。

虚函数是 C++语言中实现动态联编(也称运行时的多态)的重要形式。即可以理解为:在定义对象调用构造函数时,将该虚函数与该类绑定在一起。基类指针指向基类对象,那调用的肯定是基类虚函数;指向派生类对象,那就调用派生类虚函数。

虚析构函数的作用在于系统将采用动态联编调用虚析构函数。虚析构函数是为了解决基类的指针指向派生类对象,并用基类的指针删除派生类对象。

纯虚函数是一种特殊函数,它是一种没有具体实现的虚函数。包含纯虚函数的类称为抽象类,抽象类的主要作用是将有关的操作作为结果接口组织在一个继承层次结构中,由它来为派生类提供一个公共的根,派生类将具体实现在其基类中作为接口的操作。抽象类通常是作为基类,让派生类去实现纯虚函数。派生类必须实现纯虚函数才能被实例化。

习 题

一、选择题

1.在 C++中,要实现动态联编,必须使用( )调用虚函数。

A.类名 B.派生类指针 C.对象名 D.基类指针

2.下列运算符中,不可以重载的是( )。

A.&& B.& C.[ ] D.?:

3.下列函数中,不能说明为虚函数的是( )。

A.私有成员函数 B.公有成员函数 C.构造函数 D.析构函数

4.下列关于运算符重载的描述中,错误的是( )。

A.运算符重载不改变优先级

B.运算符重载后,原来运算符操作不可再用

C.运算符重载不改变结合性

D.运算符重载函数的参数个数与重载方式有关

5.当一个类的某个函数被说明为 virtual 时,该函数在该类的所有派生类中( )。

A.都是虚函数

B.只有被重新说明时才是虚函数

C.只有被重新说明为 virtual 时才是虚函数

D.都不是虚函数

6.下列的成员函数中,纯虚函数是(　　)。

A.virtual void f1() ＝ 0　　　　　　　　B.void f1() ＝ 0;

C.virtual void f1() {}　　　　　　　　　D.virtual void f1() ＝＝ 0;

7.下列描述中,(　　)是抽象类的特性。

A.可以说明虚函数　　　　　　　　　　　B.可以进行构造函数重载

C.可以定义友元函数　　　　　　　　　　D.不能定义其对象

8.类 B 是类 A 的公有派生类,类 A 和类 B 中都定义了虚函数 func( ),p 是一个指向类 A 对象的指针,则"p—＞A::func(　)"将(　　)。

A.调用类 A 中的函数 func( )

B.调用类 B 中的函数 func( )

C.根据 p 所指的对象类型而确定调用类 A 中或类 B 中的函数 func( )

D.既调用类 A 中函数,也调用类 B 中的函数

9.类定义如下

```
class A
{
public:
    virtual void func1( ){ }
    void fun2( ){ }
};
class B:public A
{
public:
    void func1( ) {cout<<"class B func1"<<endl;}
    virtual void func2( ) {cout<<"class B func2"<<endl;}
};
```

则下面正确的叙述是(　　)

A.A::func2( )和 B::func1( )都是虚函数

B.A::func2( )和 B::func1( )都不是虚函数

C.B::func1( )是虚函数,而 A::func2( )不是虚函数

D.B::func1( )不是虚函数,而 A::func2( )是虚函数

10.下列关于虚函数的说明中,正确的是(　　)。

A.从虚基类继承的函数都是虚函数　　　　B.虚函数不得是静态成员函数

C.只能通过指针或引用调用虚函数　　　　D. 抽象类中的成员函数都是虚函数

二、填空题

1.C＋＋支持两种多态性,分别是_____和_____。

2.在编译时就确定的函数调用称为_____,它通过使用_____实现。

3.在运行时才确定的函数调用称为_____,它通过_____来实现。

4.虚函数的声明方法是在函数原型前加上关键字_____。

5.当通过_____或_____使用虚函数时,C++会在与对象关联的派生类中正确的选择重定义的函数。实现了_____时多态。而通过_____使用虚函数时,不能实现时____多态。

6.纯虚函数是一种特别的虚函数,它没有函数的_____部分,也没有为函数的功能提供实现的代码,它的实现版本必须由_____给出,因此纯虚函数不能是_____。拥有纯虚函数的类就是_____类,这种类不能_____。如果纯虚函数没有被重载,则派生类将继承此纯虚函数,即该派生类也是_____。

三.程序阅读题

1.

```cpp
#include<iostream>
using namespace std;
class A{
public:
    virtual void func()
    {cout<<"func in class A"<<endl;}
};
class B{
public:
    virtual void func()
    {cout<<"func in class B"<<endl;}
};
class C:public A,public B{
public:
    void func()
    {cout<<"func in class C"<<endl;}
};
int main(){
    C c;
    A& pa=c;
    B& pb=c;
    C& pc=c;
    pa.func();
    pb.func();
    pc.func();
    return 0;
}
```

2.

```cpp
#include<iostream>
using namespace std;
class A{
public：
    virtual ～A( )
    {
        cout<<"A::～A( ) called "<<endl;
    }
};
class B:public A{
char * buf;
public：
    B(int i) { buf=new char[i]; }
    virtual ～B( ){
        delete []buf;
        cout<<"B::～B( ) called"<<endl;
    }
};
void fun(A * a)
{
    delete a;
}
int main( )
{   A * a=new B(10);
    fun(a);
    return 0;
}
```

四、编程题

1.有一个交通工具类 vehicle,将它作为基类派生小车类 car、卡车类 truck 和轮船类 boat,定义这些类并定义一个虚函数用来显示各类信息。

2.定义一个 shape 抽象类,派生出 Rectangle 类和 Circle 类,计算各派生类对象的面积 Area( )。

3.定义猫科动物 Animal 类,由其派生出猫类(Cat)和豹类(Leopard),二者都包含虚函数 sound( ),要求根据派生类对象的不同调用各自重载后的成员函数。

4.矩形(rectangle)法积分近似计算公式为：

$$\int_{a}^{b} f(x)\mathrm{d}x \approx \Delta x(y_0 + y_1 + \cdots + y_{n-1})$$

梯形(ladder)法积分近似计算公式为：

$$\int_a^b f(x)\,\mathrm{d}x \approx \frac{\Delta x}{2}\big[y_0 + 2(y_1 + \cdots + y_{n-1}) + y_n\big]$$

辛普生(Simpson)法积分近似计算公式(n 为偶数)为：

$$\int_a^b f(x)\,\mathrm{d}x \approx \frac{\Delta x}{3}\big[y_0 + y_n + 4(y_1 + y_3 + \cdots + y_{n-1}) + 2(y_2 + y_4 + \cdots + y_{n-2})\big]$$

被积函数用派生类引入，定义为纯虚函数。基类(integer)成员数据包括积分上下限 b 和 a，分区数 n，步长 step＝$(b-a)/n$，积分值 result。定义积分函数 integerate()为虚函数，它只显示提示信息。派生的矩形法类重定义 integerate()，采用矩形法做积分运算。派生的梯形法类和辛普生法类似。试编程，对下列被积函数进行定积分计算，并比较积分精度。

(1)sin(x)，下限为 0.0，上限为 pir/2。

(2)exp(x)，下限为 0.0，上限为 1.0。

(3)4.0/(1＋x×x)，下限为 0.0，上限为 1.0。

5.某学校对教师每月工资的计算公式如下：固定工资＋课时补贴。教授的固定工资为 5000 元，每个课时补贴 50 元；副教授的固定工资为 3000 元，每个课时补贴 30 元；讲师的固定工资为 2000 元，每个课时补贴 20 元。定义教师抽象类，派生不同职称的教师类，编写程序求若干教师的月工资。

第7章 模　　板

模板是 C++语言的一个重要特性,是 C++支持参数化多态的工具,一个模板就是一个创建类或函数的公式或者说是代码生成器,当使用模板类型时,编译器会生成特定的类或函数,这个过程发生在编译时。本章主要介绍模板的基本概念、函数模板和类模板的定义。

7.1　模板的基本概念

模板提供一种通用的方法来开发可重用的代码,提高程序的开发效率。模板是用单个程序段指定一组相关函数或一组相关类,即每个模板都代表着一系列函数或类,这一系列函数或类的代码结构形式相同,仅在所针对的类型上各不相同。

模板还可看作是 C++语言支持参数化多态性的工具。将一段程序中所处理的对象类型参数化,就使这段程序能够处理某个范围内的各种类型的对象。也就是说,对于一定范围内的若干种不同类的对象,它们的某种操作将对应着一个相同结构的实现。

C++系统提供标准的模板函数库和类库,程序开发人员也可以根据需要建立自己的具有通用类型的函数库和类库,并用它们进行编程,减少程序的重复性和克服程序冗余,从而方便大规模的软件开发。

C++的模板有两种不同的形式:函数模板和类模板,下面对它们进行分别介绍。

7.2　函　数　模　板

函数模板是一系列相关函数的模型或样板,这些函数的源代码形式相同,只是所针对的数据类型不同。对于函数模板,数据类型本身成了它的参数,因而是一种参数化类型的函数。函数模板可用来创建一个通用的函数,以支持多种不同的形参,避免重载函数的函数体重复设计。它的最大特点是把函数使用的数据类型作为参数。

7.2.1　函数模板的定义格式

函数模板是通用的函数描述,通过将类型作为参数传递给模板,可使编译器生成该类型的函数。当函数形式完全相同,只是参数类型不同时,可以使用函数模型,这样可以极大地减少代码量,便于维护。

函数模板定义的一般形式如下:

```
Template < <模板参数表> >
<返回类型><函数名>(参数表)
{
    <函数体>
}
```

其中,template 是定义函数模板的关键字,总是放在模板定义与声明的最前面;"<模板参数表>"必须用尖括号<>括起来,内有一个或多个模板参数,不能为空;模板参数有两种形式,具体格式分别为:

  class<标识符>

  <类型说明符><标识符>

  前一种是模板类型参数,代表一种参数化的类型,由关键字 class 和标识符组成。这里的 class 也可以使用 typename 替换,两个关键字是等效的。后一种是模板非类型参数,它的声明格式和常规的参数声明格式相同,代表一个常量表达式。例如:

  template <class TA, class TB, double A>

其中,TA 和 TB 是模板类型参数,每一个都相当于一种通用的数据类型,可以被用来声明函数中的参数、返回值和函数体中的局部变量,可以随时被替换为某种实际的数据类型,如 int、double、char 等。A 是模板非类型参数,代表了模板定义中的一个常量,可以被函数体中的语句所访问。

  特别强调的是,在每个模板类型参数前都必须有关键字 class B 或 typename,否则会导致编译错误。模板类型参数和非类型参数的作用域是被声明为模板的函数体或类体中。

  下面是函数模板的一个简单例子:

```
template <class T>
T min(T a, T b)
{
    return a<b? a: b;
}
```

这个例子中定义了一个函数模板 min(T,T),模板类型参数是 T。该函数模板可用于对两个数求最小值。

  下面通过两个实例进一步说明函数模板的定义与使用方法。

  例 7-1 编写一个函数模板,用来交换两个数的值。

  程序实现代码如下:

```
#include<iostream>
using namespace std;
template<typename T>
void Swap(T &a,T &b)
{
    T c;
    c=a;
    a=b;
    b=c;
}
int main()
{
    int a=5;
```

```
        int b=3;
        Swap(a,b);
        cout<<"a="<<a<<" "<<"b="<<b<<endl;
        double c=1.2;
        double d=3.6;
        Swap(c,d);
        cout<<"c="<<c<<" "<<"d="<<d<<endl;
        return 0;
    }
```

程序的运行结果为：

```
    a=3 b=5
    c=3.6 d=1.2
```

程序分析：程序中定义了一个函数模板 Swap(T &a,T &b)，在主函数中，运行到"Swap(a,b)；"编译器自动生成 Swap (int a, int b) 函数，此时 T 代表 int 型；运行到"Swap(c,d)；"编译器自动生成 Swap (double c, double d)函数，此时 T 代表 double 型。

例 7 - 2　编写一个能够实现冒泡排序操作的函数模板，并进行测试。

程序实现代码如下：

```
    #include<iostream>
    using namespace std;
    template<class T>
    void sort(T * array,int size)
    {
        T temp;
        for(int i=0;i<size;i++)
        {
            for(int j=0;j<size-i;j++)
            {
                if( * (array+j)> * (array+j+1))
                {
                    temp= * (array+j);
                    * (array+j)= * (array+j+1);
                    * (array+j+1)=temp;
                }

            }
        }
    }
    int main()
    {
```

```
int a[10]={2,45,67,32,24,3456,-98,54,-667,0};
double b[8]={2.345,5.111,-99.1234,32.1,3.1415926,-45.0,1.0,456.123};
sort(a,10);                    //将整数数组排序
for(int i=0;i<10;i++)
{
    cout<<" "<<a[i];
}
cout<<endl;
sort(b,8);                     //将 double 型数组排序
for(i=0;i<8;i++)
{
    cout<<" "<<b[i];
}
cout<<endl;
return 0;
}
```

程序的运行结果为：

-667 -98 0 2 24 32 45 54 67 3456

-99.1234 -45 1 2.345 3.14159 5.111 32.1 456.123

程序分析：该程序中定义一个函数模板 sort(T * array,int size)，模板类型参数为 T，当主函数运行到"sort(a,10);"时，此时 T 代表 int 型，对 int 型数组排序；当运行到"sort(b,8);"时，此时 T 代表 double 型，对 double 型数组排序。

从以上两实例可以得出：通过函数模板，函数会自动根据输入参数的类型进行转换，这样可以极大减少程序代码量。

7.2.2　模板函数

函数模板是对一组函数的描述，它不是一个实实在在的函数，编译系统并不产生任何执行代码。当编译系统在程序中发现有与函数模板形参表中相匹配的函数调用时，便生成一个重载函数，该重载函数的函数体与函数模板的函数体相同。这个重载函数被称为模板函数。一个函数模板对于某种类型的参数生成一个模板函数，不同类型参数的模板函数是重载的。如例 7-1 中的 Swap(a,b)和 Swap(c,d)都是模板函数，它们是重载的。

那么函数模板与模板函数的区别如下：

①函数模板不是一个函数，而是一组函数的模板，在定义中使用了参数化类型。

②模板函数是一种实实在在的函数定义，它的函数体与某个函数模板的函数体相同。编译系统遇到模板函数调用时，将生成可执行代码。

下面通过一个实例使我们进一步理解函数模板和模板函数。

例 7-3　编写一个能够实现求两个不同类型变量之和的函数模板，并进行测试。

程序实现代码如下：

```
#include<iostream>
```

```
using namespace std;
template<classT,class S>
T add(T x,S y)
{
    T z=x+y;
    return z;
}
int main()
{
    int a;
    float b;
    double c;
    cout<<"请输入 a,b,c 的值:";
    cin>>a>>b>>c;
    cout<<add(a,a)<<endl;
    cout<<add(a,b)<<endl;
    cout<<add(b,b)<<endl;
    cout<<add(b,c)<<endl;
    cout<<add(c,c)<<endl;
    cout<<add(a,c)<<endl;
     return 0;
}
```

程序运行时输入：

　　10　12.3　45.6

程序的运行结果为：

　　请输入 a,b,c 的值:10　12.3　45.6

　　20

　　22

　　24.6

　　57.9

　　91.2

　　55

程序分析:该程序中定义一个函数模板,template<class T,class S>,在这个函数模板里有两个不同的模板类型参数,分别为 T 与 S,在主函数中,当用到 add(a,a)、add(a,b)、add(b,b)、add(b,c)、add(c,c)、add(a,c)时,出现了两个相同或者不同的类型变量参数,这些都是模板函数。

7.3 类 模 板

类模板(也称类属类或类生成类)允许用户为类定义一种模式,使得类中的某些数据成员、默认成员函数的参数、某些成员函数的返回值,能够取任意类型(包括系统预定义的和用户自定义的)。对于类模板,数据类型本身成了它的参数,因而是一种参数化类型的类,是类的生成器。类模板中声明的类称为模板类。

若一个类中数据成员的数据类型不能确定,或者是某个成员函数的参数或返回值的类型不能确定,就必须将此类声明为模板,它的存在不代表一个具体的、实际的类,而是代表着一类类。

7.3.1 类模板的定义格式

类模板是为类定义的一种模式,它使类中的一些数据成员和成员函数的参数或返回值可以取任意的数据类型。

定义类模板的一般形式为:

```
template< <class 模板参数表> >
class<类名>
{
    <类体说明>
};
```

其中,template 是声明类模板的关键字,表示声明一个模板,模板参数可以是一个,也可以是多个,可以是类型参数,也可以是非类型参数。类型参数由关键字 class 或 typename 及其后面的标识符构成。非类型参数由一个普通参数构成,代表模板定义中的一个常量。

例如:

```
template<class type,int width>     //type 为类型参数,width 为非类型参数
class Graphics;
```

需要注意的是,模板参数的作用域仅限于被声明为模板的类体之中。在程序定义了一个类模板后,可以通过对模板类型参数指定某种类型,编译系统就能生成一个模板类。这个模板类和普通类一样,可以用来定义对象,或者说明函数的参数或返回值。

下面通过一个实例来说明类模板的定义方法与使用方法。

例 7-4 编写一个类模板,并利用该类模板分别实现两下整数、浮点数和字符的比较,返回两者的最小值。

程序实现代码如下:

```
# include <iostream>
using namespace std;
template<class numtype>
class Compare
{
public:
```

```
Compare(numtype a,numtype b)
{
    x=a;y=b;
}
numtype max()
{
    return (x>y)? x:y;
}
numtype min()
{
    return (x<y)? x:y;
}
private:
    numtype x,y;
};
int main()
{
    Compare<int> cmp1(3,7);
    cout<<cmp1.max()<<" 是两个整数中最大值的整数!"<<endl;
    cout<<cmp1.min()<<" 是两个整数中最小值的整数!"<<endl<<endl;
    Compare<float> cmp2(45.78,93.6);
    cout<<cmp2.max()<<" 是两个浮点数中最大值的浮点数!"<<endl;
    cout<<cmp2.min()<<" 是两个浮点数中最小值的浮点数!"<<endl
                                              <<endl;
    Compare<char> cmp3('a','A');
    cout<<cmp3.max()<<" 是两个字符中最大的字符!"<<endl;
    cout<<cmp3.min()<<" 是两个字符中最小的字符!"<<endl;
    return 0;
}
```

程序的运行结果为：

　　7 是两个整数中最大值的整数！

　　3 是两个整数中最小值的整数！

　　93.6 是两个浮点数中最大值的浮点数！

　　45.78 是两个浮点数中最小值的浮点数！

　　a 是两个字符中最大的字符！

　　A 是两个字符中最小的字符！

程序分析:该程序中定义了一个类模板 Compare<T>,T 是模板类型参数,在类模板中有三个成员函数,分别为一个构造函数(Compare(numtype a,numtype b)),另外两个分别是求 2 个数中最大值的函数(numtype max())和求 2 个数中最小值的函数(numtype min())。类中还有两个私有数据成员(numtype x,y;)都是用模板类参数说明的变量。

在主函数运行中,生成了 3 个模板类,并用它们说明了 3 个对象,分别为:

```
Compare<int> cmp1(3,7);
Compare<float> cmp2(45.78,93.6);
Compare<char> cmp3('a','A');
```

其中 cmp1、cmp2、cmp3 都是类对象。

在定义类模板时应注意如下几点:

(1)如果在全局域中声明了与模板参数同名的变量,则该变量被隐藏掉。

(2)模板参数名不能被当作类模板定义中类成员的名字。

(3)同一个模板参数名在模板参数表中只能出现一次。

(4)在不同的类模板或声明中,模板参数名可以被重复使用。

例如:

```
typedef string type;
template<class type,int width>
class Graphics
{
    type node;                    //node 不是 string 类型
    typedef double type;          //错误:成员名不能与模板参数 type 同名
};
template<class type,class type>   //错误:重复使用名为 type 的参数
class Rect;
template<class type>              //参数名"type"在不同模板间可以重复使用
class Round;
```

(5)在类模板的前向声明和定义中,模板参数的名字可以不同。

例如:

```
//所有三个 Image 声明都引用同一个类模板的声明
template <class T> class Image;
template <class U> class Image;    // 模板的真正定义
template <class Type>
class Image
{
    //模板定义中只能引用名字"Type",不能引用名字"T"和"U"
};
```

(6)类模板参数可以有缺省实参,给参数提供缺省实参的顺序是先右后左。

例如:

```
template <class type, int size = 1024>
class Image;
```

```
template <class type=double, int size>
class Image;
```

(7)类模板名可以被用作一个类型指示符。当一个类模板名被用作另一个模板定义中的类型指示符时,必须指定完整的实参表。

例如:

```
template<class type>
class Graphics
{
    Graphics * next;              //在类模板自己的定义中不需指定完整模板
                                  //参数表
};
template <calss type>
void show(Graphics<type> &g)
{
    Graphics<type> * pg=&g;       //必须指定完整的模板参数表
}
```

7.3.2　类模板的实例化

类模板的实例化是指从通用的类模板定义中生成类的过程。类模板的使用实际上是将类模板实例化成一个具体的类,模板类是类模板实例化后的一个产物。模板类也可实例化成对象,将类模板的模板参数实例化后生成的具体的类,就是模板类。

类模板的实例化语法格式为:

　　　　＜类名＞　＜　＜实际的类型＞　＞

例如例 7－4 中:

　　Compare＜int＞,Compare＜float＞,Compare＜char＞

此时将类模板的实际类型替换类模板的形式参数,此过程实例化形成模板类。

类模板实例化成对象的语法格式为:

　　　　＜类名＞　＜　＜实际的类型＞　＞　＜对象名称＞

例如例 7－4 中:

　　Compare＜int＞ cmp1(3,7);

　　Compare＜float＞ cmp2(45.78,93.6);

　　Compare＜char＞ cmp3('a','A');

此时在实例化模板类的基础上进一步实例化成对象。

在使用类模板时,类模板什么时候会被实例化呢? 以下是类模板被实例化的时机:

(1)当使用了类模板实例的名字,并且上下文环境要求存在类的定义时。

(2)对象类型是一个类模板实例,当对象被定义时,此点被称作类的实例化点。

(3)一个指针或引用指向一个类模板实例,当检查这个指针或引用所指的对象时。

下面通过两个实例进一步理解类模板实例化的方法。

例 7－5　分析下列程序的输出结果,熟悉类模板的定义与使用方法。

程序实现代码如下：

```cpp
# include <iostream>
using namespace std;
template<typename T1,typename T2>
class myClass{
private:
    T1 I;
    T2 J;
public:
    myClass(T1 a, T2 b);
    void show();
};
template <typename T1,typename T2>
myClass<T1,T2>::myClass(T1 a,T2 b):I(a),J(b){    }
template <typename T1,typename T2>
void my Class<T1,T2>::show()
{
    cout<<"I="<<I<<", J="<<J<<endl;
}
int  main()
{
    myClass<int,int> class1(3,5);
    class1.show();
    myClass<int,char> class2(3,'a');
    class2.show();
    myClass<double,int> class3(2.9,10);
    class3.show();
    return 0;
}
```

程序的运行结果如下：

```
I=3, J=5
I=3, J=a
I=2.9, J=10
```

程序分析：该程序中定义了一个类模板 myClass<T1,T2>，T1 与 T2 是模板类型参数，在类模板中有两个成员函数，分别为一个构造函数（myClass(T1 a, T2 b)），另一个为一般成员函数（show()）。类中还有两个私有数据成员（T1 I，T2 J）。

在主函数运行中，生成了 2 个模板类，并用它们说明了 3 个对象，分别为：

```
myClass<int,int> class1(3,5);
myClass<int,char> class2(3,'a');
```

myClass<double,int> class3(2.9,10);

其中 class1、class2、class3 都是类对象,都调用了成员函数 show()。

　　例 7-6　用类模板实现栈,分析下列程序的输出结果,熟悉类模板的定义与使用方法。

　　程序实现代码如下:

```
# include <iostream>
using namespace std;
//类模板的定义
template<class ElementType>
class Stack {
public:
    Stack( int = 8 );              // 省缺栈元素的数目为 8
    ~Stack(){ delete [] data; };    //析构函数
    int pop(ElementType &num);      //出栈
    int push(ElementType num);      //入栈
  private:
    ElementType * data;             //栈数据存储
    in tmemNum;                     //栈元素个数
    int size;                       //栈大小
};
template<class ElementType >
Stack<ElementType>::Stack(int s) {
    size = s > 0 ? s : 8;
    data = newElementType[s];
    memNum = 0;
}
template<class ElementType >
int Stack<ElementType>::pop(ElementType &num)
{
    if (memNum==0)
        return 0;
    num = data[--memNum];
    return 1;
}
template<class ElementType >
int Stack<ElementType>::push(ElementType mem)
{
    if (memNum == size)
        return 0;
    data[memNum ++] = mem;
```

```
        return 1;
    }
    int main() {
    Stack<double>doubleStack(6);
    double f = 3.14;
    cout<<"Pushing elements into doubleStack:"<<endl;
    while (doubleStack.push(f))
        {
            cout << f << ' ';
            f += f;
        }
        cout << "\nStack is full. Cannot push " << f <<
                                    " onto the doubleStack.";
        cout<<"\nPopping elements from doubleStack:"<<endl;
        while (doubleStack.pop(f))
            cout << f <<" ";
        cout << "\nStack is empty. Cannot pop."<<endl;
        Stack<int>intStack;
        inti = 1;
        cout<<"\nPushing elements into intStack:"<<endl;
        while (intStack.push(i)) {
            cout << i <<" ";
            ++i;
        }
        cout<<"\nStack is full.push " <<i<<"failed.";
        cout<<"\n\nPopping elements from intStack:"<<endl;
        while (intStack.pop(i))
            cout << i <<" ";
        cout << "\nStack is empty. Cannot pop."<<endl;
        return 0;
    }
```

程序的运行结果为：

```
Pushing elements into doubleStack:
3.14 6.28 12.56 25.12 50.24 100.48
Stack is full. Cannot push 200.96 onto the doubleStack.
Popping elements from doubleStack:
100.48 50.24 25.12 12.56 6.28 3.14
Stack is empty. Cannot pop.
```

Pushing elements into intStack：

1 2 3 4 5 6 7 8

Stack is full.push 9failed.

Popping elements fromintStack：

8 7 6 5 4 3 2 1

Stack is empty. Cannot pop.

程序分析：该程序中定义了一个类模板 Stack＜ElementType＞,ElementType 是模板类型参数,在类模板中有四个成员函数,分别为一个构造函数(Stack(int ＝ 8)),一个析构函数(～Stack()),一个出栈成员函数(pop(ElementType ＆num))和一个入栈成员函数(push(ElementType num)),类中还有三个私有数据成员。

在主函数运行中,生成了 2 个模板类,分别为:

Stack＜double＞doubleStack(6);

Stack＜int＞intStack;

其中 doubleStack、intStack 都是类对象。

本 章 小 结

模板是 C＋＋语言的一个重要特性,模板是用单个程序段指定一组相关函数或一组相关类,即每个模板都代表着一系列函数或类,这一系列函数或类的代码结构形式相同,仅在所针对的类型上各不相同。减少程序的重复性和克服程序冗余,从而方便进行大规模的软件开发。

C＋＋的模板有两种不同的形式:函数模板和类模板。函数模板是一系列相关函数的模型或样板,函数模板可用来创建一个通用的函数,以支持多种不同的形参,避免重载函数的函数体重复设计。它的最大特点是把函数使用的数据类型作为参数。类模板(也称类属类或类生成类)允许用户为类定义一种模式,使得类中的某些数据成员、默认成员函数的参数、某些成员函数的返回值,能够取任意类型。若一个类中数据成员的数据类型不能确定,或者是某个成员函数的参数或返回值的类型不能确定,就必须将此类声明为模板,它的存在不代表一个具体的、实际的类,而是代表着一类类。

习 题

一、选择题

1.关于函数模板,描述错误的是( )。

A.函数模板必须由程序员实例化为可执行的函数模板

B.函数模板的实例化由编译器实现

C.一个类定义中,只要有一个函数模板,则这个类是类模板

D.类模板的成员函数都是函数模板,类模板实例化后,成员函数也随之实例化

2.函数模板定义如下:

template ＜typename T＞

      Max(T a , T b ,T &c){c＝a＋b;}

下列选项正确的是（　　）。

A. int x, y; char z;   B. double x, y, z;

   Max(x, y, z);   Max(x, y, z);

C. int x, y; float z;   D. float x; double y, z;

   Max(x, y, z);   Max(x,y, z);

3.下列的模板说明中,正确的是（　　）。

A.template＜typename T1,T2＞

B.template＜class T1,T2＞

C.template＜class T1,class T2＞

D.template＜typename T1,typename T2＞

4.下列有关模板的描述错误的是（　　）。

A.模板把数据类型作为一个设计参数,称为参数化程序设计。

B.使用时,模板参数与函数参数相同,是按位置而不是名称对应的。

C.模板参数表中可以有类型参数和非类型参数。

D.类模板与模板类是同一个概念。

5.类模板的模板参数（　　）。

A.只能作为数据成员的类型   B.只可作为成员函数的返回类型

C.只可作为成员函数的参数类型   D.以上三种均可

6.类模板的实例化（　　）。

A.在编译时进行   B.属于动态联编

C.在运行时进行   D.在连接时进行

7.类模板的使用实际上是将类模板实例化成一个（　　）。

A.函数   B.对象   C.类   D.抽象类

8.以下类模板定义正确的为（　　）。

A.template＜class T,int i＝0＞   B.template＜class T,class int i＞

C.template＜class T,typename T＞   D.template＜class T1,T2＞

二、填空题

1.函数模板的定义形式是 template ＜模板参数表＞ 返回类型 函数名（形式参数表）｛…｝。其中,＜模板参数表＞中参数可以有_____个,用逗号分开。模板参数主要是_____参数。它代表一种类型,由关键字_____或_____后加一个标识符构成,标识符代表一个潜在的内置或用户定义的类型参数。类型参数可以是任意合法标识符。C++规定参数名必须在函数定义中至少出现一次。

2.C++最重要的特性之一就是代码重用,为了实现代码重用,代码必须具有_____。通用代码需要不受数据_____的影响,并且可以自动适应数据类型的变化。这种程序设计类型称为_____程序设计。模板是 C++支持参数化程序设计的工具,通过它可以实现参数化_____性。

3.类模板使用户可以为类声明一种模式,使得类中的某些数据成员、某些成员函数的参数、某些成员函数的返回值能取_____,包括_____和_____的类型。

4.函数模板中紧随 template 之后尖括号内的类型参数都要冠以保留字_____。

5.设函数 sum 是由函数模板实现的,并且 sum(3,6)和 sum(4.6,8)都是正确的函数调用,则函数模板具有_____个类型参数。

三、编程题

1.创建一个函数模板可以实现整数的除法和浮点数的除法。如果除数为 0 可以给出错误提示。

2.设计一个函数模板,其中包括数据成员 T a[n]以及对其进行排序的成员函数 sort( ),模板参数 T 可实例化成字符串。

3.设计一个类模板,其中包括数据成员 T a[n]以及在其中进行查找数据元素的函数 int search(T)模板,参数 T 可实例化成字符串。

第8章　C++语言文件的输入输出流

输入输出都是以终端为对象,即从键盘输入数据,运行结果输出到显示器屏幕上。从操作系统的角度看,每一个与主机相连的输入输出设备,都可以看作一个文件。程序的输入指的是从输入文件将数据传送到内存单元,程序的输出指的是从程序把内存单元中的数据传送给输出文件,C++的输入输出包括以下三个方面的内容:

(1)对系统指定的标准设备的输入和输出,即从键盘输入数据输出到显示器屏幕,这种输入输出为标准的输入输出,简称标准I/O。

(2)以外存为对象进行输入和输出,例如从磁盘文件输入数据,数据输出到磁盘文件。最终以外存文件为对象的输入输出,称为文件的输入输出,简称文件I/O。

(3)对内存中指定的空间进行输入和输出,通常指定一个字符数组作为存储空间(实际上可利用该空间存储任何信息),这种输入和输出称为字符串输入输出,简称串I/O。

C++采用不同的方法来实现以上三种输入输出。本章主要介绍C++语言流的概念与文件流。

8.1　C++语言流的概念

前面各章中的输入都是从键盘输入数据,运行结果都输出到显示器屏幕上。除了以键盘和显示器终端为对象进行输入和输出外,还常使用磁盘(光盘、U 盘)作为输入输出对象。

8.1.1　文件的基本概念

所谓"文件"是指一组相关数据的有序集合。文件通常是驻留在外部介质(如磁盘等)上的,在使用时才调入内存中来。从不同的角度可对文件做不同的分类。

(1)从用户的角度看,分为普通文件和设备文件:

①普通文件是指驻留在磁盘或其他外部介质上的一个有序数据集。可以是执行文件、目标文件、可执行程序(可称作程序文件);也可是一组待输入处理的原始数据,或者是一组输出的结果(称作数据文件)。存储在磁盘上的文件称磁盘文件,磁盘文件既可作为输入文件,也可作为输出文件。

②设备文件是指与主机相连的各种外部设备,如显示器、输出机、键盘等。在操作系统中,也把外部设备看作是一个文件来进行管理,把它们的输入、输出等同于对磁盘文件的读和写。通常把显示器定义为标准输出文件,键盘通常被指定标准的输入文件。

(2)从文件编码的方式来看,分 ASCII 码文件和二进制码文件:

ASCII 文件也称文本文件,ASCII 文件在磁盘中存放时每个字符对应一个字节,用于存放对应的 ASCII 码。

例如,数 5678 的存储形式为:

BYTE：　　00110101　　00110110　　00110111　　00111000
　　　　　　　　↓　　　　　　↓　　　　　　↓　　　　　　↓
ASCII：　　　　'5'　　　　　'6'　　　　　'7'　　　　　'8'

该数据共占 4 个字节。ASCII 码文件可在屏幕上按字符显示,如程序设计语言的源程序文件就是 ASCII 文件,用 DOS 命令 TYPE 可查看文件的内容。

二进制文件是按二进制的编码方式来存放文件的。

例如,数 5678 的存储形式为：

　　00010110 00101110

该数据只占两个字节。

C++系统在处理这些文件时,并不区分类型,都将其看成是字符流,按字节进行处理。输入输出字符流的开始和结束只由程序控制而不受物理符号(如回车符)的控制。故把这种文件称作"流式文件"。

8.1.2　C++语言的流

C++的输入输出流是指由若干字节组成的字节序列,这些字节中的数据按顺序从一个对象传送到另一对象。流表示了信息从源到目的端的流动。在输入操作时,字节流从输入设备(如键盘、磁盘)流向内存;在输出操作时,字节流从内存流向输出设备(如屏幕、输出机、磁盘等)。流中的内容可以是 ASCII 字符、二进制形式的数据、图形图像、数字音频视频或其他形式的信息。实际上,在内存中为每一个数据流开辟一个内存缓冲区,用来存放流中的数据。流是与内存缓冲区相对应的,或者说,缓冲区中的数据就是流。

数据流是指程序与数据的交互是以流的形式进行的。进行 C++语言文件的存取时,都会先进行"打开文件"操作,这个操作就是在打开数据流,而"关闭文件"操作就是关闭数据流。

缓冲区(Buffer)是指在程序执行时,所提供的额外内存,可用来暂时存放做准备执行的数据。它的设置是为了提高存取效率,因为内存的存取速度比磁盘驱动器快得多。

带缓冲区的文件处理:当进行文件读取时,不会直接对磁盘进行读取,而是先打开数据流,将磁盘上的文件信息复制到缓冲区内,然后程序再从缓冲区中读取所需数据。当写入文件时,并不会马上写入磁盘中,而是先写入缓冲区,只有在缓冲区已满或"关闭文件"时,才会将数据写入磁盘。

8.1.3　文件操作的一般步骤

(1)为文件定义一个流类对象。

(2)使用 open()函数建立(或打开)文件。若文件不存在,则建立该文件;若磁盘上已存在该文件,则打开该文件,即把文件流对象和指定的磁盘文件建立关联。

(3)进行读写操作。在建立(或打开)的文件上执行所要求的输入输出操作。一般来说,在内存与外设的数据传输中,由内存到外设称为输出或写,反之则称为输入或读。

(4)使用 close()函数关闭文件。当完成操作后,应把打开的文件关闭,避免误操作。

用于文件 I/O 操作的流类主要有三个类:即 fstream(输入输出文件流),ifstream(输入文件流)和 ofstream(输出文件流);而这三个类都包含在头文件 fstream 中,故程序中对文件进行操作必须包含该头文件。

注意：在C++程序中可混用C的I/O操作方式和C++的I/O操作方式，但还应该尽量使用C++的I/O操作方式，因它是类型安全(type safe)的。若使用C的I/O操作方式，即使格式控制字符串与输出数据类型完全不匹配，编译器也不会自动检查出来(因它们是字符串常量)，故它是类型不安全的。

8.2 C++语言文件流

C++语言为实现数据的输入输出定义了一系列的流类。要利用C++流，必须在程序中包含有关的头文件，以便获得相关流类的声明。为了使用新标准的流，相关头文件的文件名中不得有扩展名。

1.C++流的头文件

与C++流有关的头文件有：

Iostream：若使用 cin、cout 的预定义流对象进行针对标准设备的I/O操作，则须包含此文件。

fstream：使用文件流对象进行针对磁盘文件的I/O操作，须包含此文件。

strstream：欲使用字符串流对象进行针对内存字符串空间的I/O操作，须包含此文件。

iomanip：使用 setw、fixed 等大多数操作符，须包含此文件。

注意：为使用新标准的C++语言流，还必须在程序文件的开始部分插入名字空间：

using namespace std;

2.预定义流对象

C++流有4个预定义的流对象，它们的名称以及与之关联的I/O设备：

①cin 标准输入；

②cout 标准输出；

③cerr 标准出错信息输出；

④clog 带缓冲的标准出错信息输出。

其中，cin 为 istream 流类的对象，其余3个为C++流体系结构的 ostream 流类的对象。

利用这些类定义文件流对象时，必须用♯include 编译指令将头文件 fstream.h 包含进来，即必须在程序的开始部分包含如下的预处理命令和名字空间声明：

        ♯ include <fstream>

    using namespace std;

8.2.1 文件流的建立

被打开的文件在程序中由一个流对象(这些类的一个实例)来表示，而对这个流对象所做的任何输入输出操作，实际就是对该文件所做的操作。

1.文件流的建立

每个文件流都应与一个打开的文件相联系，可用两种不同的方式打开文件。

(1)在建立文件流对象的同时打开文件。

(2)先建立文件流对象，再在适当的时候，使用函数 open()打开文件。

在 fstream 类中,有一个打开文件流的成员函数 open()。使用 open()打开文件流的语法图,如图 8-1 所示。

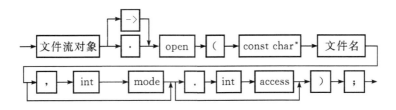

图 8-1　使用成员函数 open()

语法格式:

　　<文件流对象>.open(const char * filename[,int mode[,int access]]);

如:

　　ofstream outfile;

　　outfile.open(filename,ics::app);

定义文件流对象,并采用 ios::app 模式打开文件。

说明:

(1)成员函数 open()用于打开文件 filename 指定的文件。打开文件成功,则返回文件描述符,否则返回-1。

(2)mode 是要打开文件的方式,mode 是以下标志符的一个组合,如表 8-1 所示。这些标识符可以被组合使用,中间以"或"(|)操作符间隔。

表 8-1　打开文件的方式

mode	含　义
ios::app	以追加的方式打开文件
ios:ate	文件打开后定位到文件尾,ios:app 就包含有此属性
ios::binary	以二进制方式打开文件,默认的方式是文本方式
ios::in	文件以输入方式打开
ios::out	文件以输出方式打开
ios::nocreate	不建立文件,所以文件不存在时打开失败
ios::noreplace	不覆盖文件,所以打开文件时若文件存在失败
ios::trunc	若文件存在,把文件长度设为 0

(3)access 是打开文件的属性,仅当创建新文件时才使用,如表 8-2 所示。

表 8-2　打开文件的属性

access	含　义	access	含　义
0	普通文件,打开访问	2(O_WRONLY)	隐含文件
1(O_RDONLY)	只读文件	4(O_RDWR)	系统文件

可用"或"(|)或"＋"运算符,将以上属性连接起来。ofstream,ifstream 和 fstream 所有这些类的成员函数 open 都包含了一个默认打开文件的方式,这三个类的默认方式各不相同:

　　ofstream ios::out|ios::trunc

　　ifstream ios::in

　　fstream ios::in ios::out

只有当函数被调用时,没有声明方式参数的情况下,默认值才起作用。若函数被调用时,声明了任何参数,默认值将被完全改写,而不会与调用参数组合。

对类 ofstream,ifstream 和 fstream 的对象所进行的第一个操作,通常都是打开文件,这些类都有一个构造函数可直接调用 open 函数,并拥有同样的参数。如:

　　ofstream file;

　　file.open("example.bin",ios::out|ios::app|ios::binary);

第一行,定义文件流对象。

第二行,用 open 函数打开与该执行文件同文件夹中的 example.bin 文件,ios::out 表示此文件只用于输出即向磁盘输出数据,ios::app 表示输出时采用追加方式,ios::binary 表示二进制形式,即在将二进制数据按追加方式输出到 example.bin 文件中。

2.文件流的关闭

关闭文件流用成员函数 close()语法图,如图 8-2 所示。

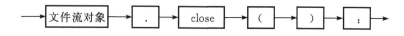

图 8-2　关闭文件流用成员函数 close()

语法格式:

　　＜文件流对象＞.close();

若程序没有用 close()主动关闭文件,则在文件流对象退出其作用域时,被自动调用的析构函数会关闭该对象所关联的文件。提倡在打开的文件不再需要时及时并主动地将之关闭,以便尽早释放所占用的系统资源并尽早将文件置于更安全的状态。关闭文件,如:

　　outfile.close();

关闭打开的文件流 file 打开的文件,如:

　　file.close();

3.文件流状态的判别

C++中,可用文件流对象的下列成员函数来判别文件流的当前状态:

is_open():判定流对象是否与一个打开的文件相联系,若是,返回 true,否则返回 false;

good():刚进行的操作成功时返回 true,否则返回 false;

fail():与 good()相反,刚进行的操作失败时返回 true,否则返回 false;

bad():若进行了非法操作返回 true,否则返回 false;

eof():进行输入操作时,若到达文件尾返回 true,否则返回 false。

例 8-1　文件的建立、关闭,文件状态的测试。

```
# include <iostream>
# include <fstream>                          //包含文件流文件
using namespace std;
int main( )
{
    //定义输出流 ofstream 的对象,并已输出方式打开文件,同时定位在文件尾
    std::ofstream file("file.txt",std::ios::out|std::ios::ate);
    std::ofstream file1;                     //定义输出流文件对象 file1
    //以二进制、追加方式,打开输出文件 example.bin
    file1.open("example.bin",ios::out|ios::app|ios::binary);
    if(! file)                               //判断文件是否打开
    {
        std::cout<<"不可以打开文件"<<std::endl;
        exit(1);
    }
    cout<<"is_open( ):"<<file1.is_open()<<endl;
                                             //判断是否打开文件 file1
    cout<<"file1.bad():"<<file1.bad()<<endl;
                                             //是否对 file1 进行非法操作
    cout<<"file.fail():"<<file1.fail()<<endl;
                                             //对文件 file1 操作是否失败
    cout<<"file.eof():"<<file.eof()<<endl;
                                             //对 file1 文件操作是否成功
    cout<<"file.good():"<<file.good()<<endl;
    //写文件
    file1<<"hello c++\n";
    char ch;
    while(std::cin.get(ch))                  //循环。循环条件,从键盘输入
                                             //数据,若输入为回车,结束循环

        {if(ch=='\n')
            break;
        file.put(ch);                        //将输入的数据写入文件 file
        file.close();                        //关闭文件
        file1.close();
        return 0;
    }
}
```

程序的运行结果为:

```
    is_open( ):1
```

```
file1.bad():0
file.fail():0
file.eof():0
file.good():1
```

程序分析：文件应用的设计，主要是在固定的程序模式下，输入输出数据。输入数据是指从磁盘读取来的数据供程序使用；输出文件主要是程序加工后的数据，输出到磁盘。上面内容中，"汉字"是运行程序时，从键盘输入的内容。此外，对 open、close 等有关函数的应用。文件操作时，一定要判断文件打开是否正确。

8.2.2 文件流的定位

1.定位方式

C++流以字节为单位的数据构成，文件中的数据的位置通常用一个长整数 pos_type 的位置指针表示。C++流的位置有两种：输入(get)位置和输出(put)位置。

输入流只有输入位置，流对象中标志这种位置的指针称为输入指针。

输出流只有输出位置，流对象中标志这种位置的指针称为输出指针。

输入输出流两种位置都有，同时具备输入指针和输出指针：这两个指针可分别控制、互不干扰。对于文件流，这两种指针可统称文件指针。

每一次输入或输出都是从指针所指定的位置处开始的，指针在输入输出过程中不断移动，完成输入或输出后即指向下一个需要输入或输出的位置。故在进行一般的输入输出操作时，指针总是向后(文件尾方向)移动。

可通过专门的定位操作操纵指针，既可向后移动，也可向前移动。C++流的定位方式（即指针移动方式）有三种，被定义为 ios_base::seek_dir 中的一组枚举符号：

ios_base::beg，文件首（beg 是 begin 的缩写）；

ios_base::cur，当前位置（负数表示当前位置之前）（cur 是 current 的缩写）；

ios_base::end，文件尾。

2.输入定位

输入流对象中与输入定位有关的成员函数有：

(1)seekg(off_type& 偏移量，ios_base::seek_dir 定位方式)。

对输入文件定位，它有两个参数：第一个参数是偏移量，可以是正负数值，正的表示向后偏移，负的表示向前偏移。第二个参数是基地址，可以是 ios::beg(输入流的开始位置)、ios::cur(输入流的当前位置)、ios::end(输入流的结束位置)。istream_type 表示某种输入流的类型，例如 istream 等。

功能：按方式 dir 将输入定位于相对位置 off 处，函数返回流对象本身的引用。

例如：

```
ifstream in("test.txt");
in.seekg(0,ios::end);
```

(2)tellg()。

函数不需要带参数，它返回当前定位指针的位置，也代表着输入流的大小。

功能:返回当前的输入位置,即从流开始处到当前位置的字节数。

例如:

```
streampos sp2＝in.tellg( );
cout<<"in.tellg(),from file topoint:"<<sp2<<endl;
```

(3)bool eof()const。

功能:判定输入流是否结束,结束时返回 true,否则返回 false。

例 8－2　文件的建立、关闭,文件状态的测试。

```
♯include <iostream>
♯include <fstream>                              //包含 fstream
using namespace std;
int main( )
{   //打开文件
    ifstream in("test.txt");                    //定义输入流 ifstream 对象 in,
                                                //并打开文件 test.txt
    //基地址为文件尾处,偏移为 0,指针定位在文件尾处
    in.seekg(0,ios::end);                       //指定文件指针到末尾
    //sp 为定位指针,它在文件尾处即文件的大小
    streampos sp＝in.tellg( );                  //返回当前定位指针的位置
    cout<<"in.tellg(),filesize:"<<sp<<endl;
    //基地址为文件末,偏移为负,向前移动 sp/3 个字节
    in.seekg(－sp/3,ios::end);
    streampos sp2＝in.tellg();
    cout<<"in.tellg(),from file topoint:"<<sp2<<endl;
    //基地址为文件头,偏移量为 0,定位在文件头
    in.seekg(0,ios::beg);
    //从头读出文件内容
    cout<<"in.rdbuf()内容:"<<in.rdbuf()<<endl;
    in.seekg(sp2);
    //从 sp2 开始读出文件内容
    cout<<"in.rdbuf()"<<in.rdbuf()<<endl;
    return 0;
}
```

程序的运行结果为:

```
in.tellg(),filesize:－1
in.tellg(),from file topoint:－1
in.rdbuf()内容:
```

程序分析:程序执行过程中,使用了 seekg 和几种定位模式。

3.输出定位

在输出流对象中与输出定位有关的成员函数有:

(1)seekp(pos_type 绝对定位)。

功能:绝对定位,将输出流定位于绝对位置,函数返回流对象本身的引用。如:

```
ofstream fout("output.txt");
int k;
fout.seekp(k);
```

(2)seekp(off_type 偏移量,ios_base::seekdir 定位方式)。

功能:相对定位,按方式将输出流定位于相对位置偏移量处,函数返回流对象本身的引用。如:

```
fout.seekp(k,ios_base::end);
```

(3)tellp()。

功能:返回当前的输出位置(pos_type 通常就是 long),即从流开始处到当前位置的字节数。如:

```
cout<<"\nFile point:"<<fout.tellp();
```

4.特殊的文件流:CON 和 PRN

以"CON"为文件名建立的输入流所联系的设备是键盘,可用于键盘输入;以"PRN"为文件名建立的输出流所联系的设备是显示器,可用于显示输出。如:

```
fp=fopen("CON","r");          //准备从控制台读
ch=getc(fp);                  //从键盘输入,回车结束
putchar(ch);                  //显示字符
fp=fopen("PRN","w");          //准备向打印口写操作
```

例 8-3 文件的建立、关闭,输出定位。

```
#include <iostream>
#include <fstream>            //包含 fstream
#include <string>
using namespace std;
int main()
{   /* File * fp;             //注释掉了,定义文件对象指针 fp
    char ch;
    fp=fopen("CON","r");      //准备从控制台读,以只读方式打开控
                              //制台文件 CON
    ch=getc(fp);              //从键盘输入,回车
    putchar(ch);              //显示字符
    fp=fopen("PRN","w");      //准备向打印口写操作,以只写方式进
                              //行打印口写操作
    //驱动打印机打印字符串 good! 并换行
    //若将上行改为 putc('H',fp);可使 Roland 绘图复位
    fputs("good! \n",fp);     //输出
    fclose(fp); */            //关闭文件
    string str("abc");
```

```
ofstream fout("output.txt");          //定义输出流对象fout,并打开输出文件
unsigned int k;
for(k=0;k<str.length();k++)
{
    fout.seekp(k);                    //移动文件指针
    cout<<"File point:"<<fout.tellp();
                                      //输出文件当前的输出位置
    fout.seekp(k,ios_base::end);
    cout<<"File point:"<<fout.tellp();
                                      //文件指针到末尾
    fout.put(str[k]);                 //向文件输出数据
    cout<<"File point:"<<fout.tellp();
    cout<<":"<<str.substr(k,2)<<endl;}
fout.close();                         //关闭文件
return 0;
}
```

程序的运行结果为:

File point:0 File point:0 File point:1:ab

File point:1 File point:2 File point:3:bc

File point:2 File point:5 File point:6:c

程序分析:程序中,seekp(k)是随 k 变化绝对定位的,而 seekp(k,ios_base::end)则是基于文件尾的相对定位。

8.2.3　读写文件

读写文件分为文本文件和二进制文件的读取,对于文本文件的读取可以使用插入器和析取器;对于二进制的读取就复杂一些。

1.文本文件的读写

文本文件的读写可使用:用插入器(<<)向文件输出和用析取器(>>)从文件输入。需要的一些操作符如表 8-3 所示。

表 8-3　操作符

操作符	功　　能	输入输出
dec	格式化为十进制数值数据	输入和输出
endl	输出一个换行符并刷新此流	输出
ends	输出一个空字符	输出
hex	格式化为十六进制数值数据	输入和输出
oct	格式化为八进制数值数据	输入和输出
setpxeclsion(int p)	设置浮点数的精度位数	输出

数据输出的语法图如图 8-3 所示。

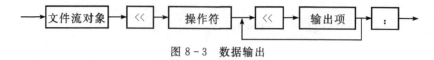

图 8-3　数据输出

例 8-4 操作符示例。

```cpp
# include <iostream>
# include <iomanip>
using namespace std;
int main()
{    int inti=14;
     int intj=23;
     char charc='!';
     cout<<"endl 的使用:\n";
     cout<<inti<<charc<<endl<<intj<<charc<<'\n';
     inti=16;
     cout<<"不同进制的输出:\n";
     cout<<"inti="<<inti<<"(deciaml)\n";
     cout<<"inti="<<inti<<oct<<inti<<"(octal)\n";
     cout<<"inti="<<inti<<hex<<inti<<"(hexadecimal)\n";
     cout<<"inti="<<inti<<"(deciaml)\n";
     cout<<"inti="<<inti<<dec<<"(deciaml)\n";
     cout<<"设置浮点数的精度:\n";
     float floata=1.05f;
     float floatc=200.87f;
     cout<<setfill('*')<<setprecision(2);
     cout<<setw(10)<<floata<<'\n';
     cout<<setw(10)<<floatc<<'\n';
     return 0;
}
```

程序的运行结果为:

```
endl 的使用:
14!
23!
不同进制的输出:
inti=16(deciaml)
inti=1620(octal)
inti=2010(hexadecimal)
inti=10(deciaml)
```

inti＝10(deciaml)

设置浮点数的精度：

＊＊＊＊＊＊＊＊＊＊1

＊＊＊＊2e＋002

程序分析：本程序主要对操作符的简单应用。

2.二进制文件的读写

二进制文件的读写所涉及的函数如下：

(1)put()。

语法格式：

```
ofstream &put(char ch)
```

功能：put()函数向流写入一个字符。如：

```
ofstream oBinFile;
char ch;
char cc[5]="abcd";
oBinFile.open("bit.txt",ios::binary);
oBinFile.put(cc[0]);
```

(2)get()。

get()函数比较灵活，有三种常用的重载形式。

语法格式一：

```
get(char &ch);
```

功能：从流中读取一个字符，结果保存在引用 ch 中，若到文件尾，返回空字符。

语法格式二：

```
int get();
```

功能：从流中返回一个字符，若到达文件尾，返回 EOF。

语法格式三：

```
get(char * buf,int num,char delim='n');
```

功能：把字符读入由 buf 指向的数组，直到读入了 num 个字符或遇到了由 delim 指定的字符，若没使用 delim 这个参数，将使用默认值换行符'\n'。

如：

```
ifstream iBinFile;
iBinFile.open("bit.txt",ios::binary);
iBinFile.get(ch);
```

(3)读写数据块。

读写数据块主要是读写 int/double 等其他基本数据类型数据。C＋＋中没有提供直接存取这些类型的格式化操作函数。需要程序员自己去定义。如要读写二进制数据块，使用成员函数 read()和 write()。

语法格式：

```
read(unsigned char * buf,int num);
```

功能：read()从文件中读取 num 个字符到 buf 指向的缓存中，若在还未读入 num 个字符时就到了文件尾,可以用成员函数"int gcount();"来取得实际读取的字符数。

例如:

```
ifstream iBinFile;
iBinFile.open("bit.txt",ios::binary);
read(iBinFile,0);
```

语法格式:

```
write(const unsigned char * buf,int num);
```

功能:write()从 buf 指向的缓存写 num 个字符到文件中,值得注意的是缓存的类型是 unsigned char * ,有时可能需要类型转换。

例如:

```
ofstream oBinFile;
oBinFile.open("bit.txt",ios::binary);
write(oBinFile,0);
```

例 8-5 利用 read 函数和 write 函数,存取基本类型组成的文本文件。

```
#include <fstream>
#include <iostream>
using namespace std;
void write(ofstream & out,int value);        //函数声明
void read(ifstream& in,int& value);
int main()
{    ofstream oBinFile;                       //定义 ofstream 的对象 oBinFile
     int num=1;
     oBinFile.open("bit.txt",ios::binary);    //以二进制方式打开文件 bit.txt
     if(! oBinFile)
     {
         cout<<"open file error."<<endl;
         return -1;
     }
     for(int i=0;i<10;i++)
         {  write(oBinFile,i); }               //向文件输出数据
     oBinFile.close();
     ifstream iBinFile;                        //定义 ifstream 的对象 iBinFile
     iBinFile.open("bit.txt",ios::binary);     //以二进制方式打开文件 bit.txt
     read(iBinFile,num);
     while(! iBinFile.eof())
         {    cout<<num;
              read(iBinFile,num);}             //从文件获取数据
     return 0;
}
```

```
    void write(ofstream& out,int value)
    {
        out.write(reinterpret_cast<char * >(&value),sizeof(int));
                                        //函数 write 的定义
    }
    void read(ifstream& in,int& value)
    {
        in.read(reinterpret_cast<char * >(&value),sizeof(int));
                                        //函数 read 的定义

    }
```

程序的运行结果为:

　　0123456789

程序分析:在将数据"0123456789"以二进制形式输出到磁盘文件"bit.txt";然后在从磁盘中以二进制形式读取文件"bit.txt",在屏幕上显示数据。

8.2.4　格式输入输出

1.提取运算符和插入运算符

(1)输入流类 istream 重载了运算符">>",用于数据输入,其原型:

　　istream operator >>(istream&,<类型修饰>&)

重载的">>"的功能:从输入流中提取数据赋值给一个变量,称为提取运算符。当系统执行"cin>>x"操作时,将根据实参 x 的类型生成相应的提取运算符重载函数的实例并调用该函数,把 x 引用传送给对应的形参,接着从键盘的输入缓冲区中读入一个值并赋给 x(因形参是 x 的引用)后,返回 istream 流,以便继续使用提取运算符为下一个变量输入数据。

例如:

　　cin>>a>>b>>c;

(2)输出流类 ostream 重载了运算符"<<",用于数据输出,其原型为:

　　ostream operator <<(ostream&,<类型修饰>&)

重载的"<<"的功能:把表达式的值插入到输出流中,称为插入运算符。当系统执行"cout<<x"操作时,首先根据 x 值的类型调用相应的插入运算符重载函数,把 x 的值传送给对应的形参,接着执行函数体,把 x 的值(亦即形参的值)输出到显示器屏幕上,在当前屏幕光标位置起显示出来,然后返回 ostream 流,以便继续使用插入运算符输出下一个表达式的值。

上面格式中的"类型修饰符"是指 char、int、double、char、bool 等 C++中固有类型的修饰符。即只要输入输出的数据属于这些 C++固有数据类型中的一种,就可直接使用">>"或"<<"完成输入输出任务。在完成输入输出任务后,">>"和"<<"把第一参数(即流对象的引用)返回,故这两个运算符都可连续使用。例如:

　　cout<<a<<b<<c;

2.默认的输入输出格式

在没有特地进行格式控制的情况下,输入输出采用默认格式。

(1)默认的输入格式。

从键盘上输入数据时,它们跳过空白(空格、换行符和制表符),直到遇到非空白字符。在单字符模式下,">>"操作符将读取该字符,将它放置到指定的位置。在其他模式下,">>"操作符将读取一个指定类型的数据,即它读取从非空字符开始,到与目标类型匹配的第一个字符之间的全部内容。C++流所识别的输入数据的类型及其默认的输入格式包括:

short、int、long(signed、unsigned):与整型常量相同;

float、double、long double:与浮点数常量相同;

char(signed、unsigned):第一个非空白字符;

char *(signed、unsigned):从第一个非空白字符开始到下一个空白字符结束;

void *:无前缀的十六进制数;

bool:把 true 或 1 识别为 true,其他的均识别为 false(VC++6.0 中把 0 识别为 false,其他的值均识别为 true)。

(2)默认的输出格式。

C++流所识别的输出数据的类型及其默认的输出格式包括:

char(signed、unsigned):单个字符(无引号);

short、int、long(signed、unsigned):一般整数形式,负数前有"−"号;

char *(signed、unsigned):字符序列(无引号);

float、double、long double:浮点或指数格式(科学表示法),取决于哪个更短;

void *:无前缀的十六进制数;

bool:1 或 0。

3.格式标志与格式控制

在流库根类的 ios_base 中,有一个作为数据成员的格式控制变量,专门用来记录格式标志;通过设置标志,可对有格式输入输出的效果加以控制。各种格式标志被定义为一组符号常量,见表 8−4 所示。

表 8−4　格式标志与格式控制

格式控制标志	含　义	格式控制标志	含　义
skipws	输入时跳过空白字符	dec	整数按十进制输出
left	输出数据在指定宽度内左对齐	oct	整数按八进制输出
right	输出数据在指定宽度内右对齐	hex	整数按十六进制输出
internal	输出数据在指定宽度内部对齐,即符号在最左端,数值数据右对齐	showbase	输出时显示数制标志(八进制是 0,十六进制是 0x)
showpoint	输出时显示小数点	uppercase	输出数值标志用大写字符
scientific	在浮点数输出时使用指数格式(如:9.1234E2)	showpos	在正整数前显示＋号
fixed	在浮点数输出时使用固定格式(如:912.34)	unitbuf	每次输出操作后立即写缓
boolalpha	将布尔量转换成字符串 false 或 true		

　　这些作为格式标志的常量与整数的对应关系是精心安排的,每一个标志对应一个二进制位,为 1 时表示对应标志已设置,为 0 时表示对应标志未设置。这些作为标志的二进制位保存在格式控制变量的低端的若干位中,每一个流对象都有这样一个作为数据成员的格式控制变量。在外部使用这些格式标志时,必须在标志前加上 ios_base::修饰。

　　格式标志中的有些关系密切的相邻标志被规定为域:由 left、right 和 internal 组成的域称为 adjustfield(对齐方式域);由 dec、oct 和 hex 组成的域称为 basefield(数制方式域);由 scientific 和 fixed 组成的域称为 floatfield(浮点方式域)。adjustfield、basefield 和 floatfield 也是在 ios_base 中定义的,因此在外部使用时也必须加上域修饰前缀 ios_base::(如 ios_base::adjustfield)。

　　可以通过调用流对象的下列三个成员函数直接设置格式控制标志:

```
setf(fmtflags fmtfl,fmtflags mask);
```

其中类型 fmtflags 实际上就是类型 int。参数 fmtfl 为格式控制标志,参数 mask 为域。此函数用于设置某个域中的标志,设置前先将该域中所有标志清除。函数返回设置前的格式控制标志。

```
setf(fmtflags fmtf1);
```

其中参数 fmtf1 为格式控制标志。此函数用于设置指定的标志,即将指定的标志位置为 1,其他标志位不受影响。函数返回设置前的格式控制标志。此函数多用于 adjustfield、basefield 和 floatfield 三个域之外的格式控制标志的设置。

```
unsetf(fmtflags fmtf1);
```

其中参数 fmtf1 为格式控制标志或域。此函数用于清除指定标志或域,即将指定标志位或域清 0。

　　除了使用上述函数外,还可以用操作符进行格式控制。对应于上述 setf 函数的操作符是:setiosflags(<格式控制标志>),对应于上述的 unsetf 函数的操作符是:resetiosflags(格式控制标志或域)。

　　例 8 - 6　对 setisflags 的应用:

```
#include <iostream>
#include <iomanip>
using namespace std;
int main( )
{
    double a=123456.343001;
    cout<<"a 的值为 123456.343001"<<endl;
    cout<<"默认只显示六位数据:"<<a<<endl;
    cout<<"setiosflags(ios::fixed):"<<setiosflags(ios::fixed)
        <<setprecision(10)<<a<<endl;
    cout<<"setiosflags(ios::scientific):"<<setiosflags(ios::scientific)
        <<setprecision(12)<<a<<endl;
    cout<<"setiosflags(ios::scientific):"<<setiosflags(ios::scientific)
```

```
              <<setprecision(10)<<a<<endl;
              cout<<"左对齐："<<setiosflags(ios::left)<<setprecision(20)
              <<a<<endl;
              cout<<"右对齐："<<setiosflags(ios::right)<<setprecision(20)
              <<a<<endl;
              return 0；
         }
```

程序的运行结果为：

     a 的值为 123456.343001

     默认只显示六位数据：123456

     setiosflags(ios::fixed)：123456.3430010000

     setiosflags(ios::scientific)：0x1.e24057cee9ddp+16

     setiosflags(ios::scientific)：0x1.e24057ceeap+16

     左对齐：0x1.e24057cee9dd80000000p+16

     右对齐：0x1.e24057cee9dd80000000p+16

4.格式控制操作符

数据输入输出的格式控制还有更简便的形式，就是使用系统头文件 iomanip.h 中提供的操作符。使用这些操作符不需要调用成员函数，只要把它们作为插入操作符<<（个别作为提取操作符>>）的输出对象即可。这些操作符及功能如下：

dec：转换为按十进制输出整数，是系统预置的进制。

oct：转换为按八进制输出整数。

hex：转换为按十六进制输出整数。

ws：从输入流中读取空白字符。

endl：输出换行符'\n'并刷新流。刷新流是指把流缓冲区的内容立即写入到对应的物理设备上。

ends：输出一个空字符'\0'。

flush：只刷新一个输出流。

setiosflags(long f)：设置 f 所对应的格式化标志，功能与 setf(long f)成员函数相同，当然输出该操作符后返回的是一个输出流。如采用标准输出流 cout 输出它时，则返回 cout。对于输出每个操作符后也都是如此，即返回输出它的流，以便向流中继续插入下一个数据。

resetiosflags(long f)：清除 f 所对应的格式化标志，功能与 unsetf(long f)成员函数相同。当然输出后返回一个流。

setfill(int c)：设置填充字符为 ASCII 码为 c 的字符。

setpreclsion(int n)：设置浮点数的输出精度为 n。

setw(int w)：设置下一个数据的输出域宽为 w。

在上面的操作符中，dec,oce,hex,endl,ends,flush 和 ws 除了在 iomanip.h 中有定义外，在 iostream.h 中也有定义。所以当程序或编译单元中只需要使用这些不带参数的操作符时，可以只包含 iostream.h 文件，而不需要包含 iomanip.h 文件。

例 8-7　用控制符控制输出格式。

```
# include <iostream>
# include <iomanip>
using namespace std;
int main( )
{   int a;
    cout<<"input a:";
    cin>>a;
    cout<<"dec:"<<dec<<a<<endl;
    cout<<"hex:"<<hex<<a<<endl;
    cout<<"oct:"<<setbase(8)<<a<<endl;
    char * pt="China";
    cout<<setw(10)<<pt<<endl;
    cout<<setfill('*')<<setw(10)<<pt<<endl;
    double pi=22.0/7.0;
    cout<<setiosflags(ios::scientific)<<setprecision(8);
    cout<<"pi="<<pi<<endl;
    cout<<"pi="<<setprecision(4)<<pi<<endl;
    cout<<"pi="<<setiosflags(ios::fixed)<<pi<<endl;
    return 0;
}
```

程序运行输入:34

程序的运行结果为:

```
input a:34
dec:34
hex:22
oct:42
     China
* * * * *China
pi=3.14285714e+000
pi=3.1429e+000
pi=3.143
```

5.输入输出宽度的控制

宽度的设置可用于输入,但只对字符串输入有效。对于输出,宽度是指最小输出宽度。当实际数据宽度小于指定的宽度时,多余的位置用填充字符(通常是空格)填满;当实际数据的宽度大于设置的宽度时,仍按实际的宽度输出。初始宽度值为 0,其含义是所有数据都将按实际宽度输出。宽度的设置与格式标志无关。有关的操作符是:

　　setw(int n);设置输入输出宽度;

等价函数调用:

io.width(n)

其中 n 为一个表示宽度的表达式。若用于输入字符串,实际输入的字符串的最大长度为 n−1。也就是说宽度 n 连字符串结束符也包含在内。函数 width 返回此前设置的宽度;若只需要这个返回值,可不给参数。

注意:宽度设置的效果只对一次输入或输出有效,在完成了一个数据的输入或输出后,宽度设置自动恢复为 0(表示按数据实际宽度输入输出)。宽度设置是所有格式设置中唯一的一次有效的设置。

如:填充,宽度,对齐方式的应用:

例 8−8 用流对象的成员函数控制输出数据格式。

```cpp
#include <iostream>
#include <iomanip>
using namespace std;
int main( )
{   int a=21;
    cout.setf(ios::showbase);
    cout<<"dec:"<<a<<endl;
    cout.unsetf(ios::hex);
    cout.setf(ios::hex);
    cout<<"hex:"<<a<<endl;
    cout.unsetf(ios::hex);
    cout.setf(ios::oct);
    cout<<"oct:"<<a<<endl;
    char *pt="China";
    cout.width(10);
    cout.fill('*');
    cout<<pt<<endl;
    double pi=22.0/7.0;
    cout.setf(ios::scientific);
    cout<<"pi=";
    cout.width(14);
    cout<<pi<<endl;
    cout.unsetf(ios::fixed);
    cout.width(12);
    cout.setf(ios::showpos);
    cout.setf(ios::internal);
    cout.precision(6);
    cout<<pi<<endl;
    return 0;
}
```

程序的运行结果为：

　　dec:21

　　hex:21

　　oct:21

　　＊＊＊＊＊China

　　pi=＊3.142857e＋000

　　＋3.142857e＋000

6.浮点数输出方式的控制

在初始状态下，浮点数都按浮点格式输出，输出精度的含义是有效位的个数，小数点的相对位置随数据的不同而浮动；可以改变设置，使浮点数按定点格式或指数格式(科学表示法，例如 3.2156e＋2)输出。在这种情况下，输出精度的含义是小数位数，小数点的相对位置固定不变，必要时进行舍入处理或添加无效 0。设置的输出方式一直有效，直到再次设置浮点数输出方式时为止。有关操作符有：

(1)resetiosflags(ios_base::floatfield)：(此为默认设置)浮点数按浮点格式输出；等价函数调用：o.unsetf(ios_base::floatfield)。

(2)fixed：浮点数按定点格式输出；等价函数调用：o.setf(ios_base::fixed,ios_base::floatfield)。

(3)sclentific：浮点数按指数格式(科学表示法)输出；等价函数调用：o.setf(ios_base::scientific,ios_base::floatfield)。

例 8-9　浮点数输出方式的控制的应用。

```cpp
# include <iostream>
# include <iomanip>
using namespace std;
int main( )
{
    double f=1.1,f1=2.2,f2=3.3;
    cout<<11<<endl;
    cout<<"";
    cout.width(7);                  //设置宽度
    cout.setf(ios::left);           //设置对齐方式为 left
    cout.fill(' ');                 //设置填充,默认为空格
    cout<<"文件流的建立";
    cout.unsetf(ios::left);         //取消对齐方式
    cout.fill('.');
    cout.width(30);
    cout<<28<<endl;
    cout.fill(' ');
    cout<<f<<' '<<f1<<' '<<f2<<endl;
```

```
        cout.unsetf(ios::fixed);              //取消按点输出显示
        cout.precision(18);                   //精度为18,正常为6
        cout<<f<<′′<<f1<<′′<<f2<<endl;
        cout.precision(6);                    //精度恢复为6
        return 0;
    }
```

程序的运行结果为:

11

1.1 2.2 3.3

1.1000000000000001 2.2000000000000002 3.2999999999999998

7.输出精度的控制

输入输出精度是针对浮点数设置的,其实际含义与浮点数输出方式有关:若采用的是浮点格式,精度的含义是有效位数;若采用的是定点格式或指数格式(科学表示法),精度的含义是小数位数。精度的设置用于输出,默认精度为 6,可以通过设置改为任意精度;将精度值设置为 0,意味着回到默认精度 6。设置的精度值一直有效,直到再次设置精度时为止。精度的设置与格式标志无关。有关操作符是:

setprecision(n):用来控制显示浮点数值的有效数的数量。

等价函数调用:

```
        io.precision(n);
```

其中 n 为表明精度值的表达式。函数返回此前设置的精度;若只需要这个返回值,可不给参数。如:输出精度的控制的例子:

```
        float f1=1.0f
```

8.对齐方式的控制

初始状态为右对齐,可以改变这一设置,使得输出采用左对齐方式或内部对齐方式。设置的对齐方式一直有效,直到再次设置对齐方式时为止。只有在设置了宽度的情况下,对齐操作才有意义。有关操作符有:

(1)left:在设定的宽度内左对齐输出,右端填以设定的填充字符;

等价函数调用:

```
        o.setf(ios_base::left,ios_base::adjustfield)
```

(2)right:(此为默认设置)在设定的宽度内右对齐输出;

等价函数调用:

```
        o.setf(ios_base::right,ios_base::adjustfield)
```

(3)internal:在设定的宽度内右对齐输出;但若有符号(一或＋),符号置于最左端;

等价函数调用:

```
        o.setf(ios_base::internal,ios_base::adjustfield)
```

9.小数点处理方式的控制

此设置只影响采用浮点格式输出的浮点数据。在初始状态下,若一浮点数的小数部分为

0,则不输出小数点及小数点后的无效 0;可以改变这一设置,使得在任何情况下都输出小数点及其后的无效 0。设置的小数点处理方式一直有效,直到再次设置小数点处理方式时为止。有关操作符有:

(1)showpoint:即使小数部分为 0,也输出小数点及其后的无效 0;

等价函数调用:

　　o.setf(ios_base::showpoint)

(2)noshowpolnt:(此为默认设置)取消上述设置:小数部分为 0 时不输出小数点;

等价函数调用:

　　o.unsetf(ios_base::showpoint)

此外,还有其他格式控制方式:插入字符串结束符、输入输出数制状态的控制、逻辑常量输出方式的控制、前导空白字符处理方式的控制、缓冲区工作方式的控制、正数的符号表示方式的控制。

本 章 小 结

所谓"文件"是指一组相关数据的有序集合。文件通常是驻留在外部介质(如磁盘等)上的,在使用时才调入内存中来。从不同的角度可对文件做不同的分类。

C++的输入输出流是指由若干字节组成的字节序列,这些字节中的数据按顺序从一个对象传送到另一对象。流表示了信息从源到目的端的流动。

文件操作的一般步骤:

(1)为文件定义一个流类对象。

(2)使用 open()函数建立(或打开)文件。

(3)进行读写操作。在建立(或打开)的文件上执行所要求的输入输出操作。

(4)使用 close()函数关闭文件。

习　　题

一、选择题

1.打开文件时可单独或组合使用下列文件打开模式:

①ios_base::app　　　②ios_base::binary　　　③ios_base::in　　　④ios_base::out

若要以二进制读方式打开一个文件,需使用的文件打开模式为(　　)。

A.①③　　　　　　　B.①④　　　　　　　C.②③　　　　　　　D.②④

2.在进行任何 C++流的操作后,都可以用 C++流的有关成员函数检测流的状态,其中只能用于检测输入流状态的操作函数名称是(　　)。

A.fail　　　　　　　B.eof　　　　　　　C.bad　　　　　　　D.good

3.下列叙述错误的是(　　)。

A.对象 infile 只能用于文件输入操作

B.对象 outfile 只能用于文件输出操作

C.对象 iofile 在文件关闭后,不能再打开另一个文件

D.对象 iofile 可以打开一个文件同时进行输入和输出

4.以下叙述中不正确的是(　　　　)。

A.C++语言中的文本文件以 ASCII 码形式存储数据

B.C++语言中,对二进制文件的访问速度比文本文件快

C.C++语言中,随机读写方式不适用于文本文件

D.C++语言中,顺序读写方式不适用于二进制文件

5.以下不能正确创建输出文件对象并使其与磁盘文件相关联的语句是(　　　　)。

A.ofstream myfile;　 myfile.open("d:ofile.txt");

B.ofstream * myfile＝new ofstream; myfile－＞open("d:ofile.txt");

C.ofstream myfile("d:ofile.txt");

D.ofstream * myfile＝new("d:ofile:txt");

6.以下不能够读入空格字符的语句是(　　　)。

A.char line;line＝cin.get();　　　　　　　　　B.char line;ciget(line);

C.char line; cin＞＞line;　　　　　　　　　　D.char line[2];cigetline(line,2);

7.控制格式输入输出的操作中,设置域宽的函数是(　　　)。

A.WS　　　　　　　B.oct　　　　　　　C.setfill(int)　　　　D.setw(mt)

8.在"文件包含"预处理语句的使用形式中,当♯include 后面的文件名用""括起时,寻找被包含文件的方式是(　　　)。

A.直接按系统设定的标准方式搜索目录

B.先在源程序所在的目录搜索,再按系统设定的标准方式搜索

C.仅仅搜索源程序所在目录

D.仅仅搜索当前目录

二、填空题

1.C++把每一个文件都看成一个有序的字节流,并以_____结束。

2.C++在类 ios 中定义了输出格式控制符,它是一个_____。该类型中的每一个量对应两个字节数据的一位,每一个位代表一种控制,如要取多种控制时可用_____运算符来合成。

3.类_____是所有基本流类的基类,它有一个保护访问限制的指针指向类_____,其中是管理一个流的缓冲区。

4.若要在程序文件中进行标准的输入输出操作,则必须在开始的 ♯ include 命令中使用_____头文件。

三、编程题

1.编程序实现以下功能:

(1)按职工号由小到大的顺序将 5 个员工的数据(包括号码、姓名、年龄、工资)输出到磁盘文件中保存。

(2)从键盘输入两个员工的数据,"职工号"大于已有的"职工.号",增加到文件的末尾。

(3)输出文件中全部职工的数据。

(4)从键盘输入一个号码,从文件中查找有无此职工号,如有则显示此职工是第几个职工以及此职工的全部数据。如没有,就输出"无此人",可以反复多次查询,如果输入查找的职工

号为 0,就结束查询。

2.建立两个磁盘文件,f1.dat 和 f2.dat,编程序完成以下工作:

(1)从键盘输入 20 个整数,分别存放在两个磁盘文件中(每个文件中放 10 个整数);

(2)从 f1.dat 读入 10 个数,然后存放到 f2.dat 文件原有数据的末尾;

(3)从 f2.dat 中读 20 个整数,对它们按从小到大的顺序存放在 f2.dat(不保留原来的数据)。

第 9 章 异 常 处 理

程序设计人员在编写程序的时候,要能够预计到程序运行时可能发生的一些问题,并加以处理。例如,在做除法运算的时候要防止除数等于 0。但是,如果只是能够预计到问题的发生,而没有一种有效机制来解决这些可能发生的问题,程序运行后,还是有可能导致严重后果。C++语言异常处理(exception handling)就是要提出或者研究一种机制,能够较好地处理程序运行中可能出现的异常问题。本章主要介绍什么是异常和异常处理,什么是 C++的异常处理机制;在程序中使用异常处理、传递异常的方法。

9.1 异常处理的基本思想

编写程序,不可能不出现错误。程序的错误包括三种:语法错误、逻辑错误和运行错误。语法错误初学者最常见的错误。如一个语句后面遗漏了分号,常量放到了赋值号左边等等。语法错误是可以在程序编译的时候,被编译系统发现的,所以语法错误有时候也称为编译错误。语法错误一般是最容易发现和改正的错误。逻辑错误是在程序逻辑上出现的错误。出现的原因往往也是使用语句不当而造成的,例如:

```
for(i=0;i<k;i++)
if(minvalue>score[i]);
minvalue=score[i];
```

该程序段目的是求数组 score 的最小值,但是编程的时候在 if 条件后添加了不应该添加的分号,客观上导致了逻辑上的错误。当然,也可能是算法上出现的问题导致的逻辑错误。逻辑错误一般不会使程序运行非正常结束,但一定会导致程序执行结果的不正确。逻辑错误一般通过程序调试加以发现和解决。

运行错误是在程序运行时出现的错误。运行错误有可能导致程序运行的非正常结束。例如,当指针没有恰当初始化时,程序运行以后就会中止。还有一些运行错误需要在一定的条件下才会发生。例如,在做除法的时候,可能出现除数等于 0 的错误。如果不出现除数为 0 的情况,除法将正常进行,不出现运行错误;反之,如果除数为 0,除法就不能正常进行,出现运行错误。类似的运行错误可以有很多,例如,计算圆的面积时,当输入的半径是负数,就无法计算等。对于这种类型的运行错误,是有可能意识到并采取相应的措施的。

例 9-1 编写程序,要求输入圆的半径,调用函数计算圆面积。计算时要检查圆的半径不能是负数。

分析:设计算圆面积的函数是 CircieArea( ),它有一个 double 类型的参数。当检查半径正常时,返回圆的面积,当半径是负数时,就不能正常返回,调用系统函数,终止程序执行。

```
//用一般的方法处理非正常输入
# include <iostream>
using namespace std;
```

```
const double PI ＝3.1415926；
double CircleArea(double r)
{    if(r<0)                         //检测半径是否为负数
     {
          cout<<"半径不可以为负数!"<<endl；
          abort( )；                        //调用 abort( )函数终止运行
     }
     return PI＊r＊r；
}
int main( )
{
     double radius,area；
     cout<<"输入半径 radius:"；
     while(cin>>radius)
     {    area＝CircleArea(radius)；
          cout<<"半径为"<<radius<<"的圆面积是"<<area<<endl；
          cout<<"再次输入半径(输入非数字表示结束:)"；
     }
     cout<<"Bye!"<<endl；
     return 0；
}
```

程序的运行结果为：

　　输入半径 radius:2

　　半径为 2 的圆面积是 12.5664

　　再次输入半径(输入非数字表示结束:)－2

　　半径不可以为负数!

程序分析:程序运行后,如果输入的圆半径是负数,程序将给出错误信息,并终止执行。

当然,对于输入错误的处理还可以有其他方式。这里采用程序终止的做法是为了便于和 C＋＋异常处理做比较。在 C＋＋异常处理中,也是这样的处理思路,但是程序不会终止,可以重新输入后继续运行。

为了更好地处理程序运行中可能发生的错误,C＋＋提出了异常处理机制。支持面向对象程序设计和异常处理机制是 C＋＋语言的两大特点,也是现代程序设计语言的两大特点。

异常(exceptions)是一个可以正确运行的程序在运行中可能发生的错误。这种错误一旦发生,如果处理不当,往往会导致程序运行的终止。异常处理指的是对运行时出现的差错以及其他例外情况的处理。

程序运行中一定会发生的错误,不属于异常。一定会发生的运行错误,必须通过修改程序加以解决。

如果异常不发生,程序的运行就没有一点问题,但是,如果异常发生了,程序的运行就可能不正常,甚至会终止程序的运行。常见的异常,例如:

(1)溢出错误。运算的结果可能太大(上溢出),或者太小(下溢出),超过了变量允许表示数据的范围。

(2)系统资源不足导致的运行错误。如因为内存不足,用 new 运算符申请动态内存失败,运算无法继续进行。

(3)文件读/写错误。例如,在读文件时不能找到需要读出的文件,写文件时,不能创建要输出的文件,等等。

(4)类型转换错误。在进行强制类型转换时,也可能因为不允许进行转换而发生运行错误。

(5)用户操作错误导致运算关系不正确。例如出现除数为 0、数据超过允许的范围等,使得运算不能继续进行而出现运行错误,有的资料上也将这类错误称为异常中的逻辑错误。

异常有以下的一些特点:

(1)偶然性。程序运行中,异常并不总是会发生。

(2)可预见性。异常的存在和出现是可以预见的。

(3)严重性。一旦异常发生,程序可能终止,或者运行的结果不可预知。

对于程序中的异常,通常有 3 种处理的方法:

(1)不做处理。很多程序实际上就是不处理异常的。

(2)发布相应的错误信息,然后终止程序的运行。在 C 语言的程序中,往往就是这样处理的。

(3)适当地处理异常,一般应该使程序可以继续运行。

一般来说,异常处理就是在程序运行时对异常进行检测和控制。C++处理异常的机制是由 3 个部分组成的:检查(try)、抛出(throw)和捕捉(catch)。把需要检查的语句放在 try 块中,throw 用来捕捉异常信息,如果捕捉到了异常信息,就处理它。

例 9-1 就属于第(2)种处理方式。这种处理方式的特点如下:

(1)异常的检测和处理都是在一个程序模块(CircleArea()函数)中进行的。

(2)由于要求函数的返回值是大于 0 的圆的面积值,因此,即使检测到圆半径小于 0 的情况,也不能通过返回值来反映这个异常。只能调用函数 abort() 终止程序的运行。

结束程序运行的系统函数还有 exit( ),它和 abort( )函数都需要 stdlib.h 头文件的支持。

9.2　C++语言异常处理机制

C++语言的异常处理机制可以用 3 个关键词,2 个程序块来概括。3 个关键词就是 try、throw 和 catch;2 个程序块就是 try 模块和 catch 模块。

C++语言异常处理的语法可以表述如下:

throw 语句的形式为:

```
    throw   <表达式>
```

try-catch 语句的形式为:

```
    try
    {
        <受保护语句>
```

　　　　throw ＜异常＞

　　　　＜其他语句＞

　　　}

　　catch(＜异常类型[参数]＞)

　　　　{＜进行异常处理的语句＞}

　　try 程序块(try block)是用一对大括号{}括起来的块作用域的程序块,对有可能出现异常的程序段进行检测。如果检测到异常,就通过 throw 语句抛出一个异常。try 块中的"其他语句"是在没有检测和抛出异常时要执行的语句,执行以后,推出 try 程序块;一旦抛出了异常(执行了 throw 语句),这些"其他语句"就不再执行,直接退出 try 程序块。

　　catch 程序块的作用是捕获异常和处理异常。一个 try 程序块必须至少有一个 catch 块与之对应。在 try 块中抛出的异常由 catch 块捕获,并根据所捕获的异常的类型来进行异常处理。

　　在 C++术语中,异常会有两种出现形式:Exceptions 和 Exception。Exceptions 是指异常概念的总称。例如,讨论什么是异常,就用 Exceptions。而结尾没有 s 的 Exception 是一个异常,它是作为专用名词出现的,就是将异常检测程序所抛出的"带有异常信息的对象"称为"异常"。当然,这样的异常如果抛出的不止一个,也会使用复数形式。而对异常处理过程和具体捕获异常并进行处理的程序都称为 Exception Handler。

9.3　异常处理的实现

　　C++语言处理通过三个关键字 throw、try 和 catch 实现。在一般情况下,被调用函数直接检测异常条件的存在,并用 throw 语句抛出一个异常。

9.3.1　基本的异常处理

　　上节已理解了 C++语言的异常处理机制,下面通过两个实例讲解基本异常处理的实现。

　　例 9 - 2　基本的异常处理过程应用。给三角形的三边 a、b、c,求三角形的面积。只有 a+b>c,b+c>a,c+a>b 时才能构成三角形。设置异常处理,对不符合三角形条件的输出警告信息,不予计算。本例只用来说明基本的异常处理过程。

```
# include ＜iostream＞
# include ＜cmath＞
using namespace std;
int main( )
{    double triangle(double,double,double);
     double a,b,c;
     cout<<"请输入 a,b,c 的值:";
     cin>>a>>b>>c;
     try                          //在 try 块中包含要检查的函数
        {    while(a>0 && b>0 && c>0)
        {    cout<<triangle(a,b,c)<<endl;
```

```
            cout<<"请再次输入 a,b,c 的值:";
            cin>>a>>b>>c;}
    }
    catch(double)                          //用 catch 捕捉异常信息并作相应处理
    {   cout<<"a="<<a<<",b="<<b<<",c="<<c<<",
                                    that is not a triangle!"<<endl;}
        cout<<"end"<<endl;
        return 0;
    }
    double triangle(double a,double b,double c)
                                    //计算三角形的面积的函数
    {   double s=(a+b+c)/2;
        if(a+b<=c||b+c<=a||c+a<=b)throw a;
                                    //当不符合三角形条件抛出异常信息
        return sqrt(s*(s-a)*(s-b)*(s-c));
    }
```

程序的运行结果为:

```
    请输入 a,b,c 的值:6 5 4
    9.92157
    请再次输入 a,b,c 的值:1 1.5 2
    0.726184
    请再次输入 a,b,c 的值:1 2 1
    a=1,b=2,c=1,that is not a triangle!
    end
```

现在结合程序分析怎样进行异常处理。

(1)首先把可能出现异常的、需要检查的语句或程序段放在 try 后面的花括号中。

(2)程序开始运行后,按正常的顺序执行到 try 块,开始执行 try 块中花括号内的语句。如果在执行 try 块内的语句过程中没有发生异常,则 catch 子句不起作用,流程转到 catch 子句后面的语句继续执行。

(3)如果在执行 try 块内的语句(包括其所调用的函数)过程中发生异常,则 throw 运算符抛出一个异常信息。throw 抛出异常信息后,流程立即离开本函数,转到其上一级的函数(main 函数)。throw 抛出什么样的数据由程序设计者自定,可以是任何类型的数据。

(4)这个异常信息提供给 try-catch 结构,系统会寻找与之匹配的 catch 子句。

(5)在进行异常处理后,程序并不会自动终止,而会继续执行 catch 子句后面的语句。由于 catch 子句是用来处理异常信息的,往往被称为 catch 异常处理块或 catch 异常处理器。

通过以上说明可以看出,C++处理异常有两个基本的做法:

(1)异常的检测和处理是在不同的代码段中进行的。认为检测异常是程序编写者的责任,而异常的处理是程序使用者要关心的问题。或者说,不同的人使用相同的程序,有可能对于异常会有不同的处理方式。

（2）由于异常的检测和处理不是在同一个代码段中进行的，在检测异常和处理异常的代码段之间需要有一种传递异常信息的机制，在 C++中是通过"对象"来传递异常的。这种对象可以是一种简单的数据（如整数），也可以是系统定义或用户自定义的类的对象。

例 9-2 是异常处理最简单的一种情况。有时候，在 try 程序块中，可以调用其他函数，并在所调用的函数中检测和抛出异常，而不是在 try 程序块中直接抛出异常。这时，看起来抛出异常不是在 try 块中进行，实际不然，在 try 块中所调用的函数，仍然是属于这个 try 模块的，所以这个模块中的 catch 部分，仍然可以捕获它所抛出的异常并进行处理。

例 9-3 利用 C++的异常处理机制重新处理例 9-1。

分析：希望通过 C++的异常处理后，不但能检测到输入半径为负数的异常，发布相应的信息，而且程序还要继续运行下去，直到程序结束。

```cpp
//用 C++的异常处理机制修改例 9-1,处理输入异常
# include <iostream>
using namespace std;
const double PI =3.1415926;
double CircleArea(double r)
{
    if(r<0)                              //检测半径是否为负数
    {
        throw"半径不可以为负数!";          //抛出异常
    }
    return PI * r * r;                   //没有异常,返回圆面积
}
int main( )
{   double radius,area;
    cout<<"输入半径 radius:";
    while(cin>>radius)                   //输入非数字结束循环
    {   try                              //try block
        {area=CircleArea(radius);}
        catch(const char * s)            //catch block
        {   cout<<s<<endl;
            cout<<"请重新输入圆半径:";
            continue;}
        cout<<"半径为"<<radius<<"的圆面积是"<<area<<endl;
        cout<<"再次输入半径(输入非数字表示结束):";
    }
    cout<<"程序结束,再见! \n";
    cout<<"bye! \n";
    return 0;
}
```

程序的运行结果为：

  输入半径 radius：6

  半径为 6 的圆面积是 113.097

  再次输入半径（输入非数字表示结束）：-1

  半径不可以为负数！

  请重新输入圆半径：5

  半径为 5 的圆面积是 78.5398

  再次输入半径（输入非数字表示结束）：a

  程序结束，再见！

  bye！

程序分析：

（1）在 try 的复合语句中，调用了函数 CircleArea（ ）。因此，尽管 CircleArea（ ）函数是在 try 模块的外面定义的，它仍然属于 try 模块，要在 try 语句块中运行。

（2）CircleArea（ ）函数检测到异常后，抛出一个字符串作为异常对象，异常的类型就是字符串类型。

（3）如果 CircleArea（ ）函数抛出了异常，throw 后面的语句就不执行了，也就是不需要考虑这时的返回值应该是什么，而将异常处理交给异常处理程序完成。

（4）catch 程序块指定的异常对象类型是 char＊，可以捕获字符串异常。捕获异常后的处理方式是通过 continue 语句，跳过本次循环，也不输出结果，直接进入下一次循环，要求用户再输入一次半径。

（5）等到输入一个非数字的字符时，while 循环结束。整个 try 模块的运行也就结束。最后再运行 try 模块外的语句：输出信息"程序结束，再见！"。

从这个过程中，可以清楚地看到：尽管在程序中，throw 语句看起来没有在 try 块中，但因为 CircleArea（）函数是属于 try 块的，所以 throw 语句也是在 try 块中的。

9.3.2　C++异常处理的其他形式

除了一个 try 块对应一个 catch 块外，C++异常处理还可以有多种其他的处理方式。本节介绍两种比较简单的方式：多个 catch 块结构和多个 try-catch 块的结构。

1.一个 try 块对应多个 catch 块

一个 try 语句块后面可以有多个 catch 语句，每个 catch 块匹配一种类型的异常错误对象的处理，多个 catch 块就可以针对不同的异常错误类型分别处理。

下面来修改一下例 9-3：在函数 CircleArea（）中处理两种异常，一种是输入半径为 0，一种是输入半径为负数。输入半径等于 0 时，抛出异常对象是一个字符串；输入半径等于负数时，抛出的异常对象是类型为 double 的半径值。这时，就要用两个 catch 块来捕捉不同的异常对象。

例 9-4　一个 try 块对应多个 catch 块实例。

```
＃include ＜iostream＞
using namespace std;
const double PI ＝3.1415926;
```

```
double CircleArea(double r)
{
    if(r==0)                               //检测半径是不是等于零
    {
        throw"半径为 0 不考虑!";           //抛出一种异常
    }
    if(r<0)                                //检测半径是不是为负数
    {
        throw r;                           //抛出另一种异常
    }
    return PI * r * r;                     //没有异常,返回圆面积
}
int main( )
{
    double radius,area;
    cout<<"输入半径 radius:";              //输入非数字结束循环
    while(cin>>radius)
    {   try                                //try 块
        {   area=CircleArea(radius);}
        catch(const char * s)              //第一个 catch 块
        {   cout<<s<<"\n 请重新输入圆半径:";
            continue;}
        catch(double r)                    //第二个 catch 块
        {   cout<<"现在输入的半径是"<<r<<"\n 请重新输入圆半径:";
            continue;}
        cout<<"半径为"<<radius<<"的圆面积是"<<area<<endl;
        cout<<"再次输入半径(输入非数字表示结束):";
    }
    cout<<"程序结束,再见! \n";
    return 0;
}
```

程序的运行结果为:

```
输入半径 radius:0
半径为 0 不考虑!
请重新输入圆半径:2
半径为 2 的圆面积是 12.5664
再次输入半径(输入非数字表示结束):-1
现在输入的半径是-1
请重新输入圆半径:3
```

半径为 3 的圆面积是 28.2743

再次输入半径(输入非数字表示结束):d

程序结束,再见!

程序分析:对于单个 try、多个 catch 块的结构,特别要注意的是,虽然在一个 try 块中可以有多个 throw 语句,抛出多个异常,但是,每次进入 try 块,仍然只能抛出一个异常,而不是可以连续地抛出多个异常。请看下面的程序段:

```cpp
#include <iostream>
using namespace std;
int main( )
{   try
    {   cout<<"在 try 块中,准备抛出一个 int 数据类型的异常。"<<endl;
        throw 1;
        cout<<"在 try 块中,准备抛出一个 double 数据类型的异常。"<<endl;
        throw 0.5;
    }
    catch(int & value)
    {   cout<<"在 catch 块中,准备抛出一个 int 数据类型的异常。"<<endl;
    }
    catch(double d_value)
    {   cout<<"在 catch 块中,准备抛出一个 double 数据类型的异常。"<<endl;
    }
    return 0;
}
```

程序没有编译错误,可以运行。但是,程序的效果就相当于单个 catch 块的异常处理。因为,在这个 try 块中,实际只能抛出一个异常,异常对象是 int 型常数。然后就会退出 try 块,进入异常处理阶段,也就是进入某个 catch 块。这个 try 块中要抛出第 2 个异常是没有机会的。同样,进入第 2 个 catch 块也是没有机会的。所以,相当于单个的 try-throw-catch 的异常处理结构。也就是,没有恰当地说明编写多个 catch 块程序的正确方法。

2.多个 try-catch 块

如果说,单个 try、多个 chatch 块的结构,主要用于检测和处理某种对象可能发生的多种异常,那么,多个 try-catch 块结构,就可以用来检测和处理多个对象各自的异常。例如,计算圆的面积需要判断半径是不是负数;计算矩形面积同样也有这个问题。这时就可以使用多个 try-catch 块的结构。

例 9-5 多个 try-catch 结构的实例。

分析:程序要连续计算圆面积和立方体体积。将输入半径为负数,以及输入边长为负数看作异常,需要进行检测和处理。这样就需要两个 try-catch 块。

```cpp
#include <iostream>
using namespace std;
const double PI = 3.1415926;
```

```
double CircleArea(double r)
{
    if(r<0)                              //检测半径是不是为负数
    {
        throw"半径不可为负数!";           //抛出异常
    }
    return PI * r * r;                    //没有异常,返回圆面积
}


double CubeVolume(double c)
{
    if(c<0)                              //检测边长是不是负数
    {
        throw"立方体边长不可以为负数!";    //抛出异常
    }
    return c * c * c;                     //没有异常,返回立方体体积
}
int main( )
{
        double radius,CubeSide,area,volume;
        cout<<"输入半径和立方体边长:";
        while(cin>>radius>>CubeSide)       //输入非数字结束循环
        {
            try                           //try 块
            {   area=CircleArea(radius);
                cout<<"半径为"<<radius<<"的圆面积是"<<area<<endl;}
            catch(const char * s)          //catch 块
            {   cout<<s<<endl;
                cout<<"半径为负数,此次圆面积不计算!"<<endl;
            }
            try                           //try 块
            {   volume=CubeVolume(CubeSide);
                cout<<"边长为:"<<CubeSide<<"的立方体体积是"
                            <<volume<<endl;
            }
            catch(const char * s)          //catch 块
            {   cout<<s<<endl;

                cout<<"边长为负数,此次立方体体积不计算!"<<endl;}
```

```
            cout<<"\n 再次输入半径和边长(输入非数字表示结束):";
        }
        cout<<"程序结束,再见!"<<endl;
        return 0;
    }
```

程序的运行结果为:

```
输入半径和立方体边长:0 0
半径为 0 的圆面积是 0
边长为:0 的立方体体积是 0

再次输入半径和边长(输入非数字表示结束):1 2
半径为 1 的圆面积是 3.14159
边长为:2 的立方体体积是 8

再次输入半径和边长(输入非数字表示结束):-1 -2
半径不可为负数!
半径为负数,此次圆面积不计算!
立方体边长不可以为负数!
边长为负数,此次立方体体积不计算!

再次输入半径和边长(输入非数字表示结束):-1 2
半径不可为负数!
半径为负数,此次圆面积不计算!
边长为:2 的立方体体积是 8

再次输入半径和边长(输入非数字表示结束):1 -2
半径为 1 的圆面积是 3.14159
立方体边长不可以为负数!
边长为负数,此次立方体体积不计算!

再次输入半径和边长(输入非数字表示结束):d d
程序结束,再见!
```

程序分析:程序在结束了一个 try-catch 块的执行后,就进入下一个 try-catch 块,分别进行异常检测和处理。此时,不能像前面例子那样用 continue 语句来跳过循环中的其余语句。在程序的具体处理上和前面例子也稍有不同。

从程序的输出来看,无论是半径和边长输入都正常、一个正常和一个不正常,以及两个都不正常的情况下,都能正常地运行,达到了预期的效果。

9.4　使用异常的方式

throw 语句所传递的异常,可以是各种类型,如整型、实型、字符型、指针等,也可以用类对象来传递异常。

因为类是对象的属性和行为的抽象,所以作为类的实例的对象既有数据属性,也有行为属性。使用对象来传递异常,既可以传递和异常有关的数据属性,也可以传递和处理异常有关的行为或者方法。

专门用来传递异常的类称为异常类。异常类可以是用户自定义的,也可以是系统提供的exception 类。

9.4.1　C++的 exception 类

C++提供了一个专门用于传递异常的类:exception 类,可以通过 exception 类的对象来传递异常。

exception 类的定义可以表述如下:

```
class exception
{
public:
    exception( );                        //默认构造函数
    exception(char * );                  //字符串做参数的构造函数
    exception(const exception&);
    exception operator=(const exception&);
    virtual ~exception( );               //虚析构函数
    virtual char * what( )const;         //what( )虚函数
    private:
    char * m_what;
};
```

其中和传递异常最直接有关的函数有以下两个:

(1)带参数的构造函数。参数是字符串,一般就是检测到异常后要显示的异常信息。

(2)what( )函数。返回值就是构造 exception 类对象时所输入的字符串,可以直接用插入运算符"<<"在显示器上显示。

如果捕获到 exception 类对象后,只要求显示关于异常的信息,可以直接使用 exception类。如果除了错误信息外,还需要显示其他信息,或者进行其他的操作,则可以定义一个exception类的派生类,在派生类中可以定义虚函数 what()的重载函数,以便增加新的信息的显示。

C++已经定义了一批 exception 类的派生类,用来处理各种类型的异常。相应的结构如图 9-1 所示。

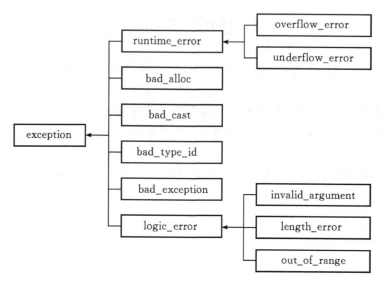

图 9-1 C++的 exception

这些异常派生类可以分为以下几种情况：

（1）runtime_error 类处理某些运行错误，主要是溢出错误。当运算结果太大而无法表示时，由 overflow_error 类处理，除法溢出也属于这种异常；而当运算结果太小而无法表示时，由 underflow_error 类来处理。在程序中使用这些类时要包含头文件 stdexcept。

（2）logic_error 派生类处理运行中的逻辑错误，这里所说的逻辑错误有时也会认为是运行错误。相应的派生类包括：invalid_argument 类，用来处理函数参数传递时发生类型不能匹配的错误；length_error 派生类，处理对象的长度超过允许范围的错误；out_of_range 派生类，处理数值超过允许范围的错误。使用这些类的程序，要包含头类文件 stdexcept。

（3）还有一些派生类是为运算符操作异常所使用的。bad_alloc 异常是在 new 运算符不能申请到动态内存时抛出的；bad_cast 异常是在使用运算符 dynamic_cast 进行不能允许的强制类型转换时抛出的；而 bad_type_id 异常是由 typeid 运算符运算发生错误时抛出的。

（4）bad exception 类处理未知的异常。

例 9-6 用 runtime_error 派生类处理溢出异常的实例。

分析：程序中定义一个除法函数，在除法溢出时（除数为 0）抛出一个 runtime_error 异常，并由相应的 catch 块处理。

程序如下：

```
# include <typeinfo>
# include <iostream>
# include <stdexcept>
using namespace std;
double quotient(double number1,double number2)
{    if(number2==0)
    throw runtime_error("除法溢出错误");
```

```
    return    number1/number2;
}
int main( )
{    //输入被除数和除数
    cout<<"输入两个实数：";
    double number1,number2;
    cin>>number1>>number2;
    try
    {    double result=quotient(number1,number2);
        cout<<number1<<"/"<<number2<<"is"<<result<<endl;
    }
    catch(exception &e)
    {    cout<<"异常："<<e.what( )<<endl;
        cout<<"异常类型："<<typeid(e).name( )<<endl;
    }
    cout<<"继续执行其他语句。"<<endl;
    return 0;
}
```

程序的运行结果为：

```
输入两个实数：7 0
异常：除法溢出错误
异常类型：class std::runtime_error
继续执行其他语句。
```

程序分析：

(1)程序中包含了头文件 stdexcept。

(2)语句"throw runtime_error("除法溢出错误");"是调用 runtime_error 派生类的构造函数,构造一个异常类的对象,并且用字符串"除法溢出错误"来初始化所创建的 runtime_error 类对象。

(3)catch 块所捕获的异常对象类型使用的是基类 exception。

(4)捕获异常后调用 exception 类的成员函数 what( )来显示错误信息。

(5)用 typeid 运算符显示异常类型。

9.4.2 用户自定义类的对象传递异常

除了用 exception 类以外,也可以由用户自己定义异常类,通过抛出自定义的异常类对象对 catch 模块进行处理。下面用栈类模板来进行说明。

栈类模板中两个主要的函数 push()和 pop()的定义中,都要考虑栈操作错误的问题:包括栈满时要进行入栈操作和栈空时进行出栈操作都是不能进行的。对于 push()函数来说,如果检测到栈满,可以显示错误信息后退出。而对于 pop()函数来说,情况就不一样了。因为 pop()函数是有返回值的,如果无法出栈,也就无法显示出栈的内容,无法执行相应的 return( )语句。在没有使用 C++异常处理机制时,pop( )函数即使检测到找空错误,也不可能正常地返回,只好通过 exit( )函数调用结束程序的执行。

可以用 C++异常处理的机制,改写这个程序。改写后的程序不仅有更好的可读性,而且在栈空不能出栈时,程序也可以继续运行,使程序有更好的健壮性。

可以定义两个异常类:一个是"栈空异常"类(StackEmptyException 类),另一个是"栈满异常"类(StackOverflowException 类)。在 try 块中,如果检测到"栈空异常",就抛出一个 SteckEmptyException 类的对象。如果检测到"栈满异常",就抛出一个 StackOverflowException 类的对象。

在这两个类中,都定义一个 getMessage( )成员函数,显示异常的消息。在 catch 块中捕获了对象异常后,就可以通过这个对象(或者对象的引用)来调用各自的 getMessage( )函数,显示相应的异常消息。

例 9 - 7 通过对象传递异常。用 C++异常处理机制来处理栈操作中的"栈空异常"和"栈满异常"。定义两个相应的异常类。通过异常类对象来传递检测到的异常,并且对异常进行处理。要求在栈空的时候,用 pop( )函数出栈失败时,程序的运行也不终止。

程序如下:

```cpp
//带有异常处理的栈
#include <iostream>
using namespace std;
class StackOverflowException                //栈满异常类
{
public:
    StackOverflowException() {}
    ~StackOverflowException() {}
    void getMessage()
    {
        cout << "异常:栈满不能入栈。" << endl;
    }
};

class StackEmptyException                //栈空异常类
{
public:
    StackEmptyException() {}
    ~StackEmptyException() {}
    void getMessage()
    {
        cout << "异常:栈空不能出栈。" << endl;
    }
};
```

```
template <class T, int i>                    //类模板定义
class MyStack
{
    T StackBuffer[i];
    int size;
    int top;
public:
    MyStack(void) : size(i)
    {
        top = i;
    };
    void push(const T item);
    T pop(void);
};
template <class T, int i>                    //push 成员函数定义
void MyStack< T, i >::push(const T item)
{
    if (top > 0)
        StackBuffer[--top] = item;
    else
        throw StackOverflowException();      //抛掷对象异常
    return;
}
template <class T, int i>                    //pop 成员函数定义
T MyStack< T, i >::pop(void)
{
    if (top < i)
        return StackBuffer[top++];
    else
        throw StackEmptyException();         //抛掷另一个对象异常
}
int main()                                   //带有异常处理的类模板测试程序
{
    MyStack<int, 5> ss;
    for (int i = 0; i < 10; i++)
    {
        try
        {
            if (i % 3)cout << ss.pop() << endl;
```

```
            else ss.push(i);
        }
        catch (StackOverflowException &e)
        {
            e.getMessage();
        }
        catch (StackEmptyException &e)
        {
            e.getMessage();
        }
    }
    cout << "Bye\n";
    system("pause");
    return 0;
}
```

程序的运行结果为：

```
0
异常:栈空不能出栈。
3
异常:栈空不能出栈。
6
异常:栈空不能出栈。
Bye
```

程序分析：

(1)语句"throw StackOverflowException( );"调用 StackOverflowException 类的默认构造函数来创建一个异常类对象,并抛出这个对象。类似地,语句"throw StackEmptyException( );"调用 StackEmptyException 类的默认构造函数来创建一个栈空异常类对象,并抛出这个对象。

(2)在 catch 语句中规定的异常类型是异常类对象的引用。当然,也可以直接用异常类对象作为异常。

(3)通过异常类对象的引用,直接调用异常类的成员函数 getMessage( )来处理异常。由于各自的 getMessage( )函数都有相应的错误信息,在创建异常类对象时就不需要使用参数了。

(4)本程序也是一个 try 块,两个 catch 块的具体例子。在 try 语句块后面直接有两个 catch 语句来捕获异常。

在例 9-7 中,设计了一个主函数,对异常处理进行测试。其中有一个 for 循环,共循环 10 次。循环体放在 try 块中来执行。当循环的次数除以 3 的余数不等于 0 时,做出栈的 pop 操作,否则就做进栈 push 操作。当 i=0 时,进栈;i=1 时,出栈,显示 0;i=2 时,出栈,出现异常,显示异常信息。然后,继续循环。运行结果表明,10 次循环都已经完成。没有出现因为空栈不能出栈,而退出运行的情况。

本 章 小 结

程序运行中的有些错误是可以预料但不可避免的,当出现错误时,要力争做到允许用户排除环境错误,继续运行程序,这就是异常处理程序的任务。C++语言提供对处理异常情况的内部支持。Try、throw 和 catch 语句就是 C++语言中用于实现异常处理的机制。

习　　题

一、选择题

1.处理异常用到 3 个保留字,除了 try,catch 外,还有(　　　)。

A.catch　　　　　　　　B.class　　　　　　　　C.throw　　　　　　　　D.return

2. catch 一般放在其他 catch 子句的后面,该子句的作用是(　　　)。

A.抛掷异常　　　　　　　　　　　　B.捕获所有类型的异常

C.检测并处理异常　　　　　　　　　　D.有语法错误

3.关于异常的描述中,错误的是(　　　)。

A.异常既可以被硬件引发,又可以被软件引发

B.运行异常可以预料,但不能避免,它是由系统运行环境造成的

C.异常是指从发生问题的代码区域传递到处理问题的代码区域的一个对象

D.在程序运行中,一旦发生异常,程序立即中断运行

4.下列说法中错误的是(　　　)。

A.引发异常后,首先在引发异常的函数内部寻找异常处理过程

B.抛出异常是没有任何危险的

C.“抛出异常”和“捕捉异常”两种操作最好放在同一个函数中

D.异常处理过程在处理完异常后,可以通过带有参数的 throw 继续传播异常

二、填空题

1.运行异常,可以_____,但不能避免,它是由_____造成的。

2.在小型程序开发中,一旦发生异常所采取的方法一般是_____。

3.C++的异常处理机制使得异常的引发和处理_____在同一函数中。

4.如果预料某段程序(成对某个函数的调用)有可能发生异常,就将它放在_____中。

5.如果某段程序中发现了自己不能处理的异常,就可以使用 throw<表达式>抛掷这个异常,其中的<表达式>表示_____ 。

6.如果异常类型声明是一个省略号(...),catch 子句便处理_____ 类型的异常,这段处理程序必须是 catch 块的最后一段处理程序。

7.异常接口声明也称为_____,已经成为函数界面的一部分。

8.函数原型的抛出列表是一个空表,表示该函数_____任何类型的异常。

9.为了使用异常类,需要包含相应的头文件。其中,异常基础类 exception 定义于_____

____中,bad_alloc定义于_____中,其他异常类定义于_____中。

10.在异常处理程序中发现异常,可以在_____语句中用 throw 语句抛出。

三、判断题

1.try 与 catch 总是结合使用的。 （   ）

2.一个异常可以是除类以外的任何类型。 （   ）

3.抛出异常后一定要马上终止程序。 （   ）

4.异常接口定义的异常参数表为空,表示可以引发任何类型的异常。 （   ）

5.C++标准库中不需要异常类,因为 C++标准库中很少发生异常。 （   ）

6.异常处理程序捕获到异常后,必须马上处理。 （   ）

7.一个异常只能在 catch 语句中再用 throw 语句抛出。 （   ）

8.当 catch 子句的异常类型声明参数被初始化后,将从对应的 try 块开始到异常被抛那处之间构造(且尚未析构)的所有自动对象进行析构。 （   ）

四、简答题

1.什么叫异常处理?

2.C++的异常处理机制有何优点?

五、程序分析题(分析程序,写出程序的输出结果)

1.

```cpp
#include<iostream>
using namespace std;
class Nomilk
{
public:
    Nomilk();
    Nomilk(int how_many);
    int get_money();
private:
    int count;
};

int main()
{
    int money,milk;
    double dpg;
    try
    {
        cout<<"Enter nunber of money:";
        cin>>money;
        cout<<"Enter nunber of glasses of milk:";
        cin>>milk;
```

```
            if(milk <=0)
                throw Nomilk(money);
            dpg= money/double(milk);
            cout<< money<<"yuan"<< endl<<milk<<" glasses of milk."<<
             endl<<"You have"<<dpg<<"yuan for each glass of milk."<< endl;
        }
    catch(Nomilk e)
    {
        cout<<e.get_money()<<"yuan,and No Mike!"<<endl<<
                                        "Go buy some milk."<<endl;
    }
    cout<<"End of program."<<endl;
    return 0;
}
Nomilk::Nomilk()
{}
Nomilk::Nomilk(int how_many):count(how_many)
{}
int Nomilk::get_money()
{
    return count;
}
```

2.

```
#include<iostream>
using namespace std;
void Test(char * d)
{
    try{throw "Testing throw and catch";}
    catch(char * )
    {
        cout<<"catch a character in Test()!"<<endl;
        throw 1;
    }
    catch(int)
    {
        cout<<"catch a interger in Test()!"<<endl;
    }
}
int main()
```

```
{
    char *c;
    c="Test";
    try
    {   Test(c);}
    catch(int)
    {   cout<<"catch a interger in main()!"<<endl;}
    catch(char *)
    {   cout<<"cathc a character in main()!"<<endl;}
    return 0;
}
```

第 10 章　图形界面 C＋＋程序设计

近些年 VC＋＋主要的版本包括：VC＋＋ 6.0、VC＋＋ 2010、VS 2003、VS 2005、VS 2008和 VS 2010。其中 VC＋＋ 6.0 占用的系统资源比较少，打开工程、编译运行都比较快，所以赢得很多软件开发者的青睐。但因为它先于 C＋＋标准推出，所以对 C＋＋标准的支持不太好。举个例子：

```
for(int i＝0；i＜5；i＋＋)
｛
    a[i] ＝ i；
｝
```

for 语句中声明的变量 i，对于 VC＋＋ 6.0 来说，for 循环结束后仍能使用。但很显然这与C＋＋标准对于变量生存期的规定不符合。随着 VC＋＋版本的更新，对 C＋＋标准的支持越来越好，对各种技术的支持也越来越完善。但同时新版本所需的资源也越来越多，对处理器和内存的要求越来越高。

本章主要详细介绍图形界面 C＋＋程序设计，在例程的演示中采用 VS 2010 运行平台，因为它是较新版本，类库和开发技术都是较完善的。介绍 VC＋＋图形界面时必然要提 MFC，MFC 全称 Microsoft Foundation Classes，也就是微软基础类库。它是 VC＋＋ 的核心，是C＋＋ 与 Windows API 的结合，很彻底地用 C ＋ ＋ 封装 Windows SDK（Software Development Kit，软件开发工具包）中的结构和功能，还提供了一个应用程序框架，此应用程序框架为软件开发者完成了一些例行化的工作，比如各种窗口、工具栏、菜单的生成和管理等，不需要开发者再去解决那些很复杂很乏味的难题；比如每个窗口都要使用 Windows API 注册、生成与管理。这样就大大减少了软件开发者的工作量，提高了开发效率。当然 VC＋＋不是只能够创建 MFC 应用程序，同样也能够进行 Windows SDK 编程，但是那样的话就舍弃了VC＋＋的核心，放弃了 VC＋＋最强大的部分。

本章主要讲解 VS 2010 中 MFC 基本的概念，结合实例介绍窗口、图形等的可视化程序设计与实现。

10.1　VS 2010 应用程序工程中文件的组成结构

应用程序向导生成框架程序后，我们可以在之前设置的 Location 下看到以解决方案名命名的文件夹，此文件夹中包含了几个文件和一个以工程名命名的子文件夹，这个子文件夹中又包含了若干个文件和一个 res 文件夹，创建工程时的选项不同，工程文件夹下的文件可能也会有所不同。如果已经以 Debug 方式编译链接过程序，则会在解决方案文件夹下和工程子文件夹下各有一个名为"Debug"的文件夹，而如果是 Release 方式编译则会有名为"Release"的文件夹。这两种编译方式将产生两种不同版本的可执行程序：Debug 版本和Release 版本。Debug 版本的可执行文件中包含了用于调试的信息和代码，而 Release 版本则没有调试信息,不能进行调试,但可执行文件比较小。文件分为 6 个部分:解决方案相关文件、工程相关文件、应用程序头文件和源文件、资源文件、预编译头文件以及编译链接生成文件。

1.解决方案相关文件

解决方案相关文件包括解决方案文件夹下的.sdf 文件、.sln 文件、.suo 文件和 ipch 文件夹。.sdf 文件和 ipch 目录一般占用空间比较大,几十兆甚至上百兆,与智能提示、错误提示、代码恢复等相关。如果不需要则可以设置不生成它们,方法是点击菜单栏 Tools->Options,弹出 Options 对话框,选择左侧面板中 Text Editor->C/C++->Advanced,右侧列表中第一项 Disable Database 由 False 改为 True 就可以了,最后关闭 VS 2010,再删除.sdf 文件和 ipch 目录,以后就不会再产生了。但关闭此选项以后也会有很多不便,例如写程序时的智能提示没有了。.sln 文件和.suo 文件为 MFC 自动生成的解决方案文件,它包含当前解决方案中的工程信息,存储解决方案的设置。

2.工程相关文件

工程相关文件包括工程文件夹下的.vcxproj 文件和.vcxproj.filters 文件。.vcxproj 文件是 MFC 生成的工程文件,它包含当前工程的设置和工程所包含的文件等信息。.vcxproj.filters 文件存放工程的虚拟目录信息,也就是在解决方案浏览器中的目录结构信息。

3.应用程序头文件和源文件

应用程序向导会根据应用程序的类型(单文档、多文档或基于对话框的程序)自动生成一些头文件和源文件,这些文件是工程的主体部分,用于实现主框架、文档、视图等。下面分别简单介绍下各个文件:

①HelloWorld.h:应用程序的主头文件。其主要包含由 CWinAppEx 类派生的 CHelloWorldApp 类的声明,以及 CHelloWorldApp 类的全局对象 theApp 的声明。

②HelloWorld.cpp:应用程序的主源文件。其主要包含 CHelloWorldApp 类的实现,CHelloWorldApp 类的全局对象 theApp 的定义等。

③ MainFrm.h 和 MainFrm.cpp:通过这两个文件从 CFrameWndEx 类派生出 CMainFrame 类,用于创建主框架、菜单栏、工具栏和状态栏等。

④HelloWorldDoc.h 和 HelloWorldDoc.cpp:这两个文件从 CDocument 类派生出文档类 CHelloWorldDoc,包含一些用来初始化文档、串行化(保存和装入)文档和调试的成员函数。

⑤HelloWorldView.h 和 HelloWorldView.cpp:它们从 CView 类派生出名为 CHelloWorldView 的视图类,用来显示和打印文档数据,包含了一些绘图和用于调试的成员函数。

⑥ClassView.h 和 ClassView.cpp:由 CDockablePane 类派生出 CClassView 类,用于实现应用程序界面左侧面板上的 Class View。

⑦FileView.h 和 FileView.cpp:由 CDockablePane 类派生出 CFileView 类,用于实现应用程序界面左侧面板上的 File View。

⑧OutputWnd.h 和 OutputWnd.cpp:由 CDockablePane 类派生出 COutputWnd 类,用于实现应用程序界面下侧面板 Output。

⑨PropertiesWnd.h 和 PropertiesWnd.cpp:由 CDockablePane 类派生出 CPropertiesWnd

类,用于实现应用程序界面右侧面板 Properties。

⑩ViewTree.h 和 ViewTree.cpp:由 CTreeCtrl 类派生出 CViewTree 类,用于实现出现在 ClassView 和 FileView 等中的树视图。

4.资源文件

一般我们使用 MFC 生成窗口程序都会有对话框、图标、菜单等资源,应用程序向导会生成资源相关文件:res 目录、HelloWorld.rc 文件和 Resource.h 文件。

①res 目录:工程文件夹下的 res 目录中含有应用程序默认图标、工具栏使用图标等图标文件。

②HelloWorld.rc:包含默认菜单定义、字符串表和加速键表,指定了默认的 About 对话框和序默认图标文件等。

③Resource.h:含有各种资源的 ID 定义。

5.预编译头文件

几乎所有的 MFC 程序的文件都要包含 afxwin.h 等文件,如果每次都编译一次则会大大减慢编译速度。所以把常用的 MFC 头文件都放到了 stdafx.h 文件中,然后由 stdafx.cpp 包含 stdafx.h 文件,编译器对 stdafx.cpp 只编译一次,并生成编译之后的预编译头 HelloWorld.pch,大大提高了编译效率。

6.编译链接生成文件

如果是 Debug 方式编译,则会在解决方案文件夹和工程文件夹下都生成 Debug 子文件夹,而如果是 Release 方式编译则生成 Release 子文件夹。

工程文件夹下的 Debug 或 Release 子文件夹中包含了编译链接时产生的中间文件,解决方案文件夹下的 Debug 或 Release 子文件夹中主要包含有应用程序的可执行文件。我们已经看到对象如何作为它自己的类型或它的基类的对象使用。另外,它还能通过基类的地址被操作。取一个对象的地址(或指针或引用),并看作基类的地址,这被称为向上映射,因为继承树是以基类为顶点的。

10.2 MFC 编程特点

如果你曾经使用过传统的 Windows 编程方法开发应用程序,你会深刻地体会到,即使是开发一个简单的 Windows 应用程序,也需要对 Windows 的编程原理有很深刻的认识,同时也要手工编写很多的代码。因为程序的出错率几乎是随着代码长度的增加呈几何级数增长的,这就使得调试程序变得非常困难。所以传统的 Windows 编程是需要极大的耐心和丰富的编程经验的。

近几年来,面向对象技术无论是在理论还是实践上都在飞速地发展。面向对象技术中最重要的就是"对象"的概念,它把现实世界中的气球、自行车等客观实体抽象成程序中的"对象"。这种"对象"具有一定的属性和方法,这里的属性指对象本身的各种特性参数。如气球的体积,自行车的长度等,而方法是指对象本身所能执行的功能,如气球能飞,自行车能滚动等。一个具体的对象可以有许多的属性和方法,面向对象技术的重要特点就是对象的封装性,对于外界而言,并不需要知道对象有哪些属性,也不需要知道对象本身的方法是如何实现的,而只需要调用对象所提供的方法来完成特定的功能。从这里我们可以看出,当把面向对象技术应用到程序设计中时,程序员只是在编写对象方法时才需要关心对象本身的细节问题,大部分的时间是放在对对象的方法的调用上,组织这些对象进行协同工作。

MFC 的英文全称是 Microsoft Fundation Classes,即微软的基本类库,MFC 的本质就是一个包含了许多微软公司已经定义好的对象的类库。我们知道,虽然我们要编写的程序在功能上是千差万别的,但从本质上来讲,都可以化归为用户界面的设计,对文件的操作、多媒体的使用、数据库的访问等等一些最主要的方面。这一点正是微软提供 MFC 类库最重要的原因,在这个类库中包含了一百多个程序开发过程中最常用到的对象。在进行程序设计的时候,如果类库中的某个对象能完成所需要的功能,这时我们只要简单地调用已有对象的方法就可以了。我们还可以利用面向对象技术中很重要的"继承"方法从类库中的已有对象派生出我们自己的对象,这时派生出来的对象除了具有类库中的对象的特性和功能之外,还可以由我们自己根据需要加上所需的特性和方法,产生一个更专门的、功能更为强大的对象。当然,也可以在程序中创建全新的对象,并根据需要不断完善对象的功能。

正是由于 MFC 编程方法充分利用了面向对象技术的优点,它使得我们编程时极少需要关心对象方法的实现细节,同时类库中的各种对象的强大功能足以完成我们程序中的绝大部分所需功能,这使得应用程序中程序员所需要编写的代码大为减少,有力地保证了程序的良好的可调试性。

最后要指出的是,MFC 类库在提供的对象的各种属性和方法都是经过谨慎的编写和严格的测试,可靠性很高,这就保证了使用 MFC 类库不会影响程序的可靠性和正确性。

1.封装

构成 MFC 框架的是 MFC 类库。MFC 类库是 C++类库。这些类或者封装了 Win32 应用程序编程接口,或者封装了应用程序的概念,或者封装了 OLE 特性,或者封装了 ODBC 和 DAO 数据访问的功能等,分别描述如下。

(1)对 Win32 应用程序编程接口的封装。

用一个 C++ Object 来包装一个 Windows Object。例如:classCWnd 是一个 C++ window object,它把 Windows window(HWND)和 Windows window 有关的 API 函数封装在C++ window object 的成员函数内,后者的成员变量 m_hWnd 就是前者的窗口句柄。

(2)对应用程序概念的封装。

使用 SDK 编写 Windows 应用程序时,总要定义窗口过程,登记 Windows Class,创建窗口,等等。MFC 把许多类似的处理封装起来,替程序员完成这些工作。另外,MFC 提出了以文档-视图为中心的编程模式,MFC 类库封装了对它的支持。文档是用户操作的数据对象,视图是数据操作的窗口,用户通过它处理、查看数据。

(3)对 COM/OLE 特性的封装。

OLE 建立在 COM 模型之上,由于支持 OLE 的应用程序必须实现一系列的接口(Interface),因而相当繁琐。MFC 的 OLE 类封装了 OLE API 大量的复杂工作,这些类提供了实现 OLE 的更高级接口。

(4)对 ODBC 功能的封装。

以少量的能提供与 ODBC 之间更高级接口的 C++类,封装了 ODBC API 的大量的复杂的工作,提供了一种数据库编程模式。

2.继承

首先,MFC 抽象出众多类的共同特性,设计出一些基类作为实现其他类的基础。这些类中,最重要的类是 CObject 和 CCmdTarget。CObject 是 MFC 的根类,绝大多数 MFC 类是其派生的,包括 CCmdTarget。CObject 实现了一些重要的特性,包括动态类信息、动态创建、对象序列化、对程序调试的支持等。所有从 CObject 派生的类都将具备或者可以具备 CObject 所拥有的特性。CCmdTarget 通过封装一些属性和方法,提供了消息处理的架构。MFC 中任何可以处理消息的类都从 CCmdTarget 派生。

针对每种不同的对象,MFC 都设计了一组类对这些对象进行封装,每一组类都有一个基类,从基类派生出众多更具体的类。这些对象包括以下种类:窗口对象,基类是 CWnd;应用程序对象,基类是 CwinThread;文档对象,基类是 Cdocument 等。

在程序设计中程序员将结合自己的实际,从适当的 MFC 类中派生出自己的类,实现特定的功能,达到自己的编程目的。

3.虚拟函数和动态约束

MFC 以“C＋＋”为基础,自然支持虚拟函数和动态约束。但是作为一个编程框架,有一个问题必须解决:如果仅仅通过虚拟函数来支持动态约束,必然导致虚拟函数表过于臃肿,消耗内存,效率低下。例如,CWnd 封装 Windows 窗口对象时,每一条 Windows 消息对应一个成员函数,这些成员函数为派生类所继承。如果这些函数都设计成虚拟函数,由于数量太多,实现起来不现实。于是,MFC 建立了消息映射机制,以一种富有效率、便于使用的手段解决消息处理函数的动态约束问题。

通过虚拟函数和消息映射,MFC 类提供了丰富的编程接口。程序员继承基类的同时,把自己实现的虚拟函数和消息处理函数嵌入 MFC 的编程框架。MFC 编程框架将在适当的时候、适当的地方来调用程序的代码。

4.MFC 的宏观框架体系

如前所述,MFC 实现了对应用程序概念的封装,把类、类的继承、动态约束、类的关系和相互作用等封装起来。这样封装的结果对程序员来说,是一套开发模板(或者说模式)。针对不同的应用和目的,程序员采用不同的模板。例如,SDI 应用程序的模板,MDI 应用程序的模板,规则 DLL 应用程序的模板,扩展 DLL 应用程序的模板,OLE/ACTIVEX 应用程序的模板,等等。

这些模板都采用了以文档视为中心的思想,每一个模板都包含一组特定的类。为了支持对应用程序概念的封装,MFC 内部必须做大量的工作。例如,为了实现消息映射机制,MFC 编程框架必须要保证首先得到消息,然后按既定的方法进行处理。又如,为了实现对 DLL 编程的支持和多线程编程的支持,MFC 内部使用了特别的处理方法,使用模块状态、线程状态等来管理一些重要信息。虽然,这些内部处理对程序员来说是透明的,但是,懂得和理解 MFC 内部机制有助于写出功能灵活而强大的程序。

总之,MFC 封装了 Win32 API,OLE API,ODBC API 等底层函数的功能,并提供更高一层的接口,简化了 Windows 编程。同时,MFC 支持对底层 API 的直接调用。

MFC 提供了一个 Windows 应用程序开发模式,对程序的控制主要是由 MFC 框架完成的,而且 MFC 也完成了大部分的功能,预定义或实现了许多事件和消息处理,等等。框架或者由其本身处理事件,不依赖程序员的代码;或者调用程序员的代码来处理应用程序特定的事件。

MFC 是 C++类库,程序员就是通过使用、继承和扩展适当的类来实现特定的目的。例如,继承时,应用程序特定的事件由程序员的派生类来处理,不感兴趣的由基类处理。实现这种功能的基础是 C++对继承的支持,对虚拟函数的支持,以及 MFC 实现的消息映射机制。

5.MDI 应用程序的构成

下面解释一个典型的 MDI 应用程序的构成。

用 AppWizard 产生一个 MDI 工程 t(无 OLE 等支持),AppWizard 创建了一系列文件,构成了一个应用程序框架。这些文件分四类:头文件(.h)、实现文件(.cpp)、资源文件(.rc)、模块定义文件(.def)等。

(1)应用程序。应用程序类派生于 CWinApp。基于框架的应用程序必须有且只有一个应用程序对象,它负责应用程序的初始化、运行和结束。

(2)边框窗口。如果是 SDI 应用程序,从 CFrameWnd 类派生边框窗口类,边框窗口的客户子窗口(MDIClient)直接包含视窗口;如果是 MDI 应用程序,从 CMDIFrameWnd 类派生边框窗口类,边框窗口的客户子窗口(MDIClient)直接包含文档边框窗口。

如果要支持工具条、状态栏,则派生的边框窗口类还要添加 CToolBar 和 CStatusBar 类型的成员变量,以及在一个 OnCreate 消息处理函数中初始化这两个控制窗口。

边框窗口用来管理文档边框窗口、视窗口、工具条、菜单、加速键等,协调半模式状态(如上下文的帮助(Shift+F1 模式)和打印预览)。

(3)文档边框窗口。文档边框窗口类从 CMDIChildWnd 类派生,MDI 应用程序使用文档边框窗口来包含视窗口。

(4)文档。文档类从 CDocument 类派生,用来管理数据,数据的变化、存取都是通过文档实现的。视窗口通过文档对象来访问和更新数据。

(5)视。视类从 CView 或它的派生类派生。视和文档联系在一起,在文档和用户之间起中介作用,即视在屏幕上显示文档的内容,并把用户输入转换成对文档的操作。

(6)文档模板。文档模板类一般不需要派生。MDI 应用程序使用多文档模板类 CMultiDocTemplate;SDI 应用程序使用单文档模板类 CSingleDocTemplate。

应用程序通过文档模板类对象来管理上述对象(应用程序对象、文档对象、主边框窗口对象、文档边框窗口对象、视对象)的创建。

6.构成应用程序的对象之间的关系

通过上述分析,可知 AppWizard 产生的 MDI 框架程序的内容所定义和实现的类。下面从文件的角度来考查 AppWizard 生成了哪些源码文件,这些文件的作用是什么。表 10-1 列出了 AppWizard 所生成的头文件,表 10-2 列出了了 AppWizard 所生成的实现文件及其对头文件的包含关系。

表 10－1　AppWizard 所生成的头文件

头文件	用　途
stdafx.h	标准 AFX 头文件
resource.h	定义了各种资源 ID
t.h	♯include "resource.h" 定义了从 CWinApp 派生的应用程序对象 CTApp
childfrm.h	定义了从 CMDIChildWnd 派生的文档框架窗口对象 CTChildFrame
mainfrm.h	定义了从 CMDIFrameWnd 派生的框架窗口对象 CMainFrame
tdoc.h	定义了从 CDocument 派生的文档对象 CTDoc
tview.h	定义了从 CView 派生的视图对象 CTView

表 10－2　AppWizard 所生成的实现文件

实现文件	所包含的头文件	实现的内容和功能
stdafx.cpp	♯include "stdafx.h"	用来产生预编译的类型信息
t.cpp	♯include "stdafx.h" ♯include "t.h" ♯include "MainFrm.h" ♯include "childfrm.h" ♯include "tdoc.h" ♯include "tview.h"	定义 CTApp 的实现,并定义 CTApp 类型的全局变量 theApp
childfrm.cpp	♯inlcude "stdafx.h" ♯include "t.h" ♯include "childfrm.h"	实现了类 CChildFrame
childfrm.cpp	♯inlcude "stdafx.h" ♯include "t.h" ♯include "childfrm.h"	实现了类 CMainFrame
tdoc.cpp	♯include "stdafx.h" ♯include "t.h" ♯include "tdoc.h"	实现了类 CTDoc
tview.cpp	♯include "stdafx.h" ♯include "t.h" ♯include "tdoc.h" ♯include "tview.h"	实现了类 CTview

从表 10－2 中的包含关系一栏可以看出:

CTApp 的实现用到所有的用户定义对象,包含了它们的定义;CView 的实现用到

CTdoc；其他对象的实现只涉及自己的定义；当然，如果增加其他操作，引用其他对象，则要包含相应的类的定义文件。对预编译头文件说明如下：

所谓头文件预编译，就是把一个工程（Project）中使用的一些 MFC 标准头文件（如 Windows.H、Afxwin.H）预先编译，以后该工程编译时，不再编译这部分头文件，仅仅使用预编译的结果。这样可以加快编译速度，节省时间。

预编译头文件通过编译 stdafx.cpp 生成，以工程名命名，由于预编译的头文件的后缀是"pch"，所以编译结果文件是 projectname.pch。

编译器通过一个头文件 stdafx.h 来使用预编译头文件。stdafx.h 这个头文件名是可以在 project 的编译设置里指定的。编译器认为，所有在指令 ♯include "stdafx.h"前的代码都是预编译的，它跳过 ♯include "stdafx.h"指令，使用 projectname.pch 编译这条指令之后的所有代码。

因此，所有的 CPP 实现文件第一条语句都是 ♯include"stdafx.h"。

10.3　DAO 技术

数据访问对象（简称 DAO，Data Access Object）和 ODBC 都是 Microsoft 提供的应用程序编程接口（API），它提供了编写独立于任何特定数据库管理系统的应用程序的能力。开放数据库互连（简称 ODBC，Open Database Connectivity），ODBC 是上个世纪八十年代末九十年代初出现的技术，它为编写关系数据库的客户软件提供了一种统一的接口。ODBC 提供一个单一的 API，可用于处理不同数据库的客户应用程序。使用 ODBC API 的应用程序可以与任何具有 ODBC 驱动程序的关系数据库进行通信。DAO 使用 Microsoft Jet 数据库引擎提供一组数据访问对象：数据库对象、tabledef 和 querydef 对象、记录集对象以及其他对象。

10.3.1　DAO 与 ODBC

在 Windows 环境下进行数据库访问工作有两种选择：使用 DAO 技术或者使用 ODBC 技术。ODBC（Open Database Connectivity）即开放数据库互联，作为 Windows 开放性准结构的一个重要部分已经为很多的 Windows 程序员所熟悉。DAO 即数据访问对象集，是 Microsft 提供的基于一个数据库对象集合的访问技术。它们都是 Windows API 的一个部分，可以独立于 DBMS 进行数据库访问。

那么 ODBC 和 DAO 的区别在哪里呢？ODBC 和 DAO 访问数据库的机制是完全不同的。ODBC 的工作依赖于数据库制造商提供的驱动程序，使用 ODBC API 的时候，Windows 的 ODBC 管理程序，把数据库访问的请求传递给正确的驱动程序，驱动程序再使用 SQL 语句指示 DBMS 完成数据库访问工作。DAO 则绕开了中间环节，直接使用Microsoft提供的数据库引擎（Microsoft Jet Database Engine）提供的数据库访问对象集进行工作。速度比 ODBC 快。数据库引擎目前已经达到了 3.0 版本。它是 DAO、MS Access、MS Visual Basic 等 Windows 应用进行数据库访问的基础。引擎本身的数据库格式为 MDB，也支持对目前流行的绝大多数数据库格式的访问，当然 MDB 是数据库引擎中效率最高的数据库。

如果使用客户机/服务器模型的话，建议使用 ODBC 方案；如果希望采用 MDB 格式的数据库，或者利用数据库引擎的速度，那么 DAO 是更好的选择。

10.3.2 使用 MFC 实现 DAO 技术

MFC 对所有的 DAO 对象都进行了封装。使用 MFC 进行 DAO 编程,首先要为每一个打开的数据库文件提供一个数据库对象——CDaoDatabase,由这个对象管理数据库的连接;然后生成记录集对象——CDaoRecordset,通过它来进行查询、操作、更新等等的工作。如果需要在程序中管理数据库的结构,则需要使用 DAO 当中的表结构信息对象 CDaoTableInfo 及字段定义对象 CDaoFieldInfo 来进行获得或者改变数据库表结构的工作。CDaoDatabase、CDaoRecordset、CDaoTableDefInfo、CDaoFieldInfo 是使用 MFC 进行 DAO 编程的最基本也是最常用的类。

下面,我们通过一个实例来介绍如何使用 MFC 的 DAO 类来进行数据库访问的工作。在这个实例当中,我们将在程序当中建立一个学生档案管理数据库,如图 10-1 所示,并通过对话框来添加、删除和浏览记录。

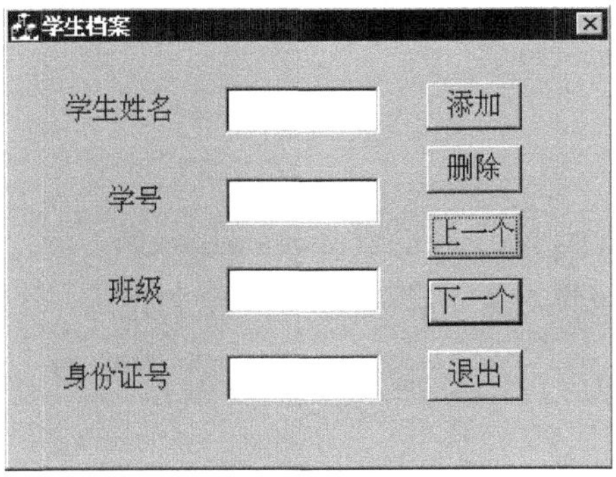

图 10-1　学生档案管理界面

我们将针对程序的功能依次介绍如何生成和使用数据库对象、记录集对象以及如何通过记录集来操纵数据库。我们将通过解释对数据库进行操作的源程序来介绍如何用 MFC 来实现 DAO 技术。

1.如何建库

首先新建一个数据库对象:

```
newDatabase ＝  new CDaoDatabase;
newDatabase_>Create(_T("stdfile.mdb"),
dbLangGeneral, dbVersion30);
```

利用数据库引擎在磁盘上建立一个 MDB 格式的数据库文件。
其中,stdfile.mdb 是在磁盘上面建立的数据库文件的名字,dbLangGeneral 是语言选项。dbVersion30这是数据库引擎版本选项。

然后新建一个数据库表定义信息对象:

```
CDaoTableDef  * TableInfo;
TableInfo ＝ new CDaoTableDef(newDatabase);
TableInfo_>Create(_T("student"));
```

再新建一个字段定义信息对象。按要求填写字段定义信息对象。

定义字段名称：

　　　　FieldInfo_>m_strName = CString("studentName");

定义字段类型：

　　　　FieldInfo_>m_nType = dbText;

定义字段所占的字节数大小：

　　　　FieldInfo_>m_lSize = 10;

定义字段特性：

　　　　FieldInfo_>m_lAttributes = dbVariableField | dbUpdatableField;

其中,dbVariableField 参数的意思是该字段所占的字节数是可变的。dbUpdatableField 参数的意思是该字段的值是可变的。

　　根据字段定义对象在数据库表对象当中生成字段。

　　　　TableInfo_>CreateField(* FieldInfo);

　　在生成了所有的字段之后,将新的数据库表的定义填加到数据库对象当中去。

　　　　TableInfo_>Append();

2.如何进行数据库操作

　　首先生成记录集对象：

　　　　Recordset = new CDaoRecordset(newDatabase);

然后使用 SQL 语句打开记录集对象。首先把 SQL 语句记入一个字符串：

　　　　CString strQuery = _T("Select * from student");

使用这个字符串打开记录集：

　　　　Recordset_>Open(dbOpenDynaset , strQuery);

dbOpenDynaset 参数的意思是表示记录集打开的类型。dbOpenDynaset 的意思是打开一个可以双向滚动的动态记录集。这个记录集中的记录是使用我们定义的 SQL 语句对数据库进行查询得到的。这个参数还有另外的两种选择：

　　①dbOpenTable 参数表示打开一个数据表类型的记录集,使用这种类型的记录集只能对单一的数据库中的记录进行操纵。

　　②如果使用 dbOpenSnapshot 参数表示打开的是映像记录集,它实际上是所选择的记录集的一个静态的拷贝,在只需要进行查询操作或者希望制作报表的时候,使用这种记录集比较合适,它不会对数据库中的数据进行修改。

　　接下来对记录集当中的一个标志位赋值,说明是否要求自动地标记出 CACHE 当中经改变的记录。使用记录集的时候是 DAO 把被检索出的记录读入 CACHE,所有的操纵都是针对 CACHE 中的记录进行的,要实现对数据库当中的记录更新必须把 CACHE 记录中被改变的字段的值写回到数据库文件当中去。这个标志位的作用就是当 CACHE 中的数据改变的时候,是否需要自动地标记出记录中那些应该被写回的字段。

　　下面介绍如何添加一个记录。

　　　　m_Recordset_>AddNew();

　　　　m_Recordset_>Update();

　　使用 AddNew()这个函数可以在数据表记录集或者是动态记录集当中添加新的记录,调用 AddNew()之后必须接着调用 Update()来确认这个添加动作,将新的记录保存到数据库文件当中去。新的记录在数据库当中的位置取决于当前记录集的类型：如果是动态记录集，新记录都将被插入到记录集的末尾。如果是数据表记录集的话，当数据库表中定义了主键的时候新记录将按照库表的排序规则插入到合适的地方；如果没有定义主键，那么新记录也会被插入到记录集的末尾。

用 AddNew()会改变记录集的当前记录。只有将当前记录定位在新记录上，才能填写它的数据。所以我们使用 MoveLast 函数使刚刚添加的记录成为当前记录，然后调用 Edit 函数对新记录进行编辑。

```
m_Recordset_>MoveLast();
m_Recordset_>Edit();
```

依次给新记录的字段进行赋值：

```
COleVariant           var1(m_Name , VT_BSTRT);
m_Recordset_>SetFieldValue(_T("studentName") , var1);
COleVariant           var2(m_ID , VT_BSTRT);
m_Recordset_>SetFieldValue(_T("studentID") , var2);
COleVariant           var3(m_Class , VT_BSTRT);
m_Recordset_>SetFieldValue(_T("studentClass") , var3);
COleVariant           var4(m_SID , VT_BSTRT);
m_Recordset_>SetFieldValue(_T("studentSID") , var4);
```

其中，COleVariant 这个类封装了 Win32 提供的 VARIANT 这个结构以及对它的操作。这个类当中可以存储多种类型的数据。需要注意的是，这种包容能力是通过 C 语言当中的 UNION 提供的，就是说一个 COleVariant 对象只能保存一种类型的数据。我们先把字段的值装入 OLE 变体对象，再使用这个变体对象对记录中的字段进行赋值。VT_BSTRT 参数的作用是在生成 OLE 变体对象的时候指示将要封入的数据的类型为字符串。当对所有的字段都结束赋值后，调用 Update 函数来保存刚才的修改。

```
m_Recordset_>Update();
```

注意，在调用 Update 函数之前，如果进行了改变当前记录的操作，那么前面进行的所有的赋值工作都将丢失，而且不会给出任何的警告。

这段代码从记录集中取出一个记录的值，这里同样要用到 OLE 变体对象。记录集的 GetFieldValue 将返回一个变体对象，我们首先取得这个变体对象，然后从中取出需要的值。

这里 V_BSTRT 指示从变体对象当中取出字符串类型的数据。

如何从数据库中删去一个记录呢？首先要使该记录成为当前记录，然后使用 Delete 函数来执行删除操作。

```
m_Recordset_>Delete();
```

删除之后，我们必须把当前记录更改为其他的记录，以确认这个删除动作。

以上就是在 MFC 中使用 DAO 进行数据库操作的方法。

3.如何调试程序

了解了前面的内容，对 MFC 类库已经有了比较深入的认识，可以使用 MFC 编写出不错的程序了。下面我们将向介绍如何在 Visual C++集成开发环境之下调试自己的程序。

MCI(Media Control Interface)媒体控制接口是 MircroSoft 提供的一组多媒体设备和文

件的标准接口,它的好处是可以方便地控制绝大多数多媒体设备包括音频、视频、影碟、录像等多媒体设备,而不需要知道它们的内部工作状况。MCI 虽然看上去高大全,但对于一些高级应用来说,它是远远不够的。好比 Visual C++虽然看上去无所不能,却需要程序员自己开发多媒体引擎一样。对于 MCI 指令集,我们将只作简单介绍。

(1)MCI 的控制方式。

一般说来,程序员使用两个函数就可以与 MCI 进行操作:

```
MCIERROR mciSendCommand (MCIDEVICEID wDeviceID, UINT uMsg,
                  DWORD dwFlags, DWORD dwParam );
```

命令字符串方式,用接近于日常生活用语的方式发送控制命令,适用于高级编程如 VB、TOOLBOOK 等。

```
MCIERROR mciSendString (LPCTSTR lpszCommand,LPTSTR lpszReturnString,
                  UINT cchReturn, HANDLE hwndCallback);
```

命令消息方式,用专业语法发送控制消息,适用于 VC 等语言编程,此方式直接与 MCI 设备打交道。

对于 mciSendCommand,第一个参数指定了设备标识,这个标识会在程序员打开 MCI 设备时由系统提供;第二个参数指定将如何控制设备,详细请查阅后面"MCI 指令"一栏;第三个参数为访问标识;第四个参数一般是一个数据结构,标识程序在访问 MCI 时要的一些信息。

对于 mciSendString,第一个参数为一串控制字符串,返回信息由系统填入第二个参数,第三个参数指明返回信息的最大长度,若对 MCI 装置设定了"notify"标志则需要在第四个参数填上返回窗口句柄。

例如:

```
mciSendCommand(DeviceID,MCI_CLOSE,NULL,NULL);    //关闭一个 MCI 设备
mciSendString("open aaa.avi",0,0,0);            //打开文件"aaa.avi"
```

表 10-3 所示是 MCI 的设备类型:

表 10-3 MCI 的设备类型

设备描述	描述字符串	说　明
MCI_DEVTYPE_ANIMATION	Animation	动画设备
MCI_DEVTYPE_CD_AUDIO	Cdaudio	CD 音频
MCI_DEVTYPE_DAT	Dat	数字音频
MCI_DEVTYPE_DIGITAL_VIDEO	Digitalvideo	数字视频
MCI_DEVTYPE_OTHER	Other	未定义设备
MCI_DEVTYPE_OVERLAY	Overlay	重叠视频
MCI_DEVTYPE_SCANNER	Scanner	扫描仪
MCI_DEVTYPE_SEQUENCER	Sequencer MIDI	序列器
MCI_DEVTYPE_VCR	Vcr	合式录像机
MCI_DEVTYPE_VIDEODISC	Videodisc	激光视盘

对于未在上面定义的 MCI 设备,用户可查看 system.ini 文件中[mci]部分,例如:

```
[mci]
cdaudio=mcicda.drv
sequencer=mciseq.drv
waveaudio=mciwave.drv
avivideo=mciavi.drv
videodisc=mcipionr.drv
vcr=mcivisca.drv
ActiveMovie=mciqtz.drv
QTWVideo=mciqtw.drv
MPEGVideo=C:\PROGRA~1\XING\XINGMP~1\xmdrv95.dll
```

其中最后两句分别指明了 Apple 的 QuickTime 设备,设备名为“QTWVidio”、MPEG 影像设备,设备名为“MPEGVideo”。

在 MCI 编程中,既可以将设备描述当设备名,也可以将描述字符串当设备名,一个极端偷懒的办法是程序员不要在程序中指定设备名,Windows 将自动根据文件扩展名识别设备类型。

例如,打开一个多媒体文件有以下三种方式:

①自动识别:打开一个 WAV 文件。

```
MCI_OPEN_PARMS mciOpen;
mciOpen.lpstrDeviceType=0;
mciOpen.lpstrElementName="aaa.wav";
mciSendCommand(NULL,MCI_OPEN,MCI_OPEN_ELEMENT,(DWORD)&mciOpen);
```

②指定设备描述:打开 CD 播放器。

```
MCI_OPEN_PARMS mciOpen;
mciOpen.lpstrDeviceType=(LPSTR)MCI_DEVTYPE_CD_AUDIO ;
mciSendCommand(NULL,MCI_OPEN,MCI_OPEN_TYPE | MCI_OPEN_TYPE_ID,(DWORD)
&mciOpen);
```

③指定描述字符串:打开一个 AVI 文件。

```
MCI_OPEN_PARMS mciOpen;
mciOpen.lpstrDeviceType="avivideo";
mciOpen.lpstrElementName="aaa.avi";
mciSendCommand(NULL,MCI_OPEN,MCI_OPEN_TYPE | MCI_OPEN_ELEMENT,(DWORD)
&mciOpen);
```

注意三种打开方式中,函数第三个参数的区别,后面会讲到这种区别。

(2)MCI 指令。

表 10-4 所示为 MCI 使用指令。

表 10-4 MCI 使用指令

指　令	表示含义
MCI_BREAK	设置中断键，缺省是"Ctrl+Break"
MCI_CAPTURE	抓取当前帧并存入指定文件，仅用于数字视频
MCI_CLOSE	关闭设备
MCI_CONFIGURE	弹出配置对话框，仅用于数字视频
MCI_COPY	拷贝数据至剪贴板
MCI_CUE	延时播放或录音
MCI_CUT	删除数据
MCI_DELETE	删除数据
MCI_ESCAPE	仅用于激光视频
MCI_FREEZE	将显示定格
MCI_GETDEVCAPS	获取设备信息
MCI_INDEX	当前屏幕显示与否，仅用于 VCR 设备
MCI_INFO	获取字符串信息
MCI_LIST	获取输入设备数量，支持数字视频和 VCR 设备
MCI_LOAD	装入一个文件
MCI_MARK	取消或做一个记号，与 MCI_SEEK 配套
MCI_MARK	取消或做一个记号，与 MCI_SEEK 配套
MCI_MONITOR	为数字视频指定报告设备
MCI_OPEN	打开设备
MCI_PASTE	粘帖数据
MCI_PAUSE	暂停当前动作
MCI_PLAY	播放
MCI_PUT	设置源、目的和边框矩形
MCI_QUALITY	定义设备缺省质量
MCI_RECORD	开始录制
MCI_RESERVE	分配硬盘空间
MCI_RESTORE	拷贝一个 bmp 文件至帧缓冲
MCI_RESUME	使一个暂停设备重新启动
MCI_SAVE	保存数据
MCI_SEEK	更改媒体位置
MCI_SET	设置设备信息
MCI_SETAUDIO	设置音量
MCI_SETTIMECODE	启用或取消 VCR 设备的时间码
MCI_SETTUNER	设置 VCR 设备频道
MCI_SETVIDEO	设置 video 参数

续表

指　　令	表示含义
MCI_SIGNAL	在工作区上设置指定空间
MCI_STATUS	获取设备信息
MCI_STEP	使播放设备跳帧
MCI_STOP	停止播放
MCI_SYSINFO	返回 MCI 设备信息
MCI_UNDO	取消操作
MCI_UNFREEZE	使使用 MCI_UNFREEZE 的视频缓冲区恢复运动
MCI_UPDATE	更新显示区域
MCI_WHERE	获取设备裁减矩形
MCI_WINDOW	指定图形设备窗口和窗口特性

其中比较常用的指令有 MCI_OPEN、MCI_CLOSE、MCI_PLAY、MCI_STOP、MCI_PAUSE、MCI_STATUS 等等。

注意在应用程序类型中选择"Dialog based",然后 Finish 完成。这是一个基于对话框的应用程序,为了完成 MCI 测试的任务,我们要更改一下对话框资源。点取"Resource View",在"Dialog"下选取"IDD_MCITEST_DIALOG"对话框,依次添加 Button 如图 10-2 所示。

完成对话框的修改。右键单击 mcitest files、选取 Add Files To Project,加入配套光盘中提供的"commci.cpp"和"commci.h"文件。打开 ClassWizard,在 Class Name 下选择 CMcitestDlg,加入所有的按键消息处理函数。

在"cmcitestDlg"类中,分别用"COMMCI"定义 Wav、Midi、Avi 三个成员变量,在按钮响应过程中分别写上相应处理函数 open( )、play( )、close( )、pause( )、stop( )。

在"project"菜单下单击 setting,弹出设置对话框,在"link"下"object/library modules"下加入"winmm.lib",编译并运行程序如图 10-2 所示。

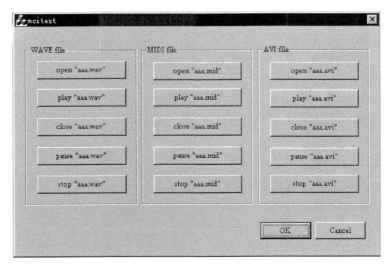

图 10-2　编译并运行程序结果

4.源程序介绍

程序实现代码如下：

```cpp
#if ! defined(AFX_COMMCI_H_90CEFD04_CC96_11D1_94F8_0000B431BBA1_INCLUDED
            _)
#define AFX_COMMCI_H_90CEFD04_CC96_11D1_94F8_0000B431BBA1_INCLUDED_
#if _MSC_VER >= 1000
#pragma once
#endif // _MSC_VER >= 1000
//#include <windows.h>
#include <mmsystem.h>
class COMMCI
{
private:
    HWND                    hOwer;              //窗口的拥有者
    MCI_OPEN_PARMS          mciOpen;
    public:
    COMMCI();
    ~COMMCI()               {Close();   }
    MCIERROR Open(LPCSTR DeviceType,LPCSTR filename);
    //通过描述字符串打开设备
    MCIERROR Open(int DeviceType,LPCSTR filename);   //通过设备类型打开设备
    MCIERROR Open(LPCSTR filename);             //自动检测设备
    voidPlay(HWND hWnd);                        //播放 MCI,hWnd 为回调窗口句柄
    voidClose(void);                            //关闭设备
    voidStop(void);                             //停止设备
    void    Pause(void);                        //暂停设备
    DWORD   Query();                            //检测设备
};
#include "stdafx.h"
//#include "mcitest.h"
#include "commci.h"
#ifdef _DEBUG
#undef THIS_FILE
static char THIS_FILE[]=__FILE__;
#define new DEBUG_NEW
#endif
/////////////////////////////////////////////////////////////////
// Construction/Destruction
/////////////////////////////////////////////////////////////////
```

```
COMMCI::COMMCI()
{
    memset(this,0,sizeof(COMMCI));
}
MCIERROR COMMCI::Open(LPCSTR DeviceType,LPCSTR filename)
{
    //如果有打开的设备就关闭
    if (mciOpen.wDeviceID) Close();
    //初始化 MCI_OPEN_PARMS 结构
    mciOpen.lpstrDeviceType＝DeviceType;
    mciOpen.lpstrElementName＝filename;
    //除了打开设备设备代码为 0,下面的任何 mciSendCommand 语句都要指定设备
    //代码
    if (mciSendCommand(NULL,MCI_OPEN,
                MCI_OPEN_TYPE | MCI_OPEN_ELEMENT,(DWORD)&mciOpen))
    return FALSE;
    return TRUE;
}
MCIERROR COMMCI::Open(LPCSTR filename)
{
    if (mciOpen.wDeviceID) Close();
        mciOpen.lpstrElementName＝filename;
    if (mciSendCommand(NULL,MCI_OPEN,
                / * MCI_OPEN_TYPE | * / MCI_OPEN_ELEMENT,(DWORD)&mciOpen))
        return FALSE;
    return TRUE;
}
MCIERROR COMMCI::Open(intDeviceType,LPCSTR filename)
{
    if (mciOpen.wDeviceID) Close();
    mciOpen.lpstrDeviceType＝(LPCSTR)DeviceType;
    mciOpen.lpstrElementName＝filename;
    returnmciSendCommand (NULL,MCI_OPEN,MCI_OPEN_TYPE | MCI_OPEN_TYPE_ID ,
                    (DWORD)&mciOpen);
}
void COMMCI::Play(HWNDhWnd)
{
    MCI_PLAY_PARMS mciPlay;
    hOwer＝hWnd;              //回调窗口句柄
```

```
    //MCI_PLAY_PARMS 结构只需要设定回调窗口句柄
    mciPlay.dwCallback=(WORD)hOwer;
    mciSendCommand(mciOpen.wDeviceID,MCI_PLAY,MCI_NOTIFY,
                    (DWORD)&mciPlay);
}
void COMMCI::Close(void)
{
    if (mciOpen.wDeviceID)
        mciSendCommand(mciOpen.wDeviceID,MCI_CLOSE,NULL,NULL);
    memset(this,0,sizeof(COMMCI));
}
void COMMCI::Stop(void)
{
    if (mciOpen.wDeviceID)
        mciSendCommand(mciOpen.wDeviceID,MCI_STOP,NULL,NULL);
}
void COMMCI::Pause(void)
{
    if (mciOpen.wDeviceID)
        mciSendCommand(mciOpen.wDeviceID,MCI_PAUSE,NULL,NULL);
}
DWORD COMMCI::Query()
{
    MCI_STATUS_PARMS mciStatus;
    mciStatus.dwItem=MCI_STATUS_MODE;
    mciSendCommand(mciOpen.wDeviceID,MCI_STATUS,
                    MCI_STATUS_ITEM,(LPARAM)&mciStatus);
    return mciStatus.dwReturn;
};
```

对于类 COMMCI 定义了如下几个成员函数：

①一个构造函数和一个析构函数；

②一个打开函数，其参数分别是要打开设备的类型和文件名；

③播放函数，其参数是回调函数句柄；

④关闭函数；

⑤停止函数；

⑥暂停函数；

⑦状态检测函数。

在一个 MCI 的处理过程中，必须使用以下流程：

①打开一个 MCI 设备；

②Open 播放 MCI 设备,其间可以暂停和停止播放;

③关闭 MCI 设备;

④在以上任何步骤中,都可以用状态检测函数检测工作状态。

下面我们看一下 MCI 的实现过程。

(1)OPEN MCI。

首先,我们初始化一个 MCI_OPEN_PARMS 的结构,其中要用到两个值。

其中 mciOpen.lpstrDeviceType 指定了要打开的设备类型,这些设备类型可从前面的"MCI 设备类型"选取。可以是标识或描述字符串,例如语句 mciOpen.LpstrDeviceType＝MCI_DEVTYPEVCR 与语句 mciopen.LpstrDeviceType＝"Vcr"是等价的。若不指定类型则计算机将根据文件名自动识别设备,接下来 mciOpen.LpstrElimmentName 指定了要打开的文件名,最后调用 MciSendComand 指定计算机将在结构的 wDeviceID 中填入打开的设备代码;以后应用程序将根据此设备代码访问 MCI 设备。

三种打开方式的区别:

①自动识别:打开一个 WAV 文件。

```
MCI_OPEN_PARMS mciOpen;
mciOpen.lpstrDeviceType＝0;
mciOpen.lpstrElementName＝"aaa.wav";
mciSendCommand(NULL,MCI_OPEN,MCI_OPEN_ELEMENT, (DWORD)&mciOpen);
```

②指定设备描述:打开 CD 播放器。

```
MCI_OPEN_PARMS mciOpen;
mciOpen.lpstrDeviceType＝(LPSTR)MCI_DEVTYPE_CD_AUDIO ;
mciSendCommand(NULL,MCI_OPEN,MCI_OPEN_TYPE | MCI_OPEN_TYPE_ID,(DWORD)&mciOpen);
```

③指定描述字符串:打开一个 AVI 文件。

```
MCI_OPEN_PARMS mciOpen;
mciOpen.lpstrDeviceType＝"avivideo";
mciOpen.lpstrElementName＝"aaa.avi";
mciSendCommand(NULL,MCI_OPEN,MCI_OPEN_TYPE MCI_OPEN_ELEMENT,(DWORD)&mciOpen);
```

请注意 mciSendCommand 函数第三个参数的区别:

MCI_OPEN_TYPE:表示要使用 MCI_OPEN_PARMS 结构中的 LpstrDiviceType 参数,这可区分指定设备打开方式和自动识别方式。在自动方式中,不需使用 LpstrDeviceType 参数。因此,也不需指定 MCI_OPEN_TYPE。

MCI_OPEN_ELEMENT:表示 LpstrDeviceType 参数中的是设备表述字符串。

MCI_OPEN_TYPE_ID:表示 LpstrDeviceType 参数中的是设备描述。

(2)PlayMci。

在 play 函数中,需要一个返回窗口句柄,以便应用程序在播放结束后向此窗口发送一个消息,告诉窗口已经播放结束。我们首先初始化一个 MCI_PLAY_PARMS 的数据结构:将其中 dwCallback 参数赋与窗口句柄,然后调用 mciSendCommend,当然发送的指令是 MCI_PLAY,告诉系统开始播放,另外第三个参数指定 MCI_NOTIFY,告诉系统播放完后要通知自己。

（3）QueryMci。

要想检测 MCI 播放状态，就要发送指 MCI_STATUS，并标志 MCI_STATUS_ITEM，返回值在结构 MCI_STATUS_PARMS 的 dwReturn 上。

本 章 小 结

本章介绍了图形界面 C++程序设计，重点介绍了 MFC 的 ODBC 和 DAO 类，并演示了编写数据库应用程序的方法。关系数据库由多个相关的表组成，DBMS（数据库管理系统）是一套程序，用来定义、管理和处理数据库与应用程序之间的联系。SQL 是一种标准的数据库语言，目前大多数 DBMS 都支持它。

用 ODBC 和 DAO，用户可以编写独立于 DBMS 的数据库应用程序。在访问 ODBC 数据源之前，应该安装相应的 ODBC 驱动程序，并在 ODBC 管理器中注册 DSN。

MFC 提供了 ODBC 类，其中 CDatabase 针对某个数据库，它负责连接数据源，CRecordset 针对数据源中的记录集，它负责对记录的操作，CRecordView 负责界面，而 CFieldExchange 负责 CRecordset 与数据源的数据交换。记录集主要包括动态集和快照。快照提供了对数据的静态视，动态集提供了数据的动态视。

一般来说，DAO 提供了比 ODBC 类更广泛的支持。DAO 提供了几个新类，包括CDao TableDef、CDaoQueryDef、CDaoWorkspace 等。DAO 支持 DDL（数据定义语言），DAO 对 Access 数据库提供了强大的支持。

习　　题

理解与掌握 C++图形界面相关知识，编写 MyDraw 绘图软件。

附　　录

附录 A　字符的 ASCII 码表

十　进　制	二　进　制	八　进　制	十　六　进　制	ASCII
0	0000000	00	00	NUL
1	0000001	01	01	SOH
2	0000010	02	02	STX
3	0000011	03	03	ETX
4	0000100	04	04	EOT
5	0000101	05	05	ENQ
6	0000110	06	06	ACK
7	0000111	07	07	BEL
8	0001000	10	08	BS
9	0001001	11	09	HT
10	0001010	12	0A	LF
11	0001011	13	0B	VT
12	0001100	14	0C	FF
13	0001101	15	0D	CR
14	0001110	16	0E	SO
15	0001111	17	0F	SI
16	0010000	20	10	DLE
17	0010001	21	11	DC1
18	0010010	22	12	DC2
19	0010011	23	13	DC3
20	0010100	24	14	DC4
21	0010101	25	15	NAK
22	0010110	26	16	SYN
23	0010111	27	17	ETB
24	0011000	30	18	CAN
25	0011001	31	19	EM

十 进 制	二 进 制	八 进 制	十 六 进 制	ASCII
26	0011010	32	1A	SUB
27	0011011	33	1B	ESC
28	0011100	34	1C	FS
29	0011101	35	1D	GS
30	0011110	36	1E	RS
31	0011111	37	1F	US
32	0100000	40	20	SP
33	0100001	41	21	!
34	0100010	42	22	"
35	0100011	43	23	#
36	0100100	44	24	$
37	0100101	45	25	%
38	0100110	46	26	&
39	0100111	47	27	'
40	0101000	50	28	(
41	0101001	51	29	)
42	0101010	52	2A	*
43	0101011	53	2B	+
44	0101100	54	2C	,
45	0101101	55	2D	—
46	0101110	56	2E	.
47	0101111	57	2F	/
48	0110000	60	30	0
49	0110001	61	31	1
50	0110010	62	32	2
51	0110011	63	33	3
52	0110100	64	34	4
53	0110101	65	35	5
54	0110110	66	36	6
55	0110111	67	37	7
56	0111000	70	38	8
57	0111001	71	39	9
58	0111010	72	3A	:
59	0111011	73	3B	;

十 进 制	二 进 制	八 进 制	十 六 进 制	ASCII
60	0111100	74	3C	<
61	0111101	75	3D	=
62	0111110	76	3E	>
63	0111111	77	3F	?
64	1000000	100	40	@
65	1000001	101	41	A
66	1000010	102	42	B
67	1000011	103	43	C
68	1000100	104	44	D
69	1000101	105	45	E
70	1000110	106	46	F
71	1000111	107	47	G
72	1001000	110	48	H
73	1001001	111	49	I
74	1001010	112	4A	J
75	1001011	113	4B	K
76	1001100	114	4C	L
77	1001101	115	4D	M
78	1001110	116	4E	N
79	1001111	117	4F	O
80	1010000	120	50	P
81	1010001	121	51	Q
82	1010010	122	52	R
83	1010011	123	53	S
84	1010100	124	54	T
85	1010101	125	55	U
86	1010110	126	56	V
87	1010111	127	57	W
88	1011000	130	58	X
89	1011001	131	59	Y
90	1011010	132	5A	Z
91	1011011	133	5B	[
92	1011100	134	5C	\
93	1011101	135	1D	]
94	1011110	136	5E	^

十 进 制	二 进 制	八 进 制	十 六 进 制	ASCII
95	1011111	137	5F	_
96	1100000	140	60	`
97	1100001	141	61	a
98	1100010	142	62	b
99	1100011	143	63	c
100	1100100	144	64	d
101	1100101	145	65	e
102	1100110	146	66	f
103	1100111	147	67	g
104	1101000	150	68	h
105	1101001	151	69	i
106	1101010	152	6A	j
107	1101011	153	6B	k
108	1101100	154	6C	l
109	1101101	155	6D	m
110	1101110	156	6E	n
111	1101111	157	6F	o
112	1110000	160	70	p
113	1110001	161	71	q
114	1110010	162	72	r
115	1110011	163	73	s
116	1110100	164	74	t
117	1110101	165	75	u
118	1110110	166	76	v
119	1110111	167	77	w
120	1111000	170	78	x
121	1111001	171	79	y
122	1111010	172	7A	z
123	1111011	173	7B	{
124	1111100	174	7C	|
125	1111101	175	7D	}
126	1111110	176	7E	~
127	1111111	177	7F	DEL

附录 B　C++常用库函数

1.常用数学函数

函数名称	函数原型	功　能	返回值	头文件名
abs	int abs(int x)	求整数 x 的绝对值	绝对值	<estdlib>或<cmath>
acos	double acos(double x)	计算 arcos(x)的值	计算结果	<cmath>
asin	double asin(double x)	计算 arsin(x)的值	计算结果	<cmath>
atan	double atan(double x)	计算 arctan(x)的值	计算结果	<cmath>
atof	double atof(const char ustring)	将字符串转换成 double 值	转换的 double 值，如果 string 不能转换成 double 类型的值，返回值为 0.0	<cmath>或<cstdlib>
cos	double cos(double x)	计算 cos(x)的值	计算结果	<cmath>
cosh	double cosh(double x)	计算 x 的双曲余弦 cosh(x)的值	计算结果	<cmath>
ceil	double ceil(double x)	对 x 向上取整	计算结果	<cmath>
div	div_t div(int numer,int denom)	用 numer 除以 denom,计算商与余数	计算结果,如果除数为 0,程序输出一个错误消息并终止	<cmath>
exp	double exp(double x)	求 ex 的值	计算结果	<cmath>
fabs	double fabs(double x)	求实数 x 的绝对值	绝对值	<cmath>
floor	double floor(double x)	向下取整,并以 double 型浮点数形式存储结果	一个 double 型的小于或等于 x 的最大整数	<cfloat>
fmod	double fmod(double x)	求 x/y 的余数	余数的双精度数	<cmath>
labs	long labs(long x)	求长整型数的绝对值	绝对值	<estdlib>
log	double log(double x)	计算 In(x)的值	计算结果	<cmath>
log10	double log10(double x)	计算 log10(x)的值	计算结果	<cmath>
ldiv	ldiv_t ldiv(10ng int numer, longlilt denom)	用 numer 除以 denom,计算商与余数	计算结果	<cstdlib>

函数名称	函数原型	功　能	返回值	头文件名
modf	double modf(double x, double * y)	将浮点值 x 分解成小数和整数部分，每个都与 x 具有同样的符号	x 的带符号的小数部分	<cmath>
pow	double pow(double x, double y)	求 x 的 y 次方的值	计算结果	<cmath>
rand	int rand(void)	返回一个 0 ～ 32767 的随机数	随机数	<cstdlib>
sin	double sin(double x)	计算 sin(x)的值	计算结果	<cmath>
sinh	double sinh(double x)	计算 x 的双曲正弦值	计算结果	<cmath>
sqrt	double sqrt(double x)	求$\sqrt{x}$的值	计算结果	<cmath>
tan	double tan(double x)	计算 tan(x)的值	计算结果	<cmath>
tanh	double tanh(double x)	计算 x 的双曲正切值	计算结果	<cmath>

2.常用字符串处理函数

函数名称	函数原型	功　能	返回值	头文件名
strcat	char * strcat(char * strDestination, const char * strSource)	将 strSource 添加到 strDestination,并用一个空字符结束该结果字符串	目的字符串	<cstring>
strchr	char * strchr(const char * string, int c)	查找 string 中 c 的第一次出现,在查找中包括结尾的空字符	string 中第一次出现的指针；如果 c 未找到,则返回 NULL	<cstring>
strcmp	int strcmp (const char * string1, const char * string2)	按词典顺序比较 string1 和 string2,并返回一个值指出它们之间的关系	返回值<0, string1 小于 string2;返回值＝0,string1 等于 string2;返回值>0,string1 大于 string2	<cstring>

函数名称	函数原型	功　能	返回值	头文件名
strcpy	char * strcpy(char * strDestination, const char * strSource)	把源字符串strSource(包括结尾的空字符)拷贝到strDestination 所指的位置	目的字符串	<cstring>
stricmp	int stricmp(const char * string1, const char * string2)	忽略大小写来比较两个字符串	返回值＜0,string1 小于 string2;返回值 ＝0,string1 等于 string2;返回值 ＞0,string1 大于 string2	<cstring>
strlen	size_t strlen(const char * string)	返回 string 中的字符个数,不包括尾部 NULL	string 中的字符个数	<cstring>
strlwr	char * strlwr(char * string)	将 string 中的任何大写字母转换成小写,其他字符不受影响。	转换后的字符串的指针	<cstring>
strncmp	int strncmp(const char * string1, const char * string2,size_t count)	按词典顺序比较 string1 和 string2 的前 count 个字符	指出串之间的关系的一个值	<cstring>
strncpy	char * strncpy(char * strDest, const char * strSource, size _ t count)	将 strSource 的前 count 个字符拷贝到 strDest 中并返回 strDest	返回 strDest	<cstring>
strstr	char * strstr(const char * string, const char * strCharSet)	求 strCharSet 在 string 中第一次出现的起始地址	strCharSet 在 string 中第一次出现的起始地址	<cstring>

3.数据转换函数

函数名称	函数原型	功　能	返回值	头文件名
atof	double atof(const char * string)	字符串转换成为浮点型数	转换后的结果值	<cstdlib>
atoi	int atoi(const char * string)	字符串转换成 int	转换后的结果值	<cstdlib>

函数名称	函数原型	功　能	返回值	头文件名
atol	long atol(const char * xstring)	字符串转换成长整型	转换后的结果值	<cstdlib>或<cstdlib>
ecvt	char * ecvt（double value, int count, int dec, int * sign）	将 double 型浮点数转换成指定长度的字符串	数字字符串的一个指针	<cstdlib>
strtod	double strtod（const char * nptr, char * * endptr）	将字符串 nptr 转换成 double 型数据	转换后的结果	<cstdlib>
strtol	long strtol(const char * nptr, char * * endptr, int base)	将字符串 nptr 转换成 long 型数据	转换后的结果	<cstdlib>
strtoul	unsigned long strtoul(const char * nptr, char * * endptr, int base)	将字符串 nptr 转换成 unsignedlong 型数据	转换后的结果	<cstdlib>
tolower	int tolower(int c)	将字符转换为小写字母	转换后的大写字母	<cstdlib>和<cctype>
toupper	int toupper(int c)	将字符转换为大写字母	转换后的小写字母	<cstdlib>和<cctype>

4.中断程序执行函数

函数名称	函数原型	功　能	返回值	头文件名
exit	void exit(int status)	中断程序的执行，返回退出代码，回到 C++系统的主窗口		<cstdlib>或<process.h>
system	int system(const char * command)	把 command 传给命令解释器	返回该命令解释器所返回的值，且当该命令解释器返回 0 时它返回 0。返回值－1 指出一个错误	<cstdlib>或<process.h>
abor	void abort(void)	中断程序的执行，返回 C++程序的主窗口		<cstdlib>或<process.h>
assert	void asser(int expresion)	计算机表达式 expresion 的值	计算值	<assert.h>

5.查找和分类函数

函数名称	函数原型	功　能	返回值	头文件名
bsearch	void * bsearch(const void * key, const void * base, size_t num, size_t width, int(cdecl * compare)(const void * eleml, const void * elem2))	对具有 num 个元素,每个元素的宽度为 width 字节的已排序数组进行二分查找	如果函数 compare 的第一个参数小于第二个参数,返回负值;如果相等返回 0;如果大于返回正值	<cstdlib>或<search.h>
qsort	void qsort(void * base, size_t num, size_t width, int(cdecl * compare)(const void * eleml, const void * elem2))	对具有 num 个元素,每个元素的宽度为 width 字节的数组 base 按升序进行快带排序	按升序排序后的数组	<cstdlib>或<search.h>

6.缓冲区操作函数

函数名称	函数原型	功　能	返回值	头文件名
memchr	void * memchr(const void * buf, int c, sizet count)	查找 buf 的前 count 个字节中 c 的第一次出现,当找到 c 或已检查完 count 个字节时 停止	如果成功,返回 buf 中 c 首次出现的位置的指针;否则返回 NULL	<cstring>
memcpy	void * memcpy(void * dest, const void * src, sizet count)	从 src 拷贝 count 个字节到 dest	dest 的值	<cstring>
memicmp	int memicmp(const void * buf1, const void * buf2, unsigned int count)	比较两个缓冲区 bufl 和 buf2 的前 count 个字符,比较过程是大小写无关的	bufl 和 buf2 的前 count 个字节之间的关系:<0:bufl 小于 buf2;=0:bufl 等于 buf2;>0:bufl 大于 bur2	<cstring>
memmove	void * memmove(void * dest, const void * src, sizet count)	从 src 拷贝 count 个字节到 dest	dest 的值	<cstring>
memset	void * memset(void * dest, int c, sizet count)	设置 dest 的前 count 个字节为字符 c	dest 的值	<cstring>
swab	void swab(char * src, char * dest, int n)	从 src 拷贝 n 个字节,交换每对相邻的字节,并把结果存储在 dest 中。一般用于为 转换到使用不同字节次序的机器上而准备二进制数据		<cstring>

7. 输入和输出函数

函数名称	函数原型	功 能	返回值	头文件名
fclose	int fclose(FILE * stream)	关闭流	如果该流成功关闭,fclose 返回 0。如果出错,则返回 EOF	\<cstdio\>
ferror	int ferror(FILE * stream)	测试与 stream 关联的文件上的读写错误	如果 stream 上没有出现错误,error 返回 0;否则返回一个非 0 值	\<cstdio\>
fprintf	int fprintf(FILE * stream,const char * format[,argument]...)	格式化并输出一系列字符和数值到输出流 stream 中	所写的字节数,当出现错误时函数返回一个负数	\<cstdio\>
freopen	FILE * freopen (const char * path,const char * mode,FILE * stream)	关闭当前与 stream 关联的文件,并将 stream 重新赋给由 path 指定的文件	最新打开的文件的指针。如果出现错误,最初的文件被关闭并返回 NULL 指针值	\<cstdio\>
fscanf	int fscanf(FILE * stream,const char * format[,argument]...)	从 stream 的当前位置读数据到 argument 值定的位置(如果有)	成功转换和存储的域个数	\<cstdio\>
sprintf	int sprintf(char * buffer,const char * format[.Argument] ...)	将数据格式化后写到字符串中:将每个 argument 按照 format 指定的格式转换成字符串并存储在从 buffer 开始的内存中	存储在 buffer 中的字节数,不包含尾部的空字符	\<cstdio\>
sscanf	int sscanf(const char * buffer,const char * format[.Argument] ...)	按 format 指定的格式,由 buffer 读取字符数据并转换后存储到每个 argument 指定的位置中	成功转换和存储的数据个数。返回的值不包括已读但未存储的域	\<cstdio\>

参 考 文 献

[1]谭浩强.C 语言程序设计[M].4 版.北京:清华大学出版社,2010.

[2]熊婷,兰长明.C 语言程序设计[M].北京:中国铁道出版社,2014.

[3]克尼汉,里奇.C 程序设计语言[M].2 版.徐宝文,李志,译.北京:机械工业出版社,2004.

[4]郑莉,董渊,何江舟.C＋＋语言程序设计(在线教学版)[M].4 版.北京:清华大学出版社,2010.

[5]郑莉,董渊.C＋＋语言程序设计(学生用书)[M].北京:清华大学出版社,2011.

[6]徐翌,张新生,毕蓉蓉.C＋＋语言程序设计[M].北京:煤炭工业出版社,2017.

[7]吕凤翥,王树彬.C＋＋语言程序设计教程[M].北京:人民邮电出版社,2013.

[8]李文,黄丽韶,吕兰兰.C＋＋面向对象程序设计[M].北京:中国铁道出版社,2018.

[9]石亮,祁云嵩.C＋＋语言程序设计习题与实验指导[M].北京:人民邮电出版社,2018.

[10]梅毅,赵金萍,吴赟婷.C 语言程序设计实验指导与习题解答[M].北京:中国铁道出版社,2014.